绿色发展文丛

Ecological Footprint
Managing Our Biocapacity Budget

生态足迹

管理我们的生态预算

[瑞士] 马蒂斯·瓦克纳格尔　[德] 贝尔特·拜尔斯　著

张　帅　译

上海科技教育出版社

图书在版编目(CIP)数据

生态足迹：管理我们的生态预算 /（瑞士）马蒂斯·瓦克纳格尔，（德）贝尔特·拜尔斯著；张帅译. — 上海：上海科技教育出版社，2022.11
（绿色发展文丛 / 诸大建主编）
书名原文：Ecological Footprint：Managing Our Biocapacity Budget
ISBN 978-7-5428-7836-6

Ⅰ. ①生… Ⅱ. ①马… ②贝… ③张… Ⅲ. ①生态环境—研究 Ⅳ. ①X171.1

中国版本图书馆CIP数据核字（2022）第163983号

丛 书 总 序
第三个里程碑的思想经典

可持续发展战略的发生、发展,在世界上有 3 个里程碑式事件。第一个是 1972 年在瑞典斯德哥尔摩举行的联合国人类环境会议,第二个是 1992 年在巴西里约热内卢举行的联合国环境与发展大会,第三个是 2012 年在巴西里约热内卢举行的联合国可持续发展峰会(又称里约 +20 峰会)。

每个里程碑的时间相差 20 年,这期间出现了一批各具代表性的绿色经典著作,累积形成了可持续发展的思想宝库。1990 年代,北京大学吴国盛教授牵头在吉林人民出版社出版了第一个里程碑时代的一些绿色经典著作,包括《只有一个地球》(1972)、《增长的极限》(1972)、《我们共同的未来》(1987)等。2000 年代初,由我主持在上海译文出版社出版了第二个里程碑时代的一些绿色经典著作,包括《超越极限》(1992)、《商业生态学》(1994)、《超越增长》(1996)等。在上海科技教育出版社支持下,策划出版这套"绿色发展文丛",是要介绍第三个里程碑时代的一些绿色经典著作。

在过去的 50 年中,可持续发展的思想是不断深化的。如果说 1972 年第一个里程碑提出了经济社会发展需要加强生态环境保护的问题,1992 年第二个里程碑强调了要用可持续发展整合环境与发展的思想,那么 2012 年第三个里程碑以来的思想进展,主要表现在对可持续发展的认识需要从弱可持续性向强可持续性进行升华,大的趋势可以概括为如下 5 个方面:

第一,可持续发展思想需要区分强与弱。可持续发展的基本问题在于一种选择,即主张没有地球生态物理极限的经济增长,还是追求地球生态物理极限之内的经济社会繁荣。强调前者是弱可持续性观点,强调后者是强可持续性观点。过去 10 年间的科学研究,发现地球上的 9 个地球生态物理边界已经有 4 个被人类活动突破,其中最典型的就是全球气候变化和生物多样性问题,这证明自然资本与物质资本之间具有重要的不可替代性和互补性。学术界提出了人类世的强可持续性概念,强调人类发展需要在地球生物物理极限内实现经济社会繁荣。

第二,可持续发展要求从技术优化向系统创新迈进。绿色发展通常有两条路线:一条是路径依赖的技术优化和效率改进路线,不涉及科学技术和经济社会的系统变革;另一条是非线性、颠覆性的系统创新路线,要求通过经济社会发展模式变革来大幅提升资源生产率。在经济社会发展存在生态环境红线的背景下,人类社会的可持续发展需要强调颠覆性的系统创新,而非普通的技术优化。联合国通过的《巴黎气候变化协定》,实质就是非线性的系统创新和社会变革,人类发展要变换跑道,在 30~50 年的时间里用新能源替代化石能源,最终实现碳中和。

第三,可持续性导向的转型需要有不同的模式。与传统增长主义的 A 模式有别,可持续发展导向的社会转型,理论上需要区分两种模式:一种是发达国家的先过增长(overgrowth)后退回模式,国际上称之为 B 模式或减增长(degrowth)模式,即发达国家的物质消耗足迹已经大大超过了地球行星边界,需要在不减少经济、社会福祉的前提下将其降回到生态门槛之内;另一种是发展中国家的聪明增长(smart growth)模式,即发展中国家的当务之急是提高人民的生活水平和生活质量,但要利用后发优势使物质消耗足迹不超过生态承载能力,这是我们做可持续发展研究时强调的 C 模式。

第四,文化建设需要独立出来,发挥软实力作用。联合国里约 +20 会议和 2015—2030 年全球可持续发展目标(SDGs),强调可持续发展战略包括经济、社会、环境和治理 4 个支柱。近年来越来越多的研究认识到,文化建设需要从社会建设中独立出来,强化成为具有黏合性和渗透性的可持续发展的软实力:一方面起到整合物质资本、人力资本、自然资本 3 种发展资本的作用，另一方面起到协调政府机制、市场机制和社会机制 3 个治理机制的作用。"五位一体"的中国式现代化包括经济建设、政治建设、文化建设、社会建设和生态文明建设 5 个方面，已经强调了文化建设是可持续发展的重要独立维度。

第五，可持续发展需要发展可持续性科学。可持续发展的推进和深化需要理论思维，而可持续性科学正是有关可持续发展的学理研究。过去 10 年来的研究进展，充分认识到没有可持续性科学指导的可持续发展实践是盲目的，没有可持续发展实践作为基础的可持续性科学是空洞的。可持续性科学的发展，不是单个学科所能承担的，也不能变成各个学科的大杂烩，而应定位为不同学科面对共同问题去创造可以共享的元概念和元方法，各个学科需要在整合性的范式之下各显身手去研究可持续发展的具体问题。可持续性科学的发展趋势，是超越多学科（multi–）和交叉学科（inter–）的研究现状，走向跨学科（trans–）的知识集成和整合，发展具有范式变革意义的崭新本体论、价值观和方法论。

2019 年 6 月，习近平主席在第 23 届圣彼得堡国际经济论坛全会致辞时指出，可持续发展是破解当前全球性问题的"金钥匙"。可持续发展是在联合国大会上一致举手通过的发展理念和全世界认同的国际通用语言，中国生态文明和中国式现代化的实践是当今世界上最大的可持续发展实验室。出版这套丛书，我们希望有助于社会各界特别是决策者、企业家和研究者去了解可持续发展第三个里程碑以来出现的一系列新思想、新理念，在中国式现代化与可持续发展之间加强对话，进而能够运用中国故事和中国思想加速国际上可持续发展的深入推进。

"绿色发展文丛"主编 诸大建

2019 年 7 月于同济大学

作 者 序

确切地说，写作本书乃醉翁之意不在酒，真意并非落足于生态足迹，而在于关注生态承载力，即地球再生和复制植物物质（plant matter）这一生物能力。自然的基本生产力是所有生命的源泉，当然也包括人类在内。

生态承载力，就像地心引力一样，不是一种发明，也不是一种方法，而是我们可以实实在在观察和测量的自然力量[1]。

生态承载力的重要性正在不断提升。考虑到气候变化和资源限制，生态承载力，或者更准确来说，我们如何管理生态承载力，正决定着人类自身的未来。在物质层面上，对生态承载力糟糕的管理已使它成为了限制人类进步事业的最重要因素。因此，理解生态承载力的相关内容可以令我们有能力更好地建设国家、城市或发展经济，使其欣欣向荣、茁壮成长，而非被各种意外所困扰。

这就是为什么我要将本书献给全球的护林员、农场主、环境保护主义者、公园管理员和渔场经理，尤其是詹尼（Fritz Jenni）。詹尼是一位来自瑞士朗根布鲁克的精明能干农场主。在我的童年至青少年时期，他都一直十分慷慨地照顾我，并给我讲述了大自然的循环、奇迹和力量。他对于土地和动物，尤其是对于所有人的那份挚爱，不断地激励着我。他帮我懂得生态承载力如何成为我们所做一切事情背后的终极力量。谢谢你，詹尼。

我的好朋友拜尔斯（Bert Beyers）和我一起在奥克兰休假了几个月，共同完成了本书的德语版本。目前的英语版本又进行了更新和修正。我希望你们能够喜欢这本书，正如贝尔特和我十分享受这种过程：将我们的思想传递给关心地球未来的人们。

我还要深深感谢那些一路伴我同行的人。其中最应该感谢的是里斯（Bill Rees）*，他最初是我的导师，后来又成为了我的挚友。在我攻读博士学位期间（20 世纪 90 年代早期），我和他共同开发完成生态足迹的第一个版本，和他一起工作让我受益良多。另一位不知疲倦的"同伙"是伯恩斯（Susan Burns）。没有她，全球生态足迹网络（global footprint network）**的事业不会得到如此良好的发展。刚生完我们的儿子安德烈（André）后不久，伯恩斯就和我在 2003 年一同创办了全球足迹网络。她的视野、奉献、源源不断的能量和对于未来不懈的探索使得其后的一切进展都远超我的想象。

在这个已经像模像样并不断延伸扩展的全球足迹网络里，我那些优秀的同事向我们最初摇摆不定的想法给予强有力的支持，最终他们都贡献出了更好的想法和观点。全球足迹网络是由不同背景的人们发起和运作的：首先是我们无可挑剔的顾问和理事会成员，作为高尚的志愿者，他们投入很多时间和精力来开展这项工作；其次是许多研究员，他们作为实习人员前来，而告别时已成好友；最后是我们的全职员工，他们对这项工作投入甚巨，远超我们的回馈。无以计数的合作者让很多有意义的项目恢复了活力，同时他们还参与到我们的重要事件和活动之中，触动且熏陶了上亿人（如果不是更多的话）。支持者、捐赠者和资金提供者都极为慷慨大方地支持我们的事业，这让我非常感动。他们本可将那些资源用在其他地方，包括让自己活得更加安适。然而，他们却选择了为以下思想投注：如何让我们在地球的承载能力限度以内更好地生活和发展。这样的付出和奉献给予我希望，令我相信人类有能力建设一个更加美好的未来。

不过，本书最终的奉献对象则是地球，我的地球，我唯一的地球。

马蒂斯·瓦克纳格尔

---

* Bill 是 William 的昵称。本书脚注除特别说明外均为译者注。

** 以下简称"全球足迹网络"。

译 者 序

我从 2013 年开始在同济大学攻读博士学位,师从著名的可持续发展研究学者诸大建教授(诸老师常常被称为"可持续发展教授")。我也正是从诸老师那里接触到"生态足迹"这个概念,并且开始为之着迷。应用生态足迹和生态承载力作为重要的分析工具,我完成了博士学位论文,获得了经济学博士学位。在 2020 年年初,诸老师问我是否愿意将这本有关生态足迹的最新英文著作翻译成中文,推荐给国内的学者、政府官员和大众读者,我毫不犹豫并且十分激动地答应了下来。对于我来讲,翻译此书就是我跟生态足迹的一场"约会",过程很"甜蜜",结果很"美好"。

本书的主要作者瓦克纳格尔是生态足迹的主要提出者之一,他和其博士生导师里斯共同提出和应用推广生态足迹,为生态经济学和可持续发展研究做出重要贡献,这从 *Ecological Economics*、*Journal of Cleaner Production*、*Ecological Indicators* 等学术期刊上不计其数的有关生态足迹的论文就能看出来。马蒂斯和其夫人伯恩斯共同创办和运营的全球足迹网络更是生态足迹研究者、应用者和爱好者的"朝圣之地",已经发展成为全球知名的非政府组织,其"王牌产品"就是"国家生态足迹和生态承载力"账户。根据本书反复提到的内容,"国家生态足迹和生态承载力"账户将从全球足迹网络中剥离出来,未来将由一个独立的组织来发布和运营,从而使之更加独立、客观和可靠。可以看出,马蒂斯、全球足迹网络、"国家生态足迹和生态承载力"账户等在不断地将生态足迹推向前沿。

在本书中,除了生态足迹和生态承载力这两个关键词,作者借鉴经济学领域的术语，还提出很多新鲜和形象的概念，例如生态预算、自然资本、生态"过冲"、生态盈余、生态赤字和生态贫困陷阱等（部分词汇的详细解释参见书末附录的"术语表"）。这些概念的提出和延伸讨论让我们对生态环境和人类发展的互动有了较为全面和深入的认识，更让我们意识到生态环境问题和经济、社会发展问题本来就不是独立存在的，而是彼此交织在一起，需要系统化的方案来解决两个领域的问题。通过生态足迹和生态承载力这两片"树叶"，我们了解到人类在生态环境领域正在面临一个寒蝉凄切的"秋天"。人类是否有足够的智慧和勇气直接跨过一片萧瑟的"冬天"，热情地迎接和拥抱郁郁葱葱的"春天"，是充满巨大挑战的。

本书并没有呈现生态足迹和生态承载力的计算公式和方法、数据筛选和整理等方面的技术细节，而更多的是作者和读者进行的"语重心长的聊天"，通过讲故事、摆数据、举案例等方式告诉我们"事实是什么"。虽然作者（尤其是瓦克纳格尔）强调其并不喜欢进行"说教"，并不想告诉别人"应该做什么"，但是我们还是能从字里行间很自然地感受到其"想让我们做什么"。这不正是沟通的力量吗？这是作者写作此书的目的，也是生态足迹这个工具和指标存在的价值和意义。难能可贵的是，瓦克纳格尔对读者非常坦诚，告诉我们他对很多问题也感到困惑和无力（例如如何做到生态"公平"），除了"描述"之外，他希望和读者一起来探索未来的道路。

真心希望生态足迹在将来有一天能像 GDP 一样广为人知，成为全球、国家、地区、城市、公司和个人重要的决策分析工具。这是作者最大的梦想，也是我们每一个生态足迹研究者的期待。对于我国来讲，我们希望生态足迹能够超越学术研究领域，成为政策领域的重要概念、指标和工具，"控制并且适度降低生态足迹，全面提升生态承载力"等语句能够在党和政府的重要文件中反复出现。对于我工作和生活所在的上海，希望其可以开全球城市治理之先河，让生态足迹和生态承载力为"上海 2035"目标的实现做出更多可见的贡献。

我非常认同本书作者的观点,研究和应用生态足迹并不是我们的最终目的,研究生态足迹是为了让人类更好地发展,最终目标是"在自然的更新能力以内让所有人都能生活得更美好"。我们最终希望在将来的某一天,生态足迹能从大家的视野中消失。彼时,在生态极限、地球边界内繁荣发展和任何决策要与"一个地球生活"的原则相兼容,已经成为一个默契的约定,大家都习以为常,自觉遵守。那么,这个世界该有多么令人向往,我们的孩子既可以像作者故乡的作家斯比丽笔下的"小海蒂"一样沉浸在大自然的美好之中,又可以享受人类现代文明的丰硕成果。

最后,我要把这本译著献给我们美丽的国家和唯一的地球。

张　帅

2022 年 9 月 10 日于同济大学四平路校区

目　录

引　言

生态足迹：为什么？

如果一架飞机的驾驶舱没有仪表盘，那么它还有什么作用呢？当然，这架飞机还能飞。但是，它能飞多高？能飞多快？朝什么方向飞？如何找到它的确切位置？在恶劣的天气环境下或者在夜间，无仪表飞行是含糊不可信的，即使在良好的天气情况下依然如此。尤其是在没有基本仪表（比如燃油表）的情况下，如果不知道油箱里还有多少油，任何飞行都是危险的。

经济运行也遵循同样的道理。就像发动飞机一样，经济体的运行也需要能量。不同之处在于，经济体不仅需要航空煤油，而且需要大量的煤炭、食物、木材、水和众多由我们的地球来提供的其他物质。每个人享受生活所需要的每顿早餐、每个假期、每栋新公寓需要消耗多少资源呢？一座城市、一处发电厂、一个国家或者我们的整个人类事业需要消耗多少自然资源呢？如果说我们最终依赖所有这些自然资源，那么我们的经济体怎么能没有"燃油表"呢？

你会登上一架没有燃油表的飞机吗？如果不会的话，那么我们怎么能够在没有起同等作用衡量工具的情况下，继续管理和运营我们的国家呢？国家目前的资源安全性如何？还有，未来趋势又是怎么样的？［插图作者：泰斯特马勒（Phil Testemale）］

在日常生活中，我们都很清楚每件事物的货币价值。这是为什么呢？因为经济预算是有限的，我们想要知道我们能买什么。和经济预算一样，大自然的资源预算也有限制。所有资源之"母"，换言之，最根本的限制性资源，就是我们即将讨论的生物资产——地球的生态承载力。如此说来，我们能够"买得起"多少自然资源呢？进一步说，如果自然预算确实有限，那为什么我们不去衡量其收支呢？

一种可能的解释是，过去一直缺乏一件合理的工具来衡量我们对自然的需求。另外，我们长期以来也不需要这样的工具，因为自然好像是地大物博且取之不尽、用之不竭的。然而时至今日，一切都已不同了。如今自然的限制已经变得相当显著，无论是地下水枯竭、气候变化抑或海洋鱼类资源的减少。

如今，一件良好的衡量工具终于出现了，这就是生态足迹。通过生态足迹，我们可以衡量自身对自然的使用程度。生态足迹提供了一套基本的生态统计系统。就像一般以货币作为经济的统计单位一样，生态足迹以含有生物生产力的地球表面作为其货币。该类地表含有地球最重要的资源，即自我更新能力。在这些地表，光合作用源源不断地将阳光、水和营养物转化为植物物质。因此，人类经济对于自然的生产过程和植物物质更新能力的任一项需求，都能用为了满足该需求所对应的地球表面区域来表征。产量数据则会告诉我们耕地、林地或者牧地每年能够提供多少资源和物质，这是整个故事的需求侧。

得益于现代科技水平的提升，我们可以更加精确地衡量自然能够提供什么。卫星会发送给我们地球的最新图像，为我们展示森林、城市、街道、沙漠、湖泊、牧场或者草地的具体位置。这些卫星图像能够通过直接实地测量的方式进行确认。举例来说，实地测量能够追踪马铃薯或小麦的真实产量。在国家层面，联合国的统计数据能够提供绝大多数资源流的具体数值，包括土地区域的面积、各种土地类型的产量、产品的生产量和贸易量、人口规模、能量消耗，等等。

　　金融账户通常关注两个相对侧面,例如收入和支出或者资产和负债。进行生态足迹统计时既追踪人类对自然的需求,同时也追踪自然的自我更新。这是一个基本、直接且有科学依据的描述:有多少自然资源可供使用(收入)?人类实际使用了多少自然资源(支出)?

　　仅仅依靠本能的直觉来管理地球的生态资本意义不大。没人会把钱存到一个没有簿记的银行,银行报表则给我们带来了客观的金融评述,即现状报告。同样,这正是理解当下地球资源现状所需。为什么生态足迹主要的目标人群是政府和企业的决策者?原因正在于此。但与此同时,这些生态足迹账户也需要被普通居民所了解,以有助于决策者为自身的决策负责。

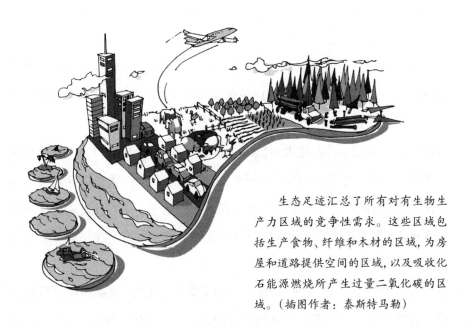

生态足迹汇总了所有对有生物生产力区域的竞争性需求。这些区域包括生产食物、纤维和木材的区域,为房屋和道路提供空间的区域,以及吸收化石能源燃烧所产生过量二氧化碳的区域。(插图作者:泰斯特马勒)

　　生态足迹能够显示人类的每一项活动消耗了地球上多大面积的有生态生产力区域。复杂的过程可以汇总成一个数字,就像我们用投资回报率或者收入和成本等简单数字来汇报经济表现一样。我们以这样的方式对复杂事务抽丝剥茧,直达本质,使其更易被理解和接受。生态足迹允许我们去谈判和协商,因此它不仅仅是一种被大众直观理解的交流工具,还是一种衡量政策绩效和公私领域决策影响的透明追踪工具。

经济（economy）和生态（ecology）的相似之处远超它们单词拼写中的共有词头eco。在这两个领域中，错误管理的共同特征就是花的比挣的多。物理过程和价值创造必须放在一起分析：房地产的价值是怎么会不断提升的，哪怕实际的房地产对象没有变化？我们怎么能不断地积累大量债务并相信在将来的某一时刻会以某种方式偿清？我们怎么能不断地增加货币供给，同时却不增加相应实体资产的价值（即使谷歌搜索也具有"物质性"，同样比特币、数字相片和iTunes也具有"物质性"）？我们怎么能假定扩张会永远有效？我们怎么能期望一个经济体的产出越来越大，同时为经济体提供物质和能量的自然资本却无须增加供应？我们怎么能随随便便就忘记收入的产生要依赖可获取的资源？

根据对生态足迹的最新计算，人类在2019年对自然的消耗超过自然生物预算（即地球的生态承载力）的幅度为75%。换句话说，人类的自然消耗速度比自然的自我更新速度快75%。我们称这种过量使用为生态过冲（ecological overshoot）。绝大多数评估预测，2050年全球人口总数将由现在约77亿增加至90亿或100亿。同时，金砖国家（巴西、俄罗斯、印度、中国和南非）的居民将会继续努力工作以提升生活水平。尽管存在经济动荡的潜在风险，很多其他地区的人民也将和金砖国家一样提升生活水平。上述因素将使资源安全成为21世纪的核心挑战。

有人也许会好奇，我们是否正深陷水资源、气候、渔业和粮食危机之中？答案是所有危机都存在共同的原因，即人类对资源的巨大需求。如果我们进一步考察人类资源的新陈代谢，一切就会变得显而易见。

伴随不断增加的生态压力，从个人到公司到城市再到国家，每一层面的主体都无法独善其身。利害攸关风险共担（skin in the game），没有谁能够在无法获取足够资源的情况下较好地生活和发展。随着人类的自然消耗需求不断增加，地球上很多生态系统已被过度利用而受到削弱。这样的过度利用使气候变得不稳定，损害鱼类资源，削弱了生物生产力。过度利用还对所有人都能获取足够的食物和水这一点造成了威胁，甚至有可能带来冲突、迁徙和经济困难。

2008 年的金融危机为地球生态系统提供了一丝喘息的机会。资源流和废弃物流不再像之前增长得那么快，在某些领域中甚至出现了下降。但这样的被动下降并不是我们的目标，因为生态过冲最终总会结束。维克托（Peter Victor）机敏地观察到，人类只有一种方式可从过冲终结中受益，即我们应通过设计主动地结束生态过冲，而非通过灾难被动地完结（end overshoot by design, not disaster）[1]。换句话说，在不压制经济活动的前提下，我们应该如何减少人类整体的新陈代谢？在不向那些处于社会下层并为生计奋斗者增加负担的前提下，我们应该如何加强资源的安全性？在确保所有人高品质生活的前提下，我们能以多快的速度来结束生态过冲呢？在不将每个人的福祉置于风险中的前提下，我们结束过冲的最低速度是多少呢？

答案很简单，生态健康和人类福祉之间并非真正的权衡取舍（trade-off）关系。恰恰相反，资源安全是人类不断进步的促进因素。然而，我们经常宁愿相信可持续就意味着所有事物保持原来的样子。举例来说，在欧洲的高收入城市中，许多市民有一种错误的印象，即保持事物原状是一项可行的策略，因此巴黎和伦敦的许多建筑细节同 100 年前相比看起来一模一样。这种延续性掩盖了世界的快速变化，让那些地方的居民身处错觉之中，而实际上世界正在以光一般的速度发生变化。举例来说，在本书两位作者的有生之年 * 里，人类分别燃烧了占有史以来比例高达 80% 和 84% 的化石燃料（表Ⅰ）。在读者你的有生之年，又有多大比例的化石燃料被燃烧了呢？

---

* 　瓦克纳格尔生于 1962 年，拜尔斯生于 1956 年。

表1 自你出生后人类消耗的化石能源占历史总消耗量的比例

出生年份	化石能源所占比例（%）	出生年份	化石能源所占比例（%）	出生年份	化石能源所占比例（%）
1896—1905	96	1972	73	1996	43
1906—1912	95	1973	72	1997	42
1913—1918	94	1974	71	1998	40
1919—1923	93	1975	70	1999	39
1924—1928	92	1976	68	2000	37
1929—1933	91	1977	67	2001	36
1934—1937	90	1978	66	2002	34
1938—1941	89	1979	65	2003	32
1942—1945	88	1980	64	2004	31
1946—1948	87	1981	63	2005	29
1949—1951	86	1982	62	2006	27
1952—1954	85	1983	61	2007	25
1955	84	1984	59	2008	23
1956	84	1985	58	2009	21
1957—1958	83	1986	57	2010	19
1959—1960	82	1987	56	2011	17
1961	81	1988	54	2012	15
1962—1963	80	1989	53	2013	13
1964	79	1990	52	2014	11
1965—1966	78	1991	50	2015	9
1967	77	1992	49	2016	7
1968	76	1993	48	2017	4
1969	75	1994	46	2018	2
1970—1971	74	1995	45	2019	0

注：这里有一个不太光彩的事实，从1994年到现在，人类的化石能源消耗量已占历史消耗总量的46%。表中的数字都是相对于2019年来讲的，也就是自1994年起到2019年

为止。如果你在 2020 年看这张表,那就需要将上述的年份倒推 1 年作为评估的年份。同样,如果你在 2021 年看这张表,那就需要将上述的年份倒推 2 年作为评估的年份。这就意味着,从 1994 年到 2020 年和 2021 年,人类的化石能源消耗量已经分别占历史消耗量的 48% 和 49%,以此类推。

在本书作者瓦克纳格尔的有生之年,全球人口总数翻了一番多,人类对自然的压力则达到了最初的 3 倍。历史正在以惊人的速度向前推进。这都让一个问题成为我们的核心挑战:如何能够在一个地球的承载能力限度以内不断发展和进步?

生态足迹度量为我们提供了一些"航行指南"。

例如,生态足迹覆盖了让一个城市正常运行所需的全部自然消耗类型:食物、住房、取暖、照明、出行和废弃物管理。如果比较一座紧凑型地中海城市(例如锡耶纳和萨拉曼卡)和一座蔓延型城市(例如堪培拉、亚特兰大和洛杉矶)的居民生态足迹,前者只有后者的 1/2 或 1/3,那么前者无疑拥有令人羡慕的显著优势。那些已经对适应有资源约束世界作出更好准备的人,或者说已经生活在这类内禀优势城市中的人,会有更大可能取得成功,而那些不愿适应的人将会举步维艰。无论在城市、地区还是国家层面,实施一项经过深思熟虑的长期资源政策符合居民的利益。这样的政策需要从现在做起,正如洛杉矶不会在一夜之间变成锡耶纳。

由于目前绝大多数人生活于城市(城市也是消费和二氧化碳排放的聚集地)[2],因此城市在很大程度上将决定本世纪人类文明的命运。当我们每次用基础设施的更新、住房项目、交通政策等来重塑城市时,生态足迹将有助于使我们的投资选择更适应未来。以交通为例,关于公共汽车、火车和轿车等不同交通工具的连接以及整个交通系统的运行,会令讨论变得很复杂,但生态足迹可以把所有信息浓缩到一个简单的数值里,即为交通系统提供能量所需的有生物生产力区域的面积,这是我们可以利用的数字。因此,生态足迹不仅是衡量工具,也是管理工具。

生活在城市和社区的人们需要扪心自问：我们从哪里获得能量和食物？相对于竞争者，我们消耗了多少自然资源？相对于世界上的人均可消耗自然量，我们消耗了多少？一再被提及的一项议题就是效率：我们现在已经竭尽全力用尽可能少的资源去构建更好的生活了吗？

对于地区和国家层面来说，供应端（生态承载力）和资源管理至少是同等重要的。我们的资源基础是什么？我们的领土内生态承载力有多大？自然资源消耗量超出自身土地面积对应的生态承载力，这将会使一个国家处于生态赤字状态。相反，自身土地面积对应的生态承载力如果高于消耗的自然资源，那么该国就处于生态盈余状态。国家和地区对其自身生态平衡状态知晓得越多，它们引导和适应巨变的能力就越强，而巨变将会成为我们社会景观的一部分。毫无疑问，对地球生态承载力的激烈竞争将会成为未来的一项主要挑战。

生态足迹传递的信息是：我们不仅能够衡量自然可以提供多少资源，而且能够衡量人类对于自然资源的需求。了解供需两侧让我们全面认识自身的生态基础，从而有能力管理我们的命运。对于想在21世纪阻止生态破产的人来说，生态足迹是一种实用的工具。

经济内嵌在自然之中。经济是生物圈的一个"全资子公司"。经济的所有物质成分都来源于地球，不再进行循环的所有废弃物质又回归地球。因此，在物质层面，地球的再生能力是人类事业发展的最大的限制性因素。（插图作者：泰斯特马勒）

生态足迹是一种描述性指标，它能够监控事物的发展方向，并展示我们所选择的道路是否正在带来预期中的成功。生态足迹的数值不受道德的预设和强加的价值观影响，该数值并不会直接告诉任何人应该做什么或不该做什么，它只是让我们能够思考有多少生态承载力可供使用，我们已经使用了多少，谁使用了哪些承载力，以及这种使用会对自身和他人产生什么潜在影响。每日将尽之时，生态足迹分析师都会受到"我们人类能够在一个地球的生态承载力限度内繁荣发展"这类思想的激励和鼓舞。来自英国百瑞诺集团（Bioregional）的德赛（Pooran Desai）称之为"一个地球生活"（one planet living）[3]。*

从根本上来说，我们都无法回避这样一个事实：人类（包括人类的所有活动和各领域的生活）是大自然的一部分。这是一种我们摆脱不了的依赖。当然，某些哲学和宗教典章试图告诉我们一番其他道理：人类是独立于自然的，人类能够并且必须驯服自然，人类需要开发和"教化"自然。因此，人类已经征服和主导了越来越多的自然，从而进一步压缩了自然的原始空间，以至于人类对自然的过度使用已经成为系统性常态。我们已经步入了一个死胡同[4]。

生态足迹是一套统计系统，不多不少地如实记录我们的生态表现。通过揭示自然的界限，生态足迹有助于我们建设一个全球性的可持续经济体。生态足迹基于科学的统计分析，告诉我们拥有多少自然资源又消耗了多少自然资源，这些都对我们达成前进方向的共识大有裨益。通过将基本的物理边界情况可视化，生态足迹帮助我们界定了社会和经济的活动区域。只有综合考虑经济上的激励性和生态上的可能性，可持续性才能照进现实。显然，我们现在还未能综合考虑两者。

---

* 相关中译本参考书籍为《一个地球社区：可持续生活实用指南》（电子工业出版社2016 年 1 月初版，作者波兰·德赛，译者吴小菁）。

目前最全面的生态足迹账户追踪的是国家层面的生态表现。这个账户涵盖了在联合国统计资料中有完整（或者接近完整）数据的全部国家[5]。全球有 233 个国家（地区），其中很多是小国家（地区），190 个较大国家（地区）的人口总量约占全球总人口的 99%。为了评估每个国家的生态足迹和生态承载力，每年需要跟踪、使用的数据点多达 15 000 个。目前有 194 个国家（地区）在联合国有足够的数据来统计产生生态足迹和生态承载力的结果。

生态足迹的统计方法绝非危言耸听。恰恰相反，生态足迹有低估人类生态过冲程度的倾向。这是因为联合国的统计资料中并没有包含人类所有的自然资源消耗数据，所以生态足迹低估了人类的需求。在与需求侧低估相对的供给侧，由于缺少综合性与连续性的数据，一些生态破坏活动（如土壤侵蚀和地下水流失）未被统计到现有的账户中，故而生态承载力很可能被高估。这就意味着，现实的生态赤字极有可能大于目前账户所报告的数值，本书的后续部分将会就此展开详细讨论。

生态足迹是衡量人类自然资源消耗的一种高度综合性的指标，其账户覆盖人类自然资源消耗的诸多方面，包括竞争有生产力地表的所有自然资源消耗领域。这赋予生态足迹一种沟通的力量：它将人类的自然资源消耗需求归结为一个数字。生态足迹还比较了人类的整体需求和大自然的整体供给，它从地球再生能力（即生态承载力）的视角来看待所有事物。举例来说，考虑到人类活动产生的二氧化碳需要森林等有生态生产力区域来吸收，生态足迹的统计包含了煤、气、油等化石能源的使用。吸收温室气体是对地球生态承载力的诸多竞争性需求之一，其中存在权衡交易关系。简单地说，我们既可以（采取技术手段）吸收更多的二氧化碳，也可以种更多的胡萝卜。

生态足迹并不是唯一的生态指标，它并没有声称能对所有的方方面面进行绝对覆盖。此外，它也不是一种垄断性指标。生态足迹更多地集中于一个具体但根本性的问题：为了给人类的发展事业赋能，我们消耗了地球多少生物生产能力？对于其他相关问题，需要其他的方法。就像飞机驾驶舱中的多样化导航工具一样，不同的工具之间是互补关系。最终我们需要一些清晰明了、稳健、易于理解因而可被大众使用的衡量工具。我们需要一种普遍的"通货"，能将人类对自然依赖的复杂性捆绑在一起，也使得我们的选择具有可比性，这就是生态足迹的使命。

生态足迹的框架确认了人类的活力和抱负。人类想生活，还想活得好。然而，人类的繁荣发展取决于我们如何管理好自己的生态之家。这是一项巨大的挑战，要求我们动用所有的创造力和聪明才智。就此而言，生态足迹是一种关键工具，让我们具有先见之明，并能释放我们的才智和创造力。

谁在为此付出努力？

瓦克纳格尔和里斯（William Rees）* 于 20 世纪 90 年代早期在加拿大温哥华的不列颠哥伦比亚大学（University of British Columbia）构想出了生态足迹。随后生态足迹方法不断发展，已经被几百座城市、十几个国家和大量的机构与国际组织（例如欧盟委员会、欧洲环境署、法语国家组织、联合国及其《生物多样性公约》缔约国）广泛采用。

全球足迹网络成立于 2003 年，总部设在美国加利福尼亚的奥克兰。全球足迹网络统筹管理生态足迹的方法论，制定生态足迹的标准，发展生态足迹账户，以及向全球的合作伙伴推广生态足迹的新应用。2018 年，全球足迹网络和位于加拿大多伦多的约克大学（York University）合作设立了一个全球性学术网络，该网络将主导和维护"国家生态足迹和生态承载力账户"，使其成为一个独立的公益性项目，并借此提升数据和结果的访问便利性、独立性和稳健性[6]。

全球足迹网络于 2005 年为自身设定了一项目标：到 2015 年之前，至

---

* 即前文中的 Bill Rees。

少推动 10 个国家的政府以官方身份核对该国的生态足迹[7]。事实上，到了 2012 年，菲律宾和印度尼西亚已成为第 10 个和第 11 个这样执行的国家。超过 12 个国家的政府机构已能核对国家生态足迹，它们中的绝大多数都认为生态足迹账户充分地反映了该国的实际情况[8]。

前方要走的路还很长。举例来说，瑞士在 2016 年 9 月份举办过一次关于生态足迹的全民公决，其主题是：瑞士是否应该在 2050 年之前实现一个地球所对应的生态足迹（意思是如果全球居民都按瑞士人的方式生活，那么全球生态足迹总量不会大于地球的整体生态承载力）。目前的实际情况则是，如果全球所有人都像瑞士人一样生活，我们需要 3 个以上的地球来满足对自然的消耗需求[9]。

如果联合国部门能够广泛采用生态足迹，并不断促进生态足迹的改进、标准化、分布和应用，那将是实现生态可持续的关键性突破。就像我们用 GDP 来衡量经济活动一样，试想一下，如果国际社会都能意识到我们需要一件工具来衡量我们对于地球的物质依赖，那该是件多么美好的事情。

我们需要用物理单位来测量自身对大自然的依赖。这并非毫无先例，在公共政策中并不是所有事物都采用金融单位来衡量。例如，我们对失业状况、寿命和人口规模等都不是用美元之类金融单位来衡量的。

对于通向未来的各条道路，我们需做出诸多重要选择。尤其是当我们有途径接触到最为相关的信息和思想后，选择就变得更多。当然，其中最重要的也许便是我们实施自身选择的勇气和智慧。好消息是，生态足迹不会让我们的生活变得困难，相反，它能让我们的城市和国家变得更加宜居，让我们的成功更加持久。如果你认可物理学，你就会明白在不久的将来，对国家生态承载力的理解和对国家生态足迹的管理会变得十分重要，如同我们今天了解并管理自己的金融账户一样。就像了解地球引力对我们有帮助一样，了解生态承载力同样是非常有益的，尽管前者并不会直接让我们爬坡更为容易，但却有助于我们建造更加结实的房子和稳固的桥。同样，了解生态承载力并拥有可靠的生态足迹账户也大有裨益，这会让我们具备更加广泛的视野和能力来建设一个属于我们所有人的未来。

第 一 编

生态足迹

工　具

第一章

面积作为通货

一个人需要多少生态承载力？

　　每个人，无论个子是大是小，都有生态足迹。一个人需要多少自然取决于他吃什么、穿什么、家是什么样子、如何出行以及如何丢弃垃圾。上述所有项目都能够被衡量。衡量所得数据能让我们计算出自身需要多大面积的有生物生产力的土地和水域来种植食物、生产做衣服的纤维、建造房子提供居所以及吸收人类产生的废弃物。我们也能够衡量煤、气、油等燃烧所产生的二氧化碳。总之，我们所有人的生存都依赖大自然这座"全球农场"。我们能够准确地衡量该农场提供了什么和人类消耗了什么。

　　每个人都了解钱。有钱人会有更多的选择，也许烦恼会更少一些，最起码物质方面的烦恼会少一些。钱足够多的人能够按照他们想要的方式在喜欢的地方生活。每个人都欢迎他们，只要能付钱，没人会对他们置之不理。有了钱，我们可以做很多事，例如可以（用标价来）比较东西的价值。钱也可以告诉我们每件事物的成本，一旦知道了价格，我们就可以将其与自己的收入联系起来。我得工作多久才可以买一部新手机呢？相对于我的花销，相对于去年，或者相对于新加坡某个人的收入，我挣的钱是多是少呢？

　　就像货币一样，生态足迹也是一种工具。应用生态足迹，我们可以提出以下核心问题：每件事物消耗了多少自然资源？一杯橙汁需要多少生态承载力？一升燃气要消耗多少生态承载力？进一步而言，一个人需要消耗多少自然资源？一个人的生态足迹就是一种"货币"，被用来提供服务，为建筑物提供空间，生产和处理商品。对于个人来讲，他的生态足迹是所有自然消耗之和。因为废弃物的处理也需要利用自然，所以废弃物也被统计在生态足迹之中。就像货币有具体的单位如欧元、美元和元（人民币）一样，生态足迹也有单位，那就是面积单位——公顷，更确切地说是全球公顷（global hectares）*。[1]

生态足迹是如何发挥作用的：想象一个农场

一个农场的生产力区域决定了该农场的生态承载力。这个农场能生产什么取决于该区域的面积和单位面积的生产力。在美国，牧场有时候用"母牛－牛犊英亩"（cow-calf acres）来衡量，也就是在 1 英亩（1 英亩 = 4047 平方米）的牧场上，可以放牧多少对母牛－牛犊。因此，农场面积和单位面积生产力都很重要。

生态足迹评估了需要多大面积的农场来生产我们消费的东西，包括我们吃的所有食物、用的所有纤维和木材、修建的道路和建筑物，以及处理废弃物、吸收化石能源燃烧产生的二氧化碳所需的所有空间。农场主不能在他建房子的地方放牧牛群，同时也不能在修建池塘的地方种植番茄，也就是说在农场生产力区域的使用上存在着竞争。

一个农场家庭会想知道，相对于农场的产出，他们对食物、材料和取暖燃料的需求达到了何等程度。我们可以将上述比较扩展

---

* 单位公顷转化为全球公顷的换算过程见第三章第 60、61 页。

到全球、国家、地区、城市乃至个人。

人类最大的农场就是我们的地球。多亏有了生态足迹统计,我们才意识到:我们共同的自然资源消耗需求至少比地球生态系统的更新和补充能力要高 70%,因此我们的运营方式已经失衡。

自然能够通过消耗存量的方式来补偿需求和供给之间的差距。例如,砍伐木材的速度快于再生的速度,排放的二氧化碳超出地球生态系统的吸收能力,抽取的地下水多于补充的水量,或者捕捉的鱼多于补充的鱼群数量。这种商业模式到目前为止只能算勉强维持运转,无论是对于农场主还是对于人类整体而言。

当你从一个生物学的视角来观察这个世界,你就会开始意识到,每个国家本质上就是一个农场,农场上有森林、牧场、耕地等。相对于国民的资源需求,这个农场有多大呢?(插图作者:泰斯特马勒)

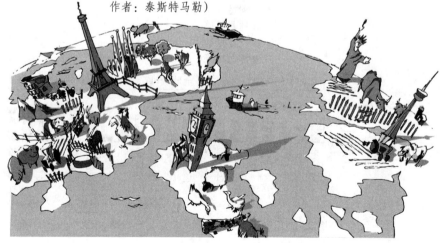

就像不同的货币可以彼此兑换一样,不同区域的生态足迹单位也可以统一换算。问题的关键在于找到一个所有事物都可以参照的基准单位,即

第三方单位。很明显的是,每一全球公顷并非一模一样,而只能说极为相似。但这对于货币来讲也是同样的情况,因为一美元对工薪阶层和对亿万富翁的意义是截然不同的。

因此,就像仅靠单一的金融数值不能完整描述一个经济体的健康状况一样,很明显,用单一数字来描述生态现状也是简略且不充分的。事实上,生态足迹并没有自称可以描述全部生态现实。更准确地说,生态足迹强调的是生物性资源(后文会有详细讨论)。这样处理的原因是,在物质层面相对于石油、矿石等不可再生资源,生物性资源对人类事业的发展而言更具约束性。举例来讲,地下的化石能源储量是有限的,但更为有限的是生物圈对化石燃料燃烧所产生的二氧化碳等温室气体的处理能力。燃烧化石燃料和处理二氧化碳都在竞争性地消耗地球的生态承载力。矿物质的使用受制于从地下开采和浓缩矿物质时的能源供应,也是同样的道理。

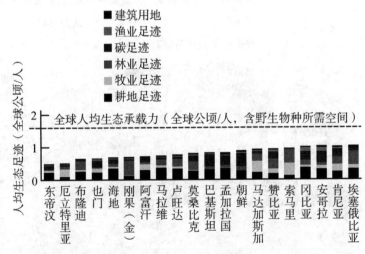

图 1.1a 2016 年世界各国的生态足迹数据(按人均生态足迹计,单位为全球公顷 / 人)*

---

* 2016 年的全球平均生态承载力为 1.63 全球公顷 / 人。数据来源:全球足迹网络"国家生态足迹与生态承载力账户"2019 年版——原书注。

　　因为生物与其分布区域是有机联系在一起的,所以生态足迹账户采用有生物生产力的土地或水域的面积作为衡量单位。就像我们即将看到的,这样一种简单的衡量单位使沟通更加顺畅,也使我们能够更方便地理解现状。价格让我们可以与他人就一件商品的成本高低进行沟通。生态足迹能够让我们就自然消耗的不同方式进行卓有成效的对话。我们可以讨论高低不一的自然消耗水平,讨论这种消耗对于彼此生态系统的影响。所有这些讨论最后都归结为一个数字,即我们的自然需求之总和(图 1.1)。

　　让我们来看一家百货商店,所有由商店代售的商品都有价格标签以识别它们的货币价值,食品类还有其原料及营养价值的信息标识。根据同样的道理,所有商品还应该增加一个标签数字,用以识别该商品消耗了多少生态承载力。价格标签的正面可以告诉我们购买这件商品要付多少钱,同时价格标签的背面可以告诉我们生产它消耗了多少自然资源。一块奶酪、一

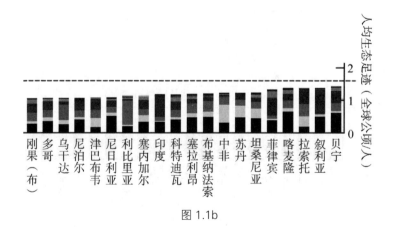

图 1.1b

条牛仔裤、一趟假日旅行等,所有这些都可以用生态承载力来衡量:需要多大面积的土地或水域来生产这些商品或服务? 对于奶酪来讲,我们的所需主要是奶牛的牧地和将牛奶转化为奶酪的能量。对于牛仔裤来讲,我们的

所需主要是棉花田。对于旅行，我们则需要更多东西，从飞机或汽车的燃油到火车、食物、维修、宾馆保洁、亚麻布的清洗等所用的电。对城市居民来说，也许电会被视为"神奇"地来自插座，牛奶也只是来自门口的接收纸盒，但我们使用的所有东西其实都是大自然的一部分。

我们现在同样用钱来打比方。只要有足够的钱，一切就似乎都很美好，我们也认为这是理所当然的。但是，如果钱不够呢？生态承载力匮乏的感觉和没钱的感觉是一样的。举例来讲，如果你因故被滞留在一个国外的城市，身上没有当地的现金也没有信用卡，那你吃什么呢？你又能在哪里睡觉呢？

试想一下，如果大自然突然无法再提供各式各样美妙的服务，会发生什么？首先，如果没有足够的水来支撑生命和经济活动，会怎么样？如果海洋渔场萎缩甚或崩溃，同时对海鲜的需求仍在不断增加，从而使其变得愈发稀少而昂贵，那会怎么样？如果自家后院生产的食物不足以维持家庭生活，同时人们（例如孟加拉国的农村居民）又没有钱买额外的食物，那会怎么样？

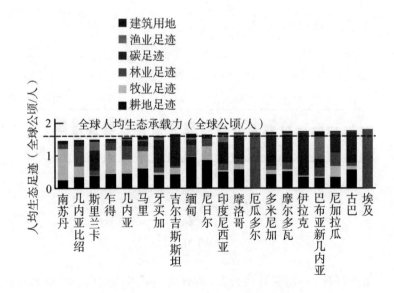

图 1.1c

如果森林和海洋在某一天突然不能再吸收更多的二氧化碳,反而将其储存的温室气体释放到大气中,那会怎么样? 若发生诸如此类的其他事情,又会怎么样?

钱是我们评估事物经济价值的核心衡量方式,但钱的作用不仅仅是衡量价值,它还可以作为支付工具。于是,钱在人与人之间不断传递。但生态足迹却并非如此。我们可以交换农产品的生态承载力,例如通过进口木材并出口肉类。人们并未意识到,贸易统计数字或许也没有显示出的是,真实的生态足迹单位并没有被交易。更确切地说,是被交易的木材和肉类的生态足迹数值可以被我们衡量罢了。

钱还是个人财产的一种存储系统,比如说存储到银行账户或者投资组合中,这一点也与生态足迹不同。大自然的财产蕴含于其本身,生态足迹作为一种统计方法或者代码编号,只是大自然财产的衡量和识别工具。人类早已充分意识到钱的价值,但自然资本的价值却被低估了。在大自然向人

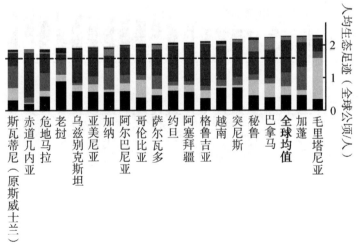

图 1.1d

类提供财产时，我们好像认为它是无限的，取之不尽，用之不竭。然而从长远来看，自然才是最有价值的资产，而钱只是一个符号。

当然，有很多东西用钱是买不来的，比如真爱，我们无法赋予其货币价值。另一个例子是大气，人们已经习惯于将大气作为各种气体排放物的免费垃圾桶。就像钱一样，生态足迹也有不适用的地方。比如说，一块石头就没有生态足迹。原因很简单，石头的存在并不需要可测量的自然资源消耗。另外，动物就存在生态足迹。它们要呼吸、喝水、进食，这些都消耗生态承载力和相应的生态区域。一条鱼如果被海豹吃掉了，我们就不能再直接享用这条鱼；换一个视角来看，当我们转而去吃海豹或者使用其毛皮的时候，我们能间接地享用这条鱼。

人类究竟需要多少生态承载力？为了吃饭、穿衣、建造房屋和取暖，也

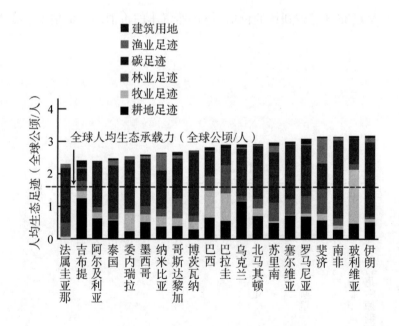

图 1.1e

为了旅行和运输商品,我们需要大自然提供所需的物资。在这个过程中,我们留下固态、液态和气态的废弃物给大自然去处理。我们在这个世界上生活和行走,总会留下"足迹"。有些人的步伐很重,有些人则步履轻盈,仿佛凌波微步不会触地扬尘一般。但每一个人,不管身材高大或瘦小,只要活在世上,就会留下痕迹,这里说的痕迹就是生态足迹。

生态足迹不仅衡量个人对于自然的需求,而且同样适用于城市和国家,乃至全人类。

以化石能源为例。自工业革命以来,我们已经使用了大量的自然资源,例如煤、油和天然气。事实上,这些自然资源都是不可再生资源,或者更确切的说,是需要极长时间才能更新和再生的资源。我们把这些不可再生资源从地壳中开采至地表,从而使其进入了生物圈。在生态足迹的计算中,地

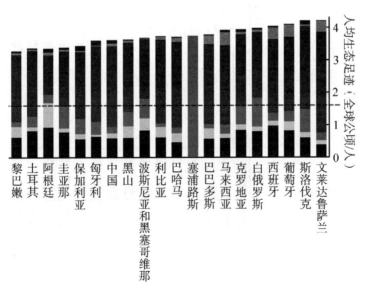

图 1.1f

下煤或油的储量并没有进入计算公式。毕竟这些地下资源并不是生物界的一部分,而是存在了数百万年的物质。在这个意义上,这些不可再生资源是诸如金子或毕加索的画那样的资产。而且相对于生物圈的处理能力,这些不可再生资源是足量的。我们是通过使用煤或者油的方式来消耗自然资源,这种消耗本身才是生态足迹所衡量的[2]。当一定量的化石能源燃烧的时候,会产生和释放二氧化碳。生物圈必须要处理这些新的二氧化碳,因为它们此前在自然循环中并不存在。

过多的二氧化碳会导致气候的长期不稳定。为了阻止二氧化碳在大气中的不断积累,新增的二氧化碳应该被移除。但截止到目前,只有小部分二氧化碳被移除了。人类把剩余的其他新增二氧化碳交给自然来处理。过量二氧化碳中的很大一部分正在被海洋吸收(同时,海洋也被酸化了),另一些则被陆地生态系统所吸收。但是,某些土地利用方式也会导致二氧化碳的净排放。大量的二氧化碳存留在大气中,不断积累。因此,我们要用生态

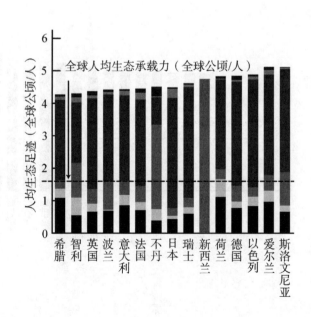

图 1.1g

足迹的方法来提问：需要多大面积的区域和多少森林来吸收剩余的二氧化碳？已有研究表明，如果气候保护管理得当，每公顷的森林每年平均能够吸收约 900 升汽油燃烧所释放的二氧化碳[3]。

过去的 200 年间大气二氧化碳浓度提升了约 1/3，从 278 ppm 提升到超过 410 ppm。如果我们将其他温室气体也统计在内，大气中温室气体总浓度的提升幅度则更大。很明显，我们没有使用足够的生态承载力（主要来自森林和海洋）去吸收这些燃烧残余物，吸收速度总是慢于这些残余物的产生速度[4]。原因之一在于，对生态承载力我们还有很多竞争性的其他需求。另外，生态承载力本身确实也不够用：最近的数据显示，碳足迹已经变得相当大，大到其本身超过了整个地球的再生能力。

不过，如果我们用更多地表区域去吸收更多二氧化碳，那么可用于其他目的之生态承载力

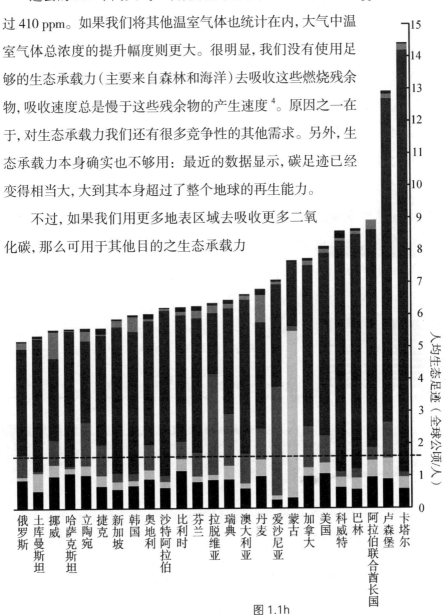

图 1.1h

就会显著减少,例如食物、纤维和薪材的生产,以及城区的增设。牧场和耕地也能在某种程度上吸收二氧化碳,对此我们可以指望一些有前景的实验,但它们至今尚未取得明显的成功[5]。未来我们如果能在保持牧场和耕地产量的同时吸收更多的二氧化碳,那将会极大地增加生态承载力。

上述情形同其他不可再生资源(例如铁、铜和矿物质)相近。这些不可再生资源间接地与大自然的有机部分联系在一起。我们从地壳中开采大部分矿物质,提炼、浓缩和处理这些不可再生资源都需要生物资源。因为生态足迹只衡量对生物资源的影响,所以在统计金属和矿物质时只考虑开采时所需的生态承载力与提炼、运输和处理时所需的能量。这些就是金属和矿物质对自然的需求。这反过来让我们想到植物通过光合作用吸收和存储碳时所需的生态承载力。换句话说,矿物质和矿石像黄金和股票一样是价值极高的资产,但不同处在于,人类的经济想要使用它们时仍需消耗新的能量,而这些能量本身也需要生态承载力。

长期以来,绝大部分人的主要关注点正是自然资本中的不可再生资源。

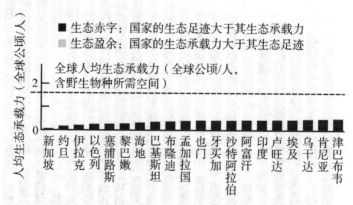

图 1.2a 2016 年世界各国的生态承载力数据(按人均生态承载力计,单位为全球公顷 / 人)*

---

* 2016 年的全球平均生态承载力为 1.63 全球公顷 / 人。数据来源:全球足迹网络"国家生态足迹与生态承载力账户"2019 年版——原书注。

人们已经意识到，化石能源、矿石、矿物质等的供应终究是有限的，它们早晚会耗尽，或者只会以低浓度的形式存在，难以再进行开采和提炼。考虑到工业生产过程依赖不可再生资源，这样的担心是可以理解的。事实上，某些不可再生资源已经变得相当稀缺了。但最近我们意识到，可再生资源以及相应的生命支持功能更为稀缺，即使可再生资源能够补充和更新，它们也会耗尽[6]。

可再生资源，比如森林、鱼群和湿地，都有可能因过度使用而被全部用完。当人们对可再生资源的开采和利用速度超过其自我更新的速度，可再生资源就会最终被用完。绝大部分不可再生资源对于生命的支持和保护作用而言不太重要，但可再生资源却是令地球上所有生命存在的不可或缺且无法转让的前提条件。正因如此，可再生资源以及与之相伴生物圈的再生潜力共同组成了对人类生活和福祉最具限制性的物质因素。当然，这种限制和约束是由世界上的 10 多种，或者可能是 100 多种乃至 100 多万种动物和植物物种所共同承担的。

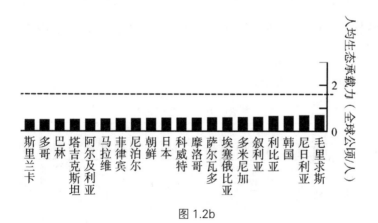

图 1.2b

简而言之，生态足迹将整个世界看作一个农场。农场有多大？农场能产出多少？相对于农场的产出，我们使用了多少？农场主将生产区域作为他们的参照点，人类生命所依赖的也正是这些提供生态服务的区域(图 1.2)。

农场主观察自然的视角可以转化为一套有科学依据的统计系统。生态足迹的统计框架从卫星遥感、贸易统计、人口普查和问卷调查中收集并筛选出数百万份数据。联合国已经创立了覆盖整个世界的综合性数据库,追踪和记录全球自 1961 年以来的自然消耗状况。联合国的背书使得其采用的数据成为官方正式数据,也使得它们成为国家间比较时最为中立且可接受的数据。该数据集使得连续计算各个国家自 1961 年以来的生态足迹成为可能。目前,全球足迹网络可计算联合国统计数据中所覆盖的所有 220 个国家(地区)的生态足迹。其中约有 194 个国家(地区)的数据足以计算出至少一年的生态足迹最终结果。对于每一个国家的每一年而言,当前的生态足迹计算方法都要求来自各种数据源的 15 000 个数据,例如能源数据、农业生产数据、土地利用数据、人口数据、渔业数据、森林数据等[7]。

通过上述方式,每个国家都能得到两个数据:一个数据显示居民的自然资源平均消费水平,即生态足迹(图 1.1);另一个数据评估这个国家的自然环境对人类所需求资源的自我更新能力,即生态承载力(图 1.2)。

再次重复一下我们的问题:一个人要占用多少生态承载力?如今我们可以用更好的数据和统计来回答这个问题。但我们同时也十分清楚,因为

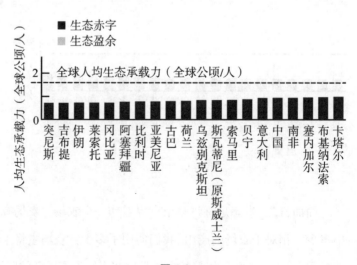

图 1.2c

现实太复杂，即使最好的数据和统计也不能覆盖所有事物，所以我们的答案在一定程度上是不精确的。即便如此，并非绝对准确的答案仍然可以指明正确的方向，在此基础上需要的是不断核对并改善。这些只是我们目前可以获得的最佳答案。随着全球足迹网络与其合作组织以及其他组织在方法论和数据科学性上的不断提升，我们得出的结论也会变得越来越可靠。

这也就是为什么全球足迹网络和加拿大约克大学正在一个严密的全球学术网络的支持下，联合各个国家组成联盟，其目的在于产出并拥有独立、透明和可靠的"国家生态足迹和生态承载力账户"未来版本[8]。这将比全球足迹网络作为单个组织产出的账户具备更强的说服力。如果做到这样的话，生态足迹账户将会更加可信和公正，也更有可能影响公共部门和个人的决策。

在本书出版之时，最新的生态足迹版本是 2019 年版，包含了截止到 2016 年所有国家的生态足迹和生态承载力数据（时间的滞后反映了联合国数据汇编的延迟）。生态足迹反映了每个人的资源消耗、废弃物吸收、建筑物和道路使用等所需求的"全球农场"，包括森林、渔场、牧地和耕地等。2019 年版生态足迹的统计结果显示，海地的人均生态足迹是 0.68 全球公顷（海地经历了一场地震，引起了生态的破坏和急剧退化，同时当地还经历了

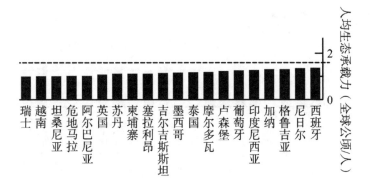

图 1.2d

经济混乱和剧烈的政治动荡）。肯尼亚和乌干达的人均生态足迹分别是 1.0 和 1.2 全球公顷。另外，德国和法国的人均生态足迹分别是 5.0 和 4.7 全球公顷，美国和阿联酋的人均生态足迹分别是 8.3 和 10.2 全球公顷。

现在网络上已经有一些生态足迹的计算器，可以让个人很方便地计算出自己的生态足迹。并非王婆卖瓜，我们最喜欢的还是全球足迹网络自己的计算器[9]。喜欢的原因不仅仅是其使用的图表漂亮，还因为它能根据国家层面的计算进行直接校正。同时，我们的计算器基于任何人都可以回答的简单问题进行计算，不需要每个人再爬起来查看各种账单并且每周为垃圾称重。就像所有小测试一样，我们的计算器只就你的营养状况（例如每周你吃几次肉）、房子的特点、出行习惯等提出一些简单的问题。根据你的答案可以对你的生态足迹进行大致的评估，也包括这样的信息：如果全球所有人都像你一样生活的话，我们会需要几个地球。它甚至可以告诉你，如果地球上的所有人都像你一样生活，"地球过冲日"会在哪一天到来。

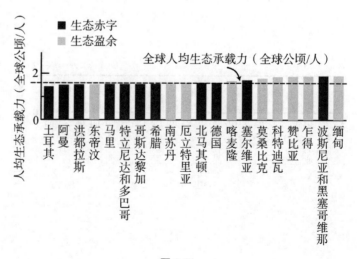

图 1.2e

用 6 个简单步骤计算卡迪·B 的生态足迹

让我们以歌手卡迪·B（Cardi B）为例来说明生态足迹是如何计算的。假设卡迪·B 喝的咖啡来自危地马拉，她吃的鸡蛋是由美国艾奥瓦州小麦喂养的鸡下的，她穿的夹克用的绒线来自新西兰。因此，她的生态足迹遍布整个世界。

为了评估她现在的生态足迹，我们需要追踪以下问题。

1. 为了获取她今年消费的奶和肉，使用的毛织品，鞋、夹克和家具所用的皮革，需要多大面积的牧场来饲养牛羊？

2. 为了制作她吃的牛角面包和意大利面，还有饲养她今年可能会吃的鸡和猪，需要多大面积的土地来生产所需的豆类、棉花、橡胶、糖和谷物？为了生产棉花和蚕丝，需要多大面积的土地？

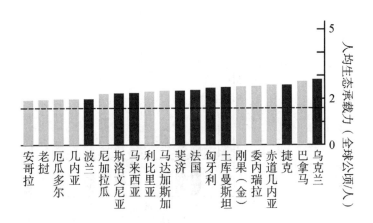

图 1.2f

（注：食品的包装、运输需要棉花、橡胶等材料）

3. 为了生产她今年所吃的鱼，需要多大面积的海洋？（注：欧美居民很少吃淡水鱼）

4. 为了建造她的房子（如果她跟其他人一起住，那么就是房子的一部分）、她的花园以及她所使用的那部分道路、城市广场、机场和公园，需要多大的土地面积？

5. 在今年这一年内，她家房子的加热和制冷、生产她所消费的产品和服务，以及她开的车和乘坐的飞机，都要消耗化石能源并排放二氧化碳，那么需要多大面积的森林来吸收这些二氧化碳？

6. 为了提供卡迪·B 所分享到的社会开支份额，例如医院、警察、政府服务、教育设施和博物馆以及军事活动，需要多大面积的区域来提供所需的能源和资源？

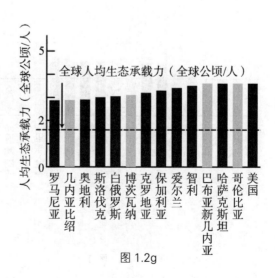

图 1.2g

为了计算卡迪·B 的生态足迹，首先根据上述问题逐条列出所有的面积，也就是她消费和使用的所有东西所需的真实区域面积。继而，将每一项真实面积转化为拥有全球平均生产力或者增长潜力的标准化全球公顷。对于生产力较高的 1 公顷面积，比如说其生产力是全球平均水平的 3 倍，那么在这种情况下就会被统计为 3 全球公顷。这些标准化全球公顷便成为在平等基础上比较全球所有公顷生产力的泛用"通货"。于是，对与卡迪·B

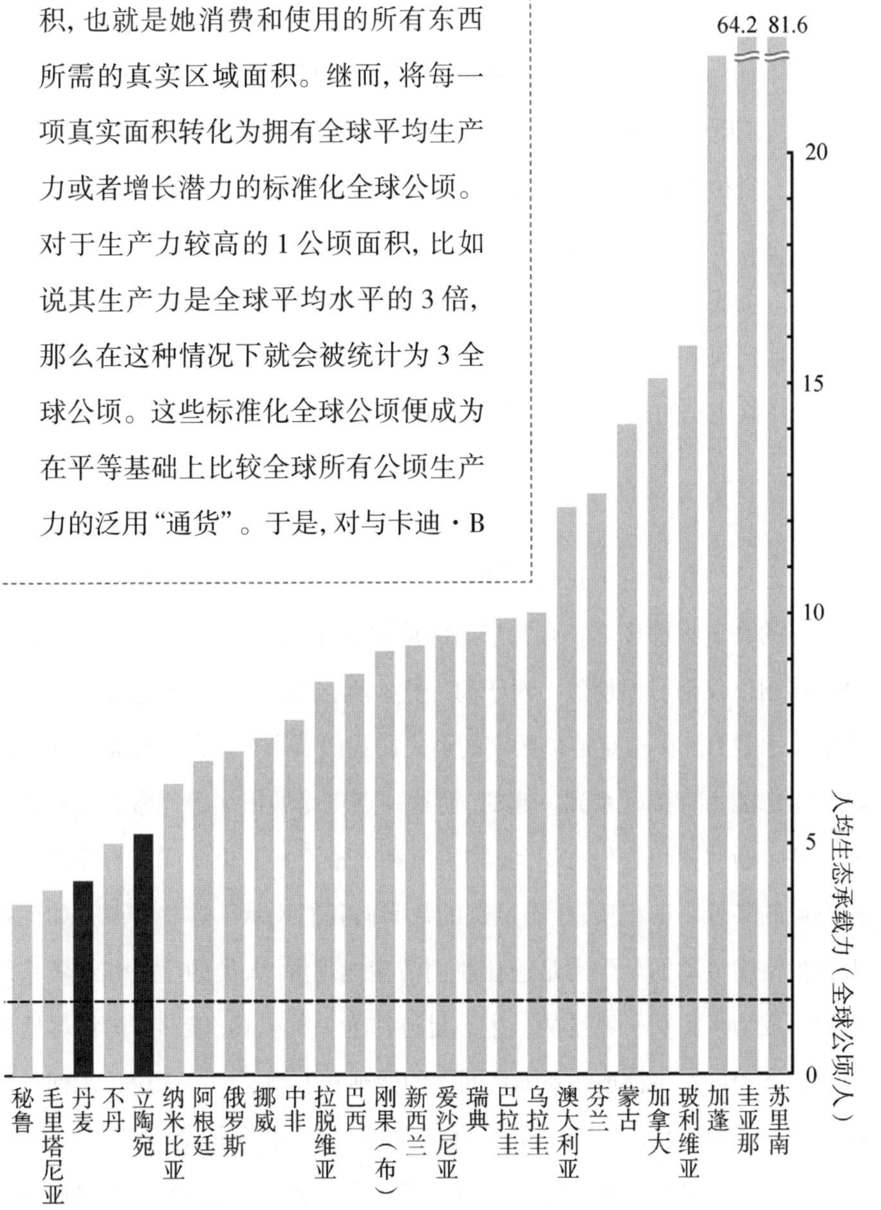

图 1.2h

相关的所有全球公顷数进行求和, 就可以计算出她今年的生态足迹值。搞定啦(Voilà)。

计算出的生态足迹值是为了满足卡迪·B一整年的消费而在当年期间所占用的区域面积。下一年, 她的生态足迹值会有所不同, 因为她本身的消费、科技效率以及生物圈的生产力都将发生变化。每位读者都可以在网站 footprintcalculator.org 上查询计算自己的生态足迹值。

上述生态足迹计算方法不仅适用于一般生活方式, 而且适用于其他任何活动、产品和服务, 从一次淋浴、一片面包到一顿早餐、一次搭乘飞机的旅行或者一次医生随访。🌱

生态足迹方法给予我们一种崭新的视角, 使我们能够了解每天自己使用东西的真实物理成本。有些东西的使用能让我们的生活丰富且充实, 而另一些则仅仅是习惯使然。对于每一样东西, 我们都能了解它需要消耗多少生态承载力。生态足迹以数字的形式向我们展示个人的存在是如何与地球的生态能力直接联系到一起的, 而这一点正是城市居民经常会遗忘的。通过这个新鲜视角我们意识到, 物质流和能量流并非位于同人类经济领域相隔绝的某处。正相反, 生态足迹的数字向我们展示了这些资源是如何在人类生活中流动的。生态足迹让我们清楚地理解, 人类的生活和经济系统是如何成为生物圈子系统的。生态足迹作为一种工具, 能够较为详尽地展示出人类和自然在物理性新陈代谢上的微观和宏观层面。无论位于何种尺度, 我们都能对大自然的生态供给和人类的生态消耗进行量化。

生态足迹账户主要描述了 "是什么", 其关键在于我们甚至可以衡量生态承载力并使之明确化和具体化。例如, 生态足迹账户很明确地告知了我们对地球有限生态承载力的竞争性使用。气候变化的挑战应该和其他的诸多人类需求放在一起讨论。二氧化碳及其他温室气体的吸收会跟食物或纤维的生产发生竞争。如果我们没有足够的生态能力来满足这些竞争性需求，地球的生态承载力就会恶化。例如，二氧化碳不断在大气中积累，久而久之便会通过改变气候模式，使其变为更加不稳定的形式，从而明显地侵蚀地球的生态承载力。

当今人类的生态足迹中约有 60% 是化石能源消耗的结果，我们的碳足迹增长极快。大约 150 年前，也就是人类第一次工业革命（煤炭和蒸汽革命）开始的时候，人类的碳足迹基本为零。从 1961 年以来，联合国开始收集可靠数据，结果发现人类的碳足迹已经翻了一番有余。我们的能源消耗增长得更快，尤其是天然气。天然气燃烧时排放的二氧化碳较少，因此相对于煤和石油，每单位天然气的碳足迹较小。但是，这项对气候友好的优势只有当天然气中的甲烷都完全燃烧的情况下才存在。甲烷是一种很重要的温室气体 *。在提取和运输分配天然气的过程中，即使甲烷的泄漏量很少（比如说 2%），都会使天然气相对于煤炭的气候优势不复存在[10]。

很难说对资源的需求是否存在一个上限。假如我们有足够的钱，就可以住更大的房子，拥有更多的房产，按照自己意愿选择驾车或飞行。对于食物来讲，长距离运输，肉类消费增多，更为精致、复杂的处理加工等也会增加我们的生态足迹。二氧化碳排放到大气中并不断积累，导致了持续的气候变化。在生态足迹账户的帮助下，我们可以评估：如果人类从可再生资源比如来自农业的生物质燃料（agrofuels）中获取大量能源供给的话，那将会怎样。在大多数情况下，大气不堪重负的状况会得到缓解。但是，我们会不会把更多的需求转移到其他生物系统呢？生态足迹评估会告诉我们答案。

绝大部分从可再生资源（水、风、生物质能等）中获取能量的通用技术

---

* 每单位甲烷产生的温室效应增温效果远超二氧化碳。

排放的二氧化碳都比较少。然而，这些技术的实现通常也对有生物生产力的区域存在需求，比如风力发电的风车往往矗立在原先的耕地区域上。现在有多种不同方法从生物中提取能量。对生物质燃料（biofuels）来讲，主要使用的是农业生产的果实，例如玉米粒、油菜（canola）、菜籽（rapeseed）和产油的棕榈仁。另外，第二代技术理论上已可使用植株整体来获取生物质燃料，因此生产效率较高，同时不再与粮食作物相竞争，趋于完善。然而，第二代技术在现实中尚无法实现量产。生态足迹能够对每种方法中获取每单位能量所需的自然消耗进行量化评估。

从生态足迹的视角来看，气候影响也变得更加明显。化石能源能让人类克服生态承载力的限制，因为廉价，它已成为地球生态承载力产出的万能替代物。化石能源不仅是一种高品质能源，而且可以用来生产塑料、纤维和其他化学制品。价钱便宜量又足的化石能源也使农业朝向更加集约化的方向发展。在美国，现在需要约 6 焦耳的化石能源来生产 1 焦耳的食物 [11]。

在与之相反的代价方面，化石燃料使用过程中排放的温室气体，尤其是二氧化碳，已经超出了生物圈的吸收能力，最终结果就是温室气体在大气中不断积累。如果我们允许二氧化碳在大气中进一步积累，那么气候不稳定的可能性也会进一步增加，而这会对食物生产造成负面影响，因为农业终究还需依赖可以预测的稳定气候。在地质史上最近的全新世（Holocene），稳定的气候条件奇迹般地维持了万年之久，使人类得以开始构建农业系统。因此，如果我们可以尽快停止使用化石能源，学会如何仅依赖生态承载力来生活，那么人类的前景将会更加明朗。毕竟我们最终所能依赖的只能是地球能够自我更新的东西，故而我们对气候变化的阻遏越有效，拥有的生态承载力就越大。

气候、化石能源和生态承载力的相互作用揭示了全球变暖的挑战性所在，同时也表明了生态承载力的重要性。这些互作强调了一项事实，即我们的地球既强大得令人惊奇，同时也极为脆弱。在这颗生物化的星球上，我们都是以生命有机体的形式存在。生态足迹的核心和使命就是把所有这些方面汇聚在一起。

　　生态足迹的作用如同地图，它描述了我们所生活世界的物理现实。就像其核心原则所界定的那样，生态足迹将人类对生态系统的需求转化为一套通用的标准。就像地图一样，生态足迹的背后也有海量数据支撑。但是，地图只能展示基本元素，例如城市、道路和边界。如果一张地图要显示每一棵树或者每一幢房子，那么我们就很难再看清它。生态足迹的统计化繁为简，让我们能够认识纷繁复杂又晦涩难懂的现实。生态足迹和地图一样，让我们可以更好地理解这个世界及其复杂和多样的生命支持系统，也可以让我们更好地航行其间。生态足迹帮助我们评估风险和机会，支持我们找到一条可行的前进道路。

第 二 章

生 态 腹 地

一个城市需要多少生态承载力？

当今世界，生活在城市里的人比生活在农村地区的更多，该现象在人类历史上还是首次出现。尽管城市区域在地球表面所占的面积较小，但非常明显的事实是，地球的未来主要由城市决定。一切将取决于城市如何给市民提供水、食物和能源，以及城市的建筑、居所和基础设施是如何构建的。城市如何为其所依赖的自然资本进行估价？在资源日渐稀缺的时代，一个更大的问题涌现出来：人类需要怎么做，才能在地球的资源预算限度内繁荣发展？生态足迹统计为我们指明了正确的方向。

1987—1989 年，一座巨大的圆顶状建筑物在美国亚利桑那州的边远地区逐渐矗立起来。整个建筑物构成一个封闭的生态系统，不仅包括热带和亚热带草原、热带雨林、红树林湿地、代表海洋的水域等，还有精耕细作过的农田和居民住宅。建筑物内进行的科研项目名叫生物圈 2 号，直接对应我们地球的生存环境，即生物圈 1 号。这座实验性建筑物的目的是创造一个自给自足的生物群落，同时为我们将来探索诸如月球或者火星上的船员基地需要什么等方面积累经验。

1991 年 9 月 26 日，生物圈 2 号的气闸室在首批 8 位居民入住后关上了大门。在其后的约 2 年时间里，他们生活在充满未来气息的住宅中，各个房子之间由地下连接。所有的房子都是气密性的，与外界隔绝。随着时间推移,这个人造世界中的生活开始变得艰难起来。该项目使用的加固混凝土在硬化的过程中不断消耗人造大气中的氧气,并释放二氧化碳,最终不得不从外界输入氧气以维持内部氧气浓度。还有更多意外发生,土壤中的微生物将生物圈 2 号内部大气中的氮和二氧化碳的水平提升到远超预期水平,蟑螂和蜘蛛特别喜欢这些高科技房屋,在里面成倍繁殖。事实很明显,人类难以复制、创造和维持大自然般复杂的调控系统[1]。

让我们来做个心理实验,将生物圈 2 号想象为一座现代化城市,例如上海、柏林、迪拜或者纽约[2]。一整块超大弧形玻璃像碗一样翻转过来罩起这座城市,形成一个穹顶。空气、水、食物、油或气等能源,砖或沙等建筑材料之类,统统不能从外界进入这个人造的生物群落。城市是密封和不透气的,与外界隔绝。甚至废水、汽车尾气和家庭垃圾也必须在这个玻璃罩下处理。只有阳光能够畅通无阻地进入这座充满未来感的城市,这样至少在白天穹顶内是有光的。伴随着阳光,一定的能量也能从穹顶外渗透输入。至于昆虫或者啮齿类是否会将这个人造城市视为天堂,我们就不得而知了。

这个心理实验与生态足迹的思想较为接近。这里的关键问题在于,城市上面的玻璃穹顶应该达到多大,才能使其内部为市民生活提供足够的物资?或者说得更简单一些,运行一座城市至少需要多少生态承载力?

事实上,我们现在已经具备足够的科学知识来给上述问题一个相对明确的答案。伦敦已经多次运用生态足迹的理念和方法。伦敦城的城市极限(city limits)相关报告发表于 2002 年,属于该类报告中最早的一批,目前仍在其"古色古香"的网站上呈现[3]。当时该报告得出的结论是,伦敦人均需要 6.6 全球公顷(大约 8 个足球场那么大)的生物生产力区域来维持其日常消费习惯(包括居住、出行和日常管理)[4]。伦敦每年的家庭、产业和建设项目所产生的垃圾是如此之多,足以将恢弘的皇家阿尔伯特音乐厅*(高度超过 40 米)填满 265 次。

---

* 该音乐厅为伦敦骑士桥地区的文化地标建筑。

同样需要注意的是伦敦市民每天要吃掉多少食物。上述报告发现,他们的食物消费占伦敦总生态足迹的比例高达 41%。如果我们计算一下伦敦市民食物消费所需要的面积,结果是 4900 万全球公顷。这个面积相当于伦敦实际地理面积的 300 倍,同时也超过了整个英国生态承载力的一半。

当然,一座城市所消耗的资源究其本质,既有当地的,也有全球的。资源的源头遍布整个世界,而这早已被伦敦所证实。在 19 世纪中期,伦敦便已有 400 万居民,超过当时世界上任何其他城市。这也意味着早在当时,伦敦的生态足迹便已达到了历史同期的最高水平。19 世纪的一位著名英国经济学家杰文斯(Stanley Jevons)曾经这样描述:"北美和俄国的平原是我们的玉米地,芝加哥和敖德萨是我们的谷仓,加拿大和波罗的海为我们提供木材,澳大利西亚(注:指澳大利亚、新西兰及其附近太平洋岛屿这一地理区域)是我们的牧羊场,南美是我们的牧牛场。秘鲁的银子,加利福尼亚和澳大利亚的金子,源源不断地流向伦敦。中国为我们种茶叶,而我们种的咖啡、糖和香料都在东、西印度群岛。西班牙和法国是我们的葡萄园,环地中海地区是我们的果园。我们的棉花以前只种在南美,现在则已遍布地球上所有的温暖气候区[5]。"

150 年后的今天,全球已经有 60 多座城市的人口大于 19 世纪的伦敦。城市之间以及农村地区都在为消耗地球的自然资本进行竞争。一座城市如果能用较小的人均生态足迹为市民提供同等水平的生活,那么该城市对进口的依赖就比较少,因此从长远来讲也更具竞争力。

令人吃惊的是,现代城市的生态足迹差异极大。一个中世纪式的意大利紧凑型城市,其人均生态足迹与一个体现汽车时代特征的北美蔓延型城市相比,前者可能只有后者的约 1/3。北美城市居住模式的特点是存在不断蔓延扩张的郊区,许多郊区只能通过驾车到达。历史上的很多城市,例如欧洲或者环地中海国家的城市,在设计之初从未考虑过汽车。相对于北美的城市,这些城市密度较大,更有利于市民步行,运转起来更加完整且协调,通

常具备良好的公共交通体系（有轨电车、公共汽车等）。意大利人钟爱新鲜
应季的本地食物，这不但让他们更加健康，菜肴更加美味，而且对其较低的
生态需求也作出了重要贡献（即使在没有高科技的情况下）。

北美居民往往将住在小公寓、小房子里的意大利人视为"棚户"。但是，
对于意大利人而言，整个城市都是他们的客厅，因此可以说他们生活在宽敞
之家。反过来，意大利居民看到北美人住在郊区的房子里，感觉就像与世隔
绝一般，生活被房子的界线所限制。北美居民很难做到从家里轻松步行至
一处咖啡店或酒吧，或者在广场上快步溜达。换句话说，我们所需求的自然
消耗量与消费所带来的生活享受程度关系不大，进一步说，前者与我们生活
中所感知到的广阔程度也并不相关。北美居民现在也开始意识到这个问题，
例如在进行房地产估值时，步行友好程度已经日渐成为一项重要考量因素。

城市的居住模式不但影响居民的生活质量，而且影响其经济稳定性。
现在，城市之间正在全球层面进行竞争，要争取的不仅是具备创造力和企业
家精神的人才，同时也包括地理区位优势。一项重要的优势是资源效率。
因为所有城市都在全球贸易中努力获取各种资源，因此资源成本影响所有
城市。较大的生态足迹会不断增加城市的经济风险。

最终，当过量使用变得越来越不可行时，我们就面临"一个地球"极限
的约束，特别是那些人均生态足迹大于 2050 年生态承载力的城市将会面临
风险。原因很简单，那就是他们的生活方式不可能被复制到全世界，因此该
方式本身便会面临威胁。这是一条只需通过简单的数学计算就可以明白的
真理。如果城市在未来想要为市民提供繁荣的生活，那么它们应该让市民
现在就要开始思考，伴随着基建项目的投资，他们应该如何在不断提升生活
质量的同时摆脱对资源的依赖。当然，如果增加更多的基础设施同时意味
着对资源（包括化石能源）的更高需求以维持运转，那么城市管理者就是在
毁掉该城未来的美好前景。

如果城市选择应对资源风险，生态足迹评估可以让它们首先识别其资

源依赖性,继而能将资源依赖性分解为各个组成部分,例如出行、建筑、取暖、制冷、饮食、废弃物管理和水的供给。这样的生态足迹分析是有意义规划的基础,包括为减少城市社区的资源依赖性和脆弱性所设定的具体目标。无论我们观察的对象是自然资本还是金融资本,是物质世界的新陈代谢还是经济系统的收支平衡表,两者都要求负责任的预算管理。

这正是生态足迹强大的沟通优势可以发挥作用的地方。尽管从房屋建设到工业区或足球场的规划,现实世界中的挑战是多重的,但生态足迹评估的结果就是一个数字,即该项目需要自然提供多大的必要面积。生态足迹方法的透明性可以让来自各方的合作伙伴(行业代表、管理部门、政治家和同等重要的市民)就规划过程进行卓有成效的对话。

计算城市生态足迹的方法

路线图

计算一个国家的消费生态足迹时会对维持居民的资源需求、提供城市发展的物理空间和吸收相关废弃物所需的区域面积进行评估。评估最终的消费,要在本国生态系统产出的基础上加上进口再减去出口。有关这些物质流的详细信息通常只在国家层面存在,而次国家实体(例如城市和地区)针对这些资源流并未创建和维护较为完整的数据集。

因此,计算城市层面的生态足迹需要使用间接方式,包含以下4个步骤。

1. 基于"国家生态足迹和生态承载力账户",首先了解国家的生态足迹结果。

2. 针对全国平均水平，分析各个活动和消费项目在整体生态足迹中所占的比例。这项分析的结果被称为"消费－土地－使用矩阵"（Consumption-Land-Use Matrix）。

3. 相对于全国平均水平，识别某个城市消费模式的偏差特点。

4. 应用上述信息对国家的平均生态足迹值进行调整，从而符合本地实际情况。

上述 4 个步骤为某个城市在特定年份（收集数据的年份）提供了基准化的"消费－土地－使用矩阵"。

为了使生态足迹评估随时间的变化更加准确，同时能够反映最近的变化，全球足迹网络建议以基准年的"消费－土地－使用矩阵"为起点，应用地方数据来跟踪实时的变化。接下来我们会进行详细介绍。

"消费－土地－使用矩阵"

为了将对区域土地的面积需求分配到各项人类活动，需要创建一个"消费－土地－使用矩阵"，我的同事亲切地将其简称为"CLUM"。因为国家层面的数据较为完整，所以我们首先创建国家的"消费－土地－使用矩阵"。基于补充的消费统计数据或者应用"投入－产出"方法，这个矩阵可以通过人工分配的方式建立。为了使这些矩阵更加一致，全球足迹网络应用多区域投入产出数据集（GTAP）来计算各个国家的"消费－土地－使用矩阵"。GTAP 数据集中的投入－产出表提供了 57 个部门之间的资金流量数据。通过将这些资金流和资源强度相结合并使用电脑求解线性代数方程，我们就可以将对资源的需求分配到各项具体的人类消费活动。换句话说，我们能够计算出每一项特定活动需要多少耕地、牧地、森林和建设用地以及排放多少二氧化碳。主要的消费类型包括食物、住房、出行、商品和服务，这5个类别还可以作进一步细分，最终矩阵分析可以区分约37个消费类型。另外，上述每种消费类型还可以分为3个部分：

1. 直接由家庭支付的短期消费，例如面包、纸张和袜子。

2. 由政府支付的短期消费，例如学校提供的学生奶和警察、国防等政府服务。

3. 由家庭、政府或者公司支付的长期消费，例如房子、道路和工厂。该类型在经济学上还有一个花里胡哨的专业术语，名曰"固定资本总值"（gross fixed capital, 如果你需要在鸡尾酒会上给某位佳人留下深刻印象，那么这词也许会派上用场）。

城市生态足迹的评估

城市的生态足迹可以通过比较城市自身和其所在国家消费模式的方式来进行判断。关键的比值将基于城市和国家层面都具备的统计数字得出，例如家庭规模、家庭收入、家庭支出和本地购买力、马路或铁路上的人均旅程、电力消费、饮食习惯和废弃物产生。通过这种方式，我们可以计算出任何城市的生态足迹。城市和国家的可用数据集越具有可比性，城市的生态足迹结果就越具体。

追踪生态足迹随时间的变化

有了某个城市在既定年份的初始"消费-土地-使用矩阵"，我们就有了一个基准。以该基准为参照点，我们只用本地的数据就可以计算出生态足迹随时间的变化。我们拥有的本地数据越多，计算出的城市生态足迹的变化轨迹就越具体。我们能够识别出本地数据点是如何影响矩阵中的每一个单元格,并据此调整影响较大的消费模式。通过这个方法,我们能够将这个矩阵一直延伸到现在,甚至能够识别出具体的项目是如何影响该城生态足迹的整体表现。应用本地的数据,该矩阵评估可成为反映生态足迹截至目前变化的一种有价值的工具。

生态足迹分析的用途

具体且及时的生态足迹评估帮助城市识别出资源需求上的优势和差距所在,同时可以将城市自身情况与全球、国家和地区层面的趋势进行比较。这样的生态足迹评估也强调了城市政策的优先领域,将计划和实施的项目置于对其资源影响的讨论中,同时为政治家、行政机构和公众创造了对话的共同语言。生态足迹评估最终让市民和管理者能够检验城市及其项目正在多大程度上变得与"一个地球"相兼容。

应用标准

标准化可以使分析师在应用生态足迹方法时产生一致且可比较的结果,避免出现混淆。因此,全球足迹网络及其合作伙伴就如何在城市地区应用生态足迹方法这一问题,开发、设计了简单的应用标准[6]。令人信任的可持续性指标不仅取决于其方法在科学层面的可靠性,也取决于其方法在分析应用中的一致性。传达分析结果时切忌曲解、误传原本的科学发现。为此,全球足迹网络制定的标准也为结果的传播提供了指导。

在众多决策活动中,资源压力对竞争力的影响已经凸显出来。举例来说,自20世纪90年代以来,希腊、西班牙、意大利和葡萄牙的资源消耗出现了大幅增加。欧盟的低成本贷款造成了上述结果,让这些国家扩大其道路、机场和房屋的存量,而这同时也增加了对自然资源的需求。这些国家的人均国民生产总值(GNP)比北欧国家更低,这使得它们的"生态赤字"更大,甚至大于其他欧洲国家。这些资源赤字在21世纪10年代的早期因快速增长的资源价格而扩大,最终都转化为这些国家更为沉重的经济负担。不断增加的资源成本因素类似于一种新增的国际税,减缓了经济增速。

有人指出,希腊人无规律或不可靠的缴税习惯是他们在金融危机期间陷入经济泥淖的原因。然而,这种税收纪律的不稳定性并不是在2008年突然发生或加剧的新现象。可能起着决定性影响的一个新因素便是新的资源状况,也就是火箭般攀升的资源成本与较大的"生态赤字"相叠加所带来的新增压力。一开始,希腊政府在不断增加的金融赤字和资源赤字之下跌跌撞撞地前行,直到最后已别无选择,接下来的故事我们在报纸上都能读到。或许你还会看到,这些国家的生态足迹和生态承载力都出现了下降,它们的经济压力也经历了类似的变化。意大利、西班牙、葡萄牙和爱尔兰都在2008年后出现了类似的资源缩减,这一反响继续在这些国家引发动荡和苦难。

为了说明各城市的情况,全球足迹网络比较了地中海地区19座城市的生态足迹。下文的表2.1展示了概括性的结论。雅典显得尤为突出,其人口只占希腊总人口的约1/3,然而其自然消耗总量却比整个希腊的生态承载力还高20%。

城市生态足迹: 据估计,到2050年全球80%的人口将生活在城市地区。在很多地中海国家中,一两座主要的中心城市已占据了全国大部分的生态足迹,同时其人均生态足迹也显著高于全国平均水平。因此,通过聚焦于驱动因素与杠杆效应,城市可以为地中海地区提供另一个提升资源管理

表 2.1　部分地中海地区城市的生态足迹与其所在国生态承载力的对比。
城市数据来自 2010 年，国家数据来自 2020 年

		全国总生态足迹（百万全球公顷）	人均生态足迹（全球公顷）	城市人口占全国人口比例（%）	城市生态足迹相对全国生态承载力比例（%）
国家	意大利	264	4.44		
城市	热那亚		4.89	1.5	7.0
	罗马		4.70	6.9	31.0
	那不勒斯		3.34	7.3	23.0
	巴勒莫		3.83	1.6	5.9
国家	西班牙	187	4.04		
城市	巴塞罗那		4.52	10.2	32.0
	巴伦西亚		4.04	4.0	11.0
国家	突尼斯	25	2.19		
城市	突尼斯市		3.12	18.3	76.0
国家	希腊	48	4.27		
城市	塞萨洛尼基		4.25	10.2	31.0
	雅典		4.84	35.4	122.0
国家	土耳其	267	3.36		
城市	伊兹密尔		2.94	3.9	7.4
	安塔利亚		2.70	1.2	2.2
国家	埃及	173	1.81		
城市	开罗		2.85	15.8	84.0

注：数据来源为全球足迹网络。"地中海社会如何能够在资源缩减年代中做到繁荣昌盛？"（How can Mediterranean societies thrive in an era of decreasing resources?）2015. footprintnetwork.org/med.

可持续性的重大机遇。

　　资源趋势已然成为决定我们经济的关键因素。在第四章的相关分析中我们还会展开详细讨论。然而，大部分社会即便面对资源限制日益显著的

事实,却仍然不愿回应,它们的表现似乎是觉得糟糕的经济形势只是周期性问题,而非越来越严峻的生态约束的标志。

将资源考虑在内也有助于更好地进行投资决策。例如,从资源角度考虑建筑物、道路、铁路、桥梁或者港口的必要性,这将帮助我们评估哪个选择是更为有益的基础设施投资。这些基础设施通常会使用几十年之久。例如,一个高速公路系统不但使我们当下对化石能源的依赖增强,而且将这种依赖固化到未来。可以这么说,高速公路将我们的生态足迹倾倒、浇筑在沥青和混凝土之中。今后再改变投资方向的成本会很高,也很艰难。这就是错误的基础设施投资类型如何变成一种陷阱的例子。有人将这种基于石油构想出的投资称为"搁浅资产"(stranded assets)。

让我们进行一段虚拟的城市探索之旅。到市区走走,找一个舒服的地方消磨一下美好时光[7]。四处看看,这里的人、建筑物和汽车都看起来似曾相识。现在调整下你的视野,找找化石能源的存在。当然,任何照明、加热、制冷和交通设施都依赖化石能源,水泵、电梯和大量的家庭、办公场所小设备也同样需要化石能源。另外,还有很多你未必能一眼看到的项目也需要化石能源。生产混凝土就需要大量的化石能源。同样,商店橱窗使用的玻璃和车辆使用的钢铁在其生产过程中也需要化石能源。无处不在的塑料制品,从街上的垃圾到家具、水瓶和地毯,再次提醒我们是如何被化石能源团团包围的。我们对此都觉得理所当然,甚至不愿去多看一眼。但是,生态足迹不会忽视所有这一切。

况且,这样做的理由也很充分。之前已经提到,人类的生态足迹中有60%是由于使用化石能源所引起的。化石能源消耗的最大部分发生在城市中心,主要是该处的建筑物和交通系统,这些化石能源消耗绝大部分始于城市,也终于城市。

例如,北美的食物产品通常要远涉2400千米以上才能从农场到达餐桌[8]。工业化的农业在我们未曾料想的各个环节上都消耗着大量能源。拖拉机是依靠柴油发动的；人造的化肥是从化石燃料中制造的；杀虫剂和除草剂都是从石油中合成的；农产品都使用塑料膜压缩包装，部分需要冷藏，最后烹饪时还需要加热。上述绝大部分流程都伴随着化石能源的消耗。在城市超市中销售的每 1 焦耳食物平均都要消耗 10 焦耳的化石能源，用于食物的生产、分配和烹饪处理。

在人们早出晚归上下班时，都需要消耗大量能源[9]。郊区的生活方式，也就是"住在乡村、工作在城市"的美梦，吞噬了大面积的耕地和森林。在过去几十年间，很多城市如雨后春笋般出现。尤其在低收入地区，快速的城市化在野蛮生长。一些大城市如墨西哥城、万象和曼谷，正在继续以高人口密度和恶劣的非正式居住环境这类形式扩张。另外，高收入城市同样正在经历快速扩张和蔓延，居民的房子也变得越来越大。在这样的城市中，空间的扩张速率很明显超过了人口的增长。例如，1950—2010 年期间，美国的城市面积扩张到原先的 3 倍多，而城市人口只增加到 2 倍[10]。

洛杉矶是一个拥有 1780 万人口的超大型城市，以拥有庞大的高速公路和高架桥体系而闻名，大部分洛杉矶市民开车上班。相较之下，大伦敦行政区（Greater London）有着明显较高的人口密度，人口总量超过 1470 万[11]。伦敦郊区的房子是典型的半独立联排屋，因此伦敦在居住分散度上又比香港高好几倍。香港是全世界人口密度最高的城市之一，难怪香港的区域管理效率（针对燃料和其他资源）要比洛杉矶和伦敦高很多。不过，这并不一定意味着高人口密度通常会与高资源利用效率相关。高耸入云的摩天大楼通过精心设计的基础设施（例如电梯、照明、水泵，以及由于更大的外立面而增加的取暖和制冷设备）吞噬了大量的能源。相对而言，6 层高的建筑资源利用效率接近于最优，巴黎就有很多这样的建筑。让我们想象巴黎的这一侧面：拥有电动黄包车和小型速可达摩托（而非轿车）、自行车和人行道，同时拥有能源中性（energy-neutral）的建筑物，这些建筑在设计阶段就把融合市民的居住、工作和休闲娱乐空间于一体作为目标。

1900 年时，不到 30% 的人类居住在城市中，而现在该比例已超过了半数。从 1900 年到现在，全球人口由 15 亿增长至 77 亿以上，按照目前的趋势推算，到 21 世纪中叶全球人口将会达到 90 亿~ 100 亿规模[12]。几乎所有的新增人口将会生活到城市中，其中很多人将生活在大城市的贫民窟，目前全球贫民窟已有超过 1000 万人口。他们将生活在比如连接巴西两个最大城市（里约热内卢和圣保罗）的 300 英里长廊这样的城市带中。该城市带现在有 3500 万人口，已经可与超 4000 万人口级别的日本横滨城市带和中国广州城市带相竞争[13]。城市是较高程度人类文明最持久的创造物。相对于已完成的建筑物，城市正在创造更加广阔的大型建筑构造，这些构造体更加复杂，同时也可能更为脆弱。最近发生在开普敦和圣保罗的水资源危机进一步强调了这些超级建筑构造体的物理依赖性。

在 17 世纪 10 年代晚期，曼哈顿还只有 3 万人口，彼时他们意识到如果该岛进一步扩建，那么将可容纳更多的人口。为了给更多的人口提供食物，他们设计并建造了伊利运河。当这条运河在 1821 年开始通航时，曼哈顿的人口仅仅超过了 10 万。之后每 10 年曼哈顿就会新增 10 万乃至更多人口，到了 100 年后的 1920 年，其人口规模已达 230 万[14]。让这个故事与众不同的是，城市规划者在曼哈顿建设的早期阶段，就考虑到了资源安全性。与之形成对比的是，如今的大城市在建设和扩张时却很少就城市的资源安全性制定合理的计划。

存在资源限制的时代里，地方政府、行政部门、企业领袖以及想令城市保持长期繁荣和成功的每一位市民都会追问：我们的城市运行需要多少生态承载力？我们应该如何跟踪消耗资源的来处？这些提供资源的地方今后还能继续保证供给吗？我们的资源都被用来干什么了？我们的废弃物又是在哪里处理的？

本质上，推迟具有前瞻思维的行动，并且继续发展资源利用效率低下的基础设施，这将会引起持续的麻烦。这里面的核心问题在于：我们应该如何降低城市的新陈代谢？如果我们想要自己的城市摆正位置，更好地应对全球竞争，就得提出更多的问题。我们应该如何保护本地的自然资本（例如水）并可持续地使用？我们应该如何在建设轻资源型城市并减少对进口资源的依赖方面取得进步？我们应该如何建造出行、水电的基础设施，方能使其保持高效且有利于舒适生活，而不会在将来某一天转变成生态陷阱？

科学技术可以成为我们的朋友。在今日科技的帮助下，生态足迹较高的城市能够以五倍级的形式降低它们的资源需求[15]。例如，控制建筑物的能源需求，获取可再生的电力资源，通过拉近工作、居住和购物地点的方式来降低出行需求。生态足迹为上述所有问题提供了衡量方法。

第 三 章

耕地、森林和海洋

我们拥有多少生态承载力？

　　每一片森林都是树木的集合。当我们使用某些树木，这就意味着在人类经济中开启了一条资源流：树木变成了木材或者燃料。在工业革命期间，人类不再大量燃烧木材，改而开始大规模燃烧煤、油和气，这些燃料最初的供给非常充足。无论是较早发现的煤层（地下森林），还是后来发现的油田和气田，都是客观存在的，因此能源流不断增加。随着获取能源方式的改进，能源的更多使用进一步促进了这种扩张。我们可以用更少的努力，包括更少的能源和人力，开采和提炼出更多的能源。用更少的能源便可获取更多的能源，这当然会诱使我们去消耗更多的能源。但是到了现在，已经非常明显的事实是，燃烧的残余物（不仅仅是二氧化碳）已经构成限制资源效用的一大问题，这种限制性甚至比地下能源的储备限制性更严重。我们需要森林和海洋来吸收温室气体，至少在人类尚未生产出捕获和储存所有二氧化碳的机器之时必须如此。到目前为止，我们手头确实没有这样的机器。原因之一在于，当下的碳封存技术仍然是耗时、费力且昂贵的，同时在技术上也不成熟。同时，二氧化碳捕获过程本身不可避免地要消耗大量能源。因此，尽管科学技术日新月异，创新不断出现，人类仍要依赖生物圈（地球的有机表面）来吸收二氧化碳。事实上，这种依赖性不断增强，科学技术非但没有降低，甚至反而助长了这种依赖性。科学技术让我们可以做更多的事情, 但同时采用的是消耗更多资源的方式。生态足迹账户向我们展示了, 相对于我们所真正拥有的自然面积, 我们现在实际占用(透支)了多大的自然面积。

　　每一名在太空轨道中航行的宇航员在俯瞰地球时都会告诉我们有一种敬畏感在他们心中油然而生。宇航员们主要是对地球之美印象深刻, 同时也能深深感受到地球的脆弱性。他们经常讨论横跨地球的那层高贵的蓝色天际线, 这就是我们的大气层, 保护我们免受危险辐射, 将水汽送到山顶, 平衡地表温度, 同时给我们提供氧气。远远观之, 大气层屏障薄得那么难以置信, 同时却又如此精致。在地球的大气层之外, 深邃而神奇的黑色空间敞开了。如果我们对地球表面持续观察一段时间, 就能发现在光合作用的驱动下, 地面上草木的季节性波动犹如浪涛翻滚, 流过森林、草原、农田和牧场。地球是一个发展了 40 亿年以上的不可思议的自我调节系统。

　　1971 年 7 月 23 日, 第一颗正常运转的地球资源卫星发射进入太空, 它被命名为 Landsat。它的轨道高度是 920 千米, 每 16 天环绕地球一周。Landsat 上配备有高质量的彩色相机, 因此它可以辨识不同的植被区和生态系统[1]。例如, 叶绿素反射不到 20% 的长波、可见光和约 60% 的红外辐射。从 20 世纪 70 年代以来, 卫星技术不断得到改善和提升。目前 Landsat 7 和 8 正在服役, Landsat 10 也许会在 21 世纪 20 年代晚期加入进来。大部分网上地图接口(例如谷歌地图)提供的影像都来自美国国家航空航天局(NASA)运行的民用地球观测卫星。到目前为止, 卫星照片的分辨率已经精确到米级, 地球上的每一个地方都被测量并绘制地图。幸亏有了卫星、相机和电脑的高科技, 我们得以深入理解地球表面及其细节, 同时还理解了生态系统之间的互动, 最终在整体上理解了生物圈。

　　卫星为生态足迹统计贡献数据。卫星收集的信息首先要发送到各个国家的统计部门, 这些部门负责分析区域面积和土地利用状况。之后各国会把信息传递给联合国的统计部门。全球足迹网络计算生态足迹所需的数据就来自联合国，该数据可用于国家之间的比较。

基于这些数据，"国家生态足迹和生态承载力账户"对不同的地貌类型进行区分。在物质性的现实中，肯定会有一些模糊之处和过渡地带。例如，生态足迹所采用的官方统计中将一些非常稀疏的树木种群置于"森林"类型中，实际上这些树生长在稀树草原上。这也是生态足迹整体上偏保守，故意描述比实际更乐观情况的原因之一。

同样的道理也适用于工业化农业的产出。联合国粮食及农业组织（FAO）提供的现有数据并不能告诉我们，较高的农业产出在多大程度上得益于化石能源和农用化学品的大规模使用；或者说何处有一块土壤由于侵蚀而长时间地退化；再如哪里的地下水储备已被过量开采。总之，从长远来看，保持现有的高产出水平近乎不可能。

国家生态足迹账户将每年的所有产出都统计为生态承载力。如果现在的生产方式会潜在地使生态系统发生退化，那么只有当这种退化已经切实发生的时候，它才会在生态足迹账户中显现出来。就像金融账户一样，生态足迹也不提供预测功能。生态足迹不对未来进行猜测，而是记录历史趋势，为各级管理者决策提供一条稳定的基线。

由于联合国统计部门官方数据集的存在，我们的生态足迹计算有着持续的基础。每年，生态足迹计算都会增加最近的新数据，之前的历史数据有时也会进行修正。通过这种方式，一个国家的生态账户可以持续地与其他国家或全球整体进行比较。

作为一个指标，生态足迹以人类对自然资源和自然服务的消费为核心，旨在衡量我们的经济过程消耗了多少生态承载力。生态足迹建立在生态学中的可靠方法这一基础之上，这些方法意识到了再生和消费。生态足迹方法借鉴了净初级生产力（net primary productivity）的评估方法[2]，研究者可以借此描述生态系统每年的生物更新量[3]。不过，生态足迹统计通过一种更加农业化的视角让这种衡量变得更加清楚和简洁。通过关注满足人类消费需求的独有互斥区域,生态足迹实现了衡量上的简洁明了。这避免了采用更加投机的方法,即比较多少生物量被移走和多少生物量正在再生。生态足迹统计只是将满足人类的互斥性特定需求(水果、蔬菜、牧草、木材等)的区域面积一点一滴地进行求和[4]。

另一项简化是生态足迹分析只关注有生物生产力的区域,整体上对人类新陈代谢贡献不明显的边缘地带就没有被考虑在内。例如,公海只对全球的渔获量贡献了很小一部分,因此它没有被统计在生态足迹的计算中。同样的道理,沙漠和冰层覆盖的区域也没有被统计在内。不过,滨海水域、大陆架地区、营养丰富的深海洋流区域、草本沼泽和河流三角洲地区一同贡献了 90% 的鱼类产量,因此它们都被生态足迹统计在内。

高生产力的生态系统,例如气候适宜的地区,通常更新和再生的速度较快;而在高山或者冻土地带,植物的生长过程通常较慢,也更易受到干扰。干草场,比如澳大利亚的草场,不能被用来大规模放牧。由于缺少饮水坑,牛无法吃到干草场能提供的全部生物量。如果牛距离饮水坑太远的话,它们就会渴死。同时,这些区域的地面非常脆弱,牛的体重较大,会毁坏土壤,把这样的牧场最终变成"矿场"。

一个区域的生态承载力越低,其可用性越小。一般而言,需要付出更多的努力来集中这些区域的产出,同时这些区域也更加脆弱,较易退化。如果这些区域的生产力不断降低,直到低于某一阈值,那么该区域的可用性就会急剧下降。在大多数情况下,这样的区域已经不能再给人类带来有用的产出了。对于这样的区域,相对于投入的能源,能源回报太不划算了。因此,生态足迹只统计有生物生产力的区域,排除那些没有生产力或者生产力极低的区域。

目前地球上全部的有生物生产力水域和陆地面积约相当于 122 亿公顷,接近整个地球 1/4 的表面积[5]。

在生态足迹和生态承载力的统计中,全球足迹网络的研究者发展出一种获取生态系统多维特征的方法。国家层面的统计方法区分了 5 种不同的土地类型。

1. 每公顷耕地的生物生产力最高。在生态足迹的计算中，这种土地类型代表可收获作物的田地之和，例如玉米、油类果实、棉花和许多其他作物。

2. 牧场是用来饲养产肉、奶和毛皮动物的。不过，动物产品并非仅依赖牧场。例如，大豆、玉米等农作物常被用来养牛。

3. 渔场在统计时根据每一个区域允许的最大可持续鱼类产出量按比例计算。该方法适用于湖泊和滨海水域。越来越多的情况是，海洋中的渔场也通过海水养殖来生产海鱼，这些鱼是用低品质的其他鱼和其他土地类型的产品（例如来自耕地的大豆）来饲养的。

4. 建设用地在转化成为城市用地之前通常是非常有生产力的。绝大多数城市建设在原来的农业发达区域。也有一些例外，例如拉斯维加斯和迪拜这样的新城市，或者旧金山和哥德堡这样的港口城市。由于花园、道路绿化带等的存在，城市区域也保留了部分生态承载力。住房和道路建设降低了生态承载力，后者本可以用来生产。因此，建设用地反映了农业生产的潜力，而这些潜力已经让渡给了城市、城镇、村庄和道路。

5. 森林能满足两种互相竞争的生态足迹需求。第一种是森林提供木材和纤维，可以用来制作家具或者纸张。但是如果管理得当，剩余的其他森林也能满足第二种需求，即吸收来自化石能源燃烧的二氧化碳。收获森林产品和吸收二氧化碳大体上是两种互斥的功能[6]。当我们收获木材的时候，其中储存的碳早晚会以二氧化碳形式再次释放出来。为了更好地储存二氧化碳，树木则必须保持在原位不动。如果吸收二氧化碳是我们的目标，我们就必须知道有多少森林需要长期保持。为了吸收二氧化碳，我们现在已经有多少森林被预留并受法定保护了呢？在生态足迹统计中，森林这一土地类型就是为吸收来自化石能源的二氧化碳服务的。但我们尚不知道有多少森林已切实经由法定保护用以长期吸收二氧化碳,因此"国家生态足迹和生态承载力账户"就将森林作为生态承载力中的一个单独类型来统计。生态承载力账户并没有将森林根据其不同功能进行分类,但生态足迹账户将森林分为两类,即森林产品足迹和碳足迹。

让我们一起想象一个过度施肥的农场。雨水会把过量的营养冲刷到一条小溪中。小溪会流入农场后面的一个湖泊。慢慢地,这个湖泊变得浑浊不清。因为这个湖泊为该农场承担生态服务功能,它变成了废弃物的吸收池,产出的鱼也越来越少。按照这种方式,这个农场近似处于这样一种状态:自身不断排放二氧化碳,同时期望世界上其他地方的生态系统(如同上述湖泊一样)能够处理这些二氧化碳。当然,来自湖泊边的居民理应对农场抱怨,他们也确实会这样做:找到这个过度施肥的农场主,要求他改变行为并且赔偿湖泊污染所造成的损失。

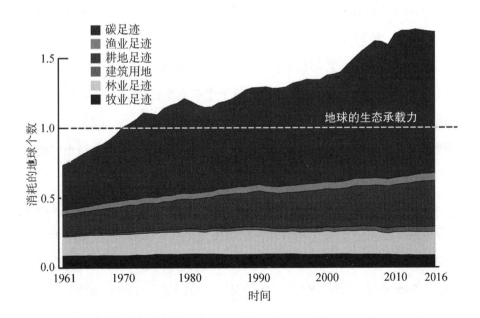

图 3.1　按消耗掉的地球个数表示的人类生态足迹分用途历史趋势 *

＊　数据来源:全球足迹网络"国家生态足迹与生态承载力账户"2019 年版——原书注。

对于来自化石能源的二氧化碳，其中大部分并没有预留的土地来将其吸收（图3.1）。如今，只有很小一部分来自化石能源的二氧化碳处于贸易体系下，或者说进行了标价。在科学层面达成共识的机构，比如政府间气候变化专门委员会（IPCC），已经意识到并向我们发出警告，人类目前的二氧化碳排放趋势会让地球至少升温3℃。IPCC进一步指出，如果我们想要实现《巴黎协定》中制定的气候目标，则必须要让现在的二氧化碳排放总量在2030年之前减少约一半[7]。在此基础上，如果每一个10年期都能至少减半，那么我们很快就能实现负排放。

数据已经表明，如果无节制地排放二氧化碳，同时仍然认为下列做法是可以接受的：无需为吸收二氧化碳承担责任，也不必预留足够的森林区域，那这种状况将非常荒谬。实际上我们都似乎在暗自希望"其他地方"可以代替我们提供吸收二氧化碳的服务。没有哪种汇（sink）可以无限吸收我们的废弃物流，因此我们排放的碳就会在大气和海洋中积累起来。这在生态领域是一项铁一般的客观事实。

生态足迹的核心目标是创造一种一以贯之的整合性指标。为此，生态足迹需要一个衡量单位，这样即使在各个生态系统的生产力存在较大差异的情况下，仍然可以连续地比较生态承载力和自然消耗需求（图3.2）。这个问题通过采用代表各个生态系统平均生产力的平均公顷作为衡量单位的方式得到了解决。

"国家生态足迹和生态承载力账户"用每种区域类型和每年的产量因子和等价因子来近似地将实际的公顷数转化为平均公顷数[8]。产量因子比较不同国家相似区域的生产力。例如，产量因子描述了法国耕地的生产力与哥伦比亚或者全球整体耕地的对比情况。等价因子将各种土地类型转化为具有全球平均生产力的平均土地。换句话说，等价因子在比如一公顷森林的平均生态承载力相对于一公顷耕地的平均生态承载力之间作比较。通过为某一既定公顷乘上产量因子和等价因子，我们就可以估计出这一公顷相当于多少全球平均公顷。我们将这种平均公顷称为"全球公顷"。

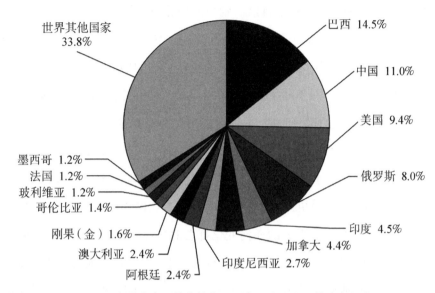

图 3.2　全球生态承载力按各国所占百分比显示的分布图 *

　　全球公顷是生态足迹主要的衡量单位。1 全球公顷是指具有全球平均生物生产力的 10 000 平方米地球表面区域。就像之前提到的,有生物生产力的地球表面区域约为 122 亿全球公顷,相当于地表总面积的约 1/4。

　　光合作用发生在这些有生物生产力的区域。在太阳能的不断供给下,植物吸收利用二氧化碳,释放氧气,形成生物量。因此,光合作用是所有动物食物链的基础,是为动物王国赋能的发动机。相关的食物链代表了生物圈所有动物生活的能量流或新陈代谢[9]。没有其他过程能像新陈代谢那样塑造大自然的演变。光合作用在促进大气发展中是一项十分关键的因素。约 47 亿多年前地球诞生,约 10 亿年之后地球上开始出现光合作用,光合作用使地球表面从最初的不毛之地变成现在含有大量不同物种的自我更新、调节系统[10]。

*　数据来源:全球足迹网络"国家生态足迹与生态承载力账户"2019 年版——原书注。

如果没有这种神奇的生态机器，地球就会像火星一样死气沉沉。

毫无疑问的是，在人类的历史中，尤其在最近 1000 年间，人类已经较为彻底地"收拾"（tidied up）了自然。到目前为止，前人未曾涉足的森林已有约一半被人类转化为牧地、耕地和建成的城区。在所有的大陆上（非洲是个例外），人类已经把很多大型野生哺乳动物从它们的栖息地中驱逐，甚至造成了它们的灭绝[11]。对于陆生捕食动物如老虎、熊和狼来说，尤其如此。

在人类历史上的这一时期，一种动物在食物链上的位置越高，它往往就会变得越珍稀。食物链上每高一营养级的动物，都需要大量低营养级的生物量来喂养它[12]。在食物链上每高一级，就会让这种动物更加远离光合作用的最初生产端，也需要更多的能量（需求量以指数形式增加）来维持它的生存。同时，生态系统生产力的任何变化都会对食物链上端的动物产生较大的影响。在冻原（tundra）地带，由于气候寒冷和阳光稀少，光合作用的水平较低。另外，在那些严酷的气候条件下，动物不得不储存食物过冬。动物的承受能力是由每年最艰难时光中的食物可获取性决定的，严酷的环境也降低了动物密度。因此，很少有动物能在冻原等区域存活。在这些区域，生物多样性较低，食物链也较短。相对于冻原等地带，温带地区的森林，特别是热带地区的森林，情况则完全不同。它们无疑会生产更多的生物量，其生态系统也更加丰富和多样化。

地球表面被宣布作为保护区的地方包括 2000 万平方千米的陆地区域（14.7% 的陆地总面积）和 1500 万平方千米的海域（10% 的国有领海面积）。无论它们有多么重要，但大部分的保护区实际上（de facto）都已经受到了人类的影响[13]。年复一年，像加利福尼亚的约塞米蒂（Yosemite）那类国家公园都会迎来数百万携带露营车和帐篷的访客。

时至今日，人类业已征服地球。智人（*Homo Sapieus*）在其生存的早期还属于经常面临灭绝威胁的稀有物种，如今则已宣称对大自然其他部分的绝对主导，并且实质上已经"驯化"（domesticated）了整个地球生物圈。绝大多数河流已经被管控并改道，通常都带来了灾难性的后果。埃及尼罗河中的很多水被引走，以至于在一年中的大部分时间该河已不能汇入大海。同样，格兰德河（Rio Grande）的河水被过量使用，以至于当其流入墨西哥的时候，河水盐度太高，已不再适合做农业用水。最终，格兰德河沿途不断渗漏，只能在数百英里后以支流的形式再次出现，成为一条新的低调河流。咸海几乎完全干涸，就是苏联使用液压发动机不断灌溉耗水量巨大的棉花田所造成的后果和代价[14]。

认为原始状态的事物是美好的，而人工创造的东西则是不好的，这一天真的想法已经没有什么实际意义了。地球上最后一块未经人类涉足的生态系统也已经完全被人类的培植景观所包围，真正的荒野（wilderness）已经不存在了[15]。

如今，人类所移动和改变的土壤、生物量、矿物质等的总和已经超过了风和水这类自然力量所移动和改变的总和。这种新陈代谢（人类和自然之间的物质交换）并非仅仅是一种数量上的增长。人类历史就是本质上不同的新陈代谢系统的连续体。在原始社会，人类作为搜寻者和收集者，每人每年平均消耗约1吨自然产出，用来制作食物、提供基本住宿、生产武器等。在农业社会，每人每年的平均自然消耗达到了3~5吨。能源的缺乏制约了农业社会的自然消耗量。最后，在工业社会中，每人每年的平均自然消耗达到约50吨，另外还有对水和空气的消耗[16]。同时，人口数量也今非昔比，大大增加了。

在农业社会中，耕种构成了经济最主要的资源基础。耕种不但生产食物，而且生产纤维（羊毛、大麻和亚麻），也生产油和燃料，最后还生产毛皮、皮革和骨头。通过生物质能（主要是以木材形式），耕种也是可储存能量的主要来源。反过来，可储存的能量也是矿物质原材料（盐、陶瓷、金属、砖，等）生产的前提[17]。

相对于生产谷物，生产木材需要的劳动力较少。因此，人们往往认为木材是无需种植就可收获的免费产品。但是,当木材日益稀缺时,一切就变得很清楚了:砍伐树木"毁坏"森林,就如同收获小麦"毁坏"麦田一样。木材稀缺在前工业时代或者说在大量化石能源储备被发现之前是种常见现象。生产生物量需要一定面积的土地区域,同时任何区域都是有限的。不同类型的土地利用方式彼此之间通常存在着竞争,这是一个非此即彼的选择问题。

在18世纪,修建一条船平均需要20公顷的高树森林(约2000棵树,每棵树重约2吨)。重新长出这等规模的树木需要50～80年。因此,一条船需要生长了50～80年的20公顷森林。这也难怪作为工业化母国的英格兰在当时仅仅为了修建船只就得砍伐大面积的森林。生长年限长的大树变得越来越稀缺。虽然当时甲板的材料可以继续在英国国内生产,但生产桅杆的木材却不得不依赖来自俄国和斯堪的纳维亚半岛的进口,而且情况日渐严重。

森林和产业关系的另外一个例子就是"皇家盐场"(Saline Royale),这是法国在路易十五时期建立的一家产盐工厂,位于接近多勒的阿尔克埃—色南。该盐场由肖氏森林(the Forêt de Chaux)支持。该森林面积较广,达到20 000公顷,为煮沸盐水并将盐水转变为干盐提供燃料。这片森林在本质上就是这个盐厂的生态足迹。

传统的耕种社会完全依赖太阳能。直到后来的工业化农业体系中,才开始增加基于化石燃料的投入,例如人造的化肥和拖拉机使用的柴油。在工业化农业出现之前,人类绝对依赖区域土地和阳光。当木材变得稀缺时,人们只能进口或者重新造林,而重新造林就会使原来的土地无法再用来生产谷物。为了使用流动的水,通常需要修建水坝。被水坝淹没的土地之前可能是森林、牧场、耕地或者居所。

鱼类显著地改善了我们的菜品选择,邻近水域的人可以靠饲养或捕食鱼类而非陆生动物来补充蛋白质的获取。对于英国和荷兰这样的渔业发达国家,不需要生产蛋白质的内陆地区可以留作他用。在这个意义上,广阔的大海无疑就是沿海区域资源基地的一部分。

基本规则是这样的：在完全基于太阳能的农业社会中，人类依赖地球表面区域来管理物质流和能流。在这样的体系中，任何自然存量都是相对较小的。甚至储存生物质时长可达数十年的森林也不能过量消费，否则森林就会被毁灭。在一个依赖太阳能的耕种社会体系中，能源密度和能流都极为有限。当能源稀缺时，所有事物都会陷入稀缺。在这样的社会中，管理农场和运营国家非常相似，换言之对农业潜力的低劣管理只能转化为贫穷和饥饿。

当人类开始大规模使用煤、油和气时，所有这一切开始快速改变。在工业时代前期，人们已经搞清楚如何去打开过去所固定下来的太阳能这一"金矿"，并且突然之间就能利用看似无限的能源储备。从能源储备中，人类能够产生大量的能量流。能量流进一步引发了更多的能源使用，对能源的需求呈指数增长趋势。

简而言之，随着我们从基于太阳能的农业社会进入当今的工业化社会，人类在自己的发展历程中进行了一次关键转型。人均能源消耗显著增加，人口密度也持续增加。就目前来讲，通过区域面积表现的资源限制已经被克服。

化石能源体系对出行和交通的改变尤为彻底。在过去的数千年中，陆地交通都是费时费力且昂贵的。只有船只可以承载较大负荷的运输。随着工业化社会的到来，铁路出现了。到了 20 世纪，轿车、卡车和飞机让人类的大规模移动得以实现，马的重要性急剧下降。几个世纪以来，马匹承担着客、货运输，又或负责拉犁耕地[*]。如今马仍被用来骑乘和配种繁殖，但主要是作为年轻女士的玩物以及为赌博游戏助兴。马和其他役畜所需的牧场占据地表的面积比例也相应下降很多。取而代之的是不断增加的普通公路、高速公路和停车场，这些都是为穿梭在地球上的大量汽车而修建的。

---

[*]　历史上欧洲北部多以马而非牛耕作。

由于更多的能源允许经济体转化并消费更多的物质,故而能量流和物质流是相伴相生的。因此,从工业化以来物质流和商品流已大幅增加[18]。科技、物流和政治的发展也都促进了物质流的增加。在当今的全球化时代,这种增加趋势仍在持续。

第一艘集装箱船是由一艘邮轮改装而来,于1956年带着58个标准化的金属板条箱出海。如今最大的货船已经可以装载20 000个金属板条箱。修建一艘超大型集装箱船所需的钢铁是修建埃菲尔铁塔需求量的8倍。集装箱船在港口只停靠几个小时,装货和卸货几乎实现了全程自动化,装卸完成后它们立即再次出海。

在从农业社会向工业社会转型的过程中,如何理解我们自然资本的存量和流量,这也是生态足迹的核心使命之一。生态足迹账户不仅会问我今年要吃多少个番茄,它还会进一步调查需要多少菜园或者耕地面积来生产我将要吃掉的这些番茄。生态足迹记录了在特定时间段内地球将生产什么。生态足迹将持续描述区域的类型及其各自的生产。尽管生态足迹的方法无法全面描述一个完整生态系统(例如一座森林或者一片大海)的存量,但它能持续不断地用物理化的全球公顷这一形式跟踪记录收入和花销。这让我们非常清楚自己正在建设还是在耗竭自然资本,同时展现了自然资本的发展方向。

举例来讲,一片森林中包含可以测量的生物质(biomass)。正如树木年轮所清楚展现的,自然在持续不断地增加生物质的存量(生物量)。通过不断地评估生物质的实测量,林务员能够清楚地知道,可以砍伐多少树木而不至于削弱整片森林。存量和流量的细节非常复杂,但其本质是很简单的,就像一个拥有进水管和出水管的蓄水池一样。从蓄水池的水位就能看出账户余额。生态足迹账户正是建立在同样的存量-流量原则之上。生态足迹回答的是,为了不减少自然资本的存量,我们需要多少生态承载力。

一片成熟森林所含的生物量需要50多年来生产,而大部分生态系统维持的存量明显较少。海洋中的全部生物量一般只相当于 11 天的海洋生产力 [19]。上述事物都与化石能源的存量大不相同,要形成化石能源的巨大存量需要耗费极其漫长的地质时间,而化石能源的开采速率则比蓄积速率快上 100 万倍 [20]。因此,化石能源的存量正在持续减少。

化石能源曾经带来过伟大的梦想,承诺提供低成本的无限能源。第二次世界大战后,工业化国家的确有过一段黄金岁月,经济增长速度极快。

在欧洲、北美和日本,大部分人都体验到了经济的繁荣,这种繁荣在他们的祖辈时代只有少数百万富翁才能享受。电话、冰箱、永久加热或者制冷的客厅和卧室、私人洗衣机和私人汽车的数量激增。1972 年的全球能源消费是 1949 年时的 3 倍 [21]。与此同时,石油也变得越来越便宜。我们烧的石油越多,发现的储量就越大,能源消费大跨步地前进。只有 1973 年的石油危机能够抑制我们的兴奋。然而,我们的化石能源消费并没有因为石油危机而减少,相反它仍在增加。这也扩展到我们对纤维的使用:在 20 世纪 60 年代早期,我们使用的纤维中 97% 来自生物,而如今生物纤维只占 1/3[22]。

以太阳能为基础的农业社会受限于资源和能源的有限流量。自从人类进入了化石能源时代,资源流和能量流爆炸性地增长,直到我们意识到自己受限于有限的存量。在过去 200 年间,人类从地表开采出难以想象的大量煤炭并在燃烧后排放进入大气层,结果是大气层中的二氧化碳浓度从工业革命前的 278 ppm 上升到 2019 年的约 411 ppm[23]。所谓从基于太阳能的农业社会紧约束(尤其是对区域面积的依赖)中解放出来,转头已成历史的讽刺。如今区域面积再次成为限制:大海和森林对于承担吸收巨量二氧化碳这一任务已经不堪重负。吸收二氧化碳的限制要比地下化石能源的存量限制严重得多。

如果地球的生态承载力被用来吸收我们所产生的全部二氧化碳,那么我们就无法留下面积足够大的区域来生产木材、玉米或者马铃薯。生态足迹关注的是整个生物圈,而非仅仅是气候(图 3.3)。生态足迹描述了生物圈的当下状态, 识别出可持续发展的"护栏"(guardrails)[24]。生态足迹账户清楚地告诉我们, 相对于人类的需求, 大自然能够提供多少生态承载力(用有生物生产力的土地或者水域面积来衡量)。生态足迹账户就是我们的全球生态账户。现在我们可以去选择该如何行动: 像银行账单一样, 我们可以查看并得出结论; 也可以选择不打开, 直接把它们扔到垃圾桶里。

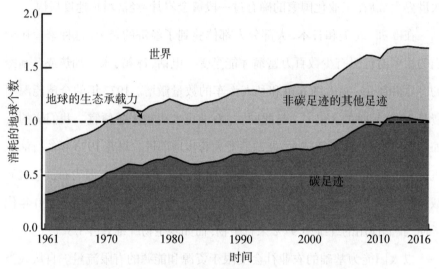

图 3.3　人类生态足迹中碳足迹与其他足迹的比较图 *

小结: 我们究竟拥有多少自然?

不要再踟蹰不前浪费时间(dilly-dallying)了。全部加总起来, 我们有多少生态承载力来应对人类的生态足迹呢? 很明显的是, 自然随处可见。但地球上的生命只集中在光合作用覆盖到的区域, 即陆地上的绿色区域和近海区域。这些区域都能提供生态承载力。

很容易计算出地球上有多少绿色空间。也许你还记得, 历史课上老师曾经教过我们(就在法国大革命之后的章节), 公制单位"米"是根据地球的大小来定义的。为使地球的长度数据得到广泛的接受, 当时的人们宣

---

* 图中显示为中和化石燃料燃烧所释放的二氧化碳所需的地球生态承载力占比。

布赤道到北极的距离应该是 1 万千米，进而不难算出我们地球的周长约为 4 万千米。

当年计算地球周长时，他们并未确切地算清楚。当他们在赤道附近测量时，他们少算了 75 千米。或者说，如果他们通过测量北极和南极距离的方法来测定周长，他们就会发现少算了 8 千米。但大体而言，他们的结果已经足够接近了。如果你把高中几何书 * 从壁橱里翻出来，你也许会记得，球体的表面积是 $4\pi r^2$，而地球的周长为 $2\pi r$ 约等于 4 万千米。现在我们做一些简单的代数运算，就能得出地球的表面积大约是 510 亿公顷。

如果查看全球植被分布图，我们就会发现，地球表面约有 1/4 的区域（森林、耕地、湿地和渔场）是有生物生产力的。其余的部分包括沙漠、冰层覆盖区和生产力低下的公海。当然，更准确的计算方法是运用土地利用相关的统计对全部有生物生产力的区域进行求和。在全球总人口规模超过 77 亿的情况下，上述汇总计算告诉我们，2019 年全球平均每人拥有约 1.60 公顷有生物生产力区域（2016 年时由于人口较少，这个数值是 1.63 公顷）。因为这里说的"有生物生产力区域"代表了全球平均水平，所以 1.60 公顷就是指 1.60 全球公顷。

因为人类在和数百万野生动物物种竞争这些有生物生产力的有限空间，所以我们也许会想把地球生态承载力中合理的一部分留给它们。美国著名的生物学家与博物学家威尔逊（Edward Osborne Wilson，一般缩写为 E. O. Wilson）在他最近写的一本书中讨论了这个问题，书名为《半个地球》**。他的观点是要把一半的地球留给野生物种。这个观点是否过于慷慨是一个问题，我们在本书中不做评论。我们需要知道的是，人类只是一个单一的物种，被数个家养物种所包围，并与许多物种共存，利害相关，例如我们肠道内

---

*　在中国为初中数学内容。

**　中译本为《半个地球：人类家园的生存之战》，浙江人民出版社 2017 年 11 月初版，译者魏薇。

的菌群和我们体外的致病细菌、病毒以及其他寄生生物。但与此同时,野生物种的种类多达数百万乃至一亿数量级。爱德华·威尔逊估计,把地球的一半留给其他物种可以保障约85%的全球生物多样性不受影响[25]。

鉴于全球人口仍在增长,我们是否想要保留多余的生态储备呢? 基于上述数字,你们可以设置、提倡一个具体的生态承载力预算目标。

美国的人均生态承载力是3.6全球公顷,约为全球平均水平的2倍。加拿大的人均生态承载力则更加丰富,超过15全球公顷,几乎是全球平均水平的10倍。然而在另一侧,为了生产一个加拿大人消费的所有东西并吸收相关的废弃物(尤其是因化石能源燃烧而产生的二氧化碳),平均而言需要的区域面积超过8全球公顷,这几乎是世界上每个人拥有的平均生态承载力的5倍。

全球人均生态承载力是1.60全球公顷,这只是一个数字。1.60全球公顷并不是代表什么"生态公平"的标志,同时它也并未寻求证明公平应该是怎样的。1.60全球公顷只是一个"是什么"性质的事实描述,是地球生态承载力总量除以人口总量的简单计算结果。但它确实会引发关于公平的讨论。对人均生态足迹超过1.60全球公顷的国家而言,其自然消耗水平无法复制到全世界。同时,如果我们意识到生物多样性的重要性,这个阈值还需要设置得更低一些。

第四章

一 个 地 球

生态极限：然后该怎么办？

我们捕捞的鱼超过渔场所能补充的限度，我们向大气中释放的二氧化碳超过生态系统所能吸收的限度。在有些区域，我们的砍伐速度超过树木再生速度，我们抽取的地下水量超过回灌量。上述现象被称为"生态过冲"（overshoot）。尽管过冲十分危险且极其重要，这个英语词汇在德语、法语、西班牙语、意大利语、阿拉伯语以及其他大部分语言中都不存在对应词，就像医生对于一种严重的疾病尚未命名一样。这种语言鸿沟（linguistic gap）表明生态过冲有着双重风险：不仅其存在本身充满了风险，而且我们的文化几乎无视了这种现象，尽管全球经济面临的生态过冲已相当严重。

人们也许将生态过冲视为他们经济活动中不那么令人愉快的副作用。国家可以决策不要过量开采本地资源，但与此同时加剧了全球的生态过冲。如果它们拥有足够的金融手段，就可以保护自己的生态系统，转而使用进口的产品和服务，或者它们也可以简单地将自身的碳废弃物排放到全球共有的大气层之中。通过这样的方式，账面上承载力显示生态赤字的国家也许并不一定会在自己的国土内体验到生态过冲。

另外，生态过冲一开始趋向于缓慢到来，温水煮青蛙，这就使其更加危险。但当达到一定程度之后，生态系统就会在压力下屈服，迅速丧失生产力。我们也许可以把这种现象称之为"崩溃"（collapse）。这些生态系统无法再向我们提供所需的生态产品和服务。生态足迹告诉我们现在所拥有多少生态承载力以及我们正如何使用这些生态承载力。通过这种方式，我们能够看出自己的行动是否符合今天和明天的最大利益。

每一个 1950 年出生的人都见证了全球人口几乎不可思议地由 25 亿飙升至现在的 77 亿多。在 20 世纪下半叶，他们经历了全球经济的 7 倍扩张。在同一时期，全球的水消费扩张至 3 倍，二氧化碳排放扩张至 4 倍，而鱼类收获量扩张至 5 倍[1]。人类历史上从未有过类似的爆发式增长。我们能够长期维持这种增长吗？

根据生态足迹，在 20 世纪中期，人类每年使用全球约一半的生态承载力。出生在新千年之际的孩子，拥有一个完全不同的生活起点[2]。在 2000 年时，地球的生态承载力已被过度开发。到了 2019 年，我们已每年消耗相当于 1.75 个地球的生态承载力，这意味着我们对地球产品的消耗速率要比地球的更新速率快 75%。根据联合国关于人口与资源需求增长的保守估计，当这些新千年之子活到 50 岁以上时，人类将要消耗地球生态承载力的 3 倍。这听起来颇有些荒诞，事实上大概也是不被自然法则所允许的。

在我们写作此书时，人类的确已经有了数个二氧化碳减排计划。尽管某些地区和国家正在努力，例如苏格兰和哥斯达黎加的脱碳项目，但全球的二氧化碳排放仍然在增加。在不增加其他压力的前提下（例如不增加对生物量的使用）如何脱碳仍然是需要讨论和商榷的问题。这使得所有关于未来的参数曲线预测图都呈现出向上的趋势，包括全球人口规模。

如果生活在 2000 年之前公元 1 世纪早期的人们被问及世界在 50 年之后会怎么样的问题，他们肯定会脱口而出回答"恰如今日"。彼时的变化速度，无论是人口增长、技术创新还是通信交流，都非常缓慢以至于他们几乎觉察不到。统治者如走马灯般来了又走，大自然不断带来诸如干旱和洪水这样的挑战，周而复始，层出不穷。

但对此刻而言的未来 50 年，许多既存问题已经涌现出来。如果现在约

75 亿的全球人口规模届时增长到 90 亿~100 亿,将会出现什么样的后果呢?如果人类没能成功掌控这次转型,并且瓶颈问题不断出现,将会发生什么?目前工业化生活方式带来的增长比全球人口的增长更快[3]。

一些在经济上新近崛起的人口大国(例如现代化的中国、印度、巴西和印度尼西亚)都在以极快的速度拥抱并扩展工业化的生活方式。2000—2010 年期间,中国的能源消费几乎翻了一番,近些年来能源消费的增速也几乎没有减缓。到 2050 年,预计全球将会新增 30 亿人口加入高消费的中等收入阶层。这个趋势是可以理解的,但考虑到物质性现实,该趋势又几乎令人不敢想象。我们的资源需求要从哪里获取?即使新的天然气不断被发现,还出现了水力压裂技术,化石能源时代最终仍将以某种方式结束,原因在于开采并提炼每单位能源的成本在不断增长。因此,不管我们喜欢与否,开采量终将越来越少,直到最后一滴油出现。在一定程度上,因为化石能源的储量越来越少,同时开采能源本身需要消耗太多的能源,化石能源的开采量越来越少的现象最后一定会出现。但是,这种化石能源减少带来的限制对气候变化而言,也许为时已晚。

为了避免气候受到更大的伤害,一个更加有希望的方案要求的是减少或者放弃能源开采。2009 年,G8 集团的国家首脑在哥本哈根首次承诺温度上升不超过 2 ℃的目标,这要求温室气体的排放实现大规模的快速削减。2015 年 6 月,G7 集团的国家首脑许诺在本世纪末终结化石能源燃烧。到了 2015 年 12 月,190 个国家(地区)签署的《巴黎协定》要求将全球气温的上升幅度控制在 2 ℃以内,如果可能的话,最好是在 1.5 ℃以内。

如果不在 2050 年前就逐步完成化石能源的淘汰,即使是 2 ℃这一目标也无法实现。道理很简单,基于科学共识的 2014 年 IPCC 评估报告告诉我们,450 ppm 浓度的二氧化碳当量(包括其他温室气体)只给我们 66% 的机会实现《巴黎协定》的 2 ℃目标[4]。换句话说,相对于《巴黎协定》的气候目标,450 ppm 这一控制阈值偏高,应该进一步降低。美国政府网站一直在报告当前大气中的温室气体浓度，即便特朗普政府执政的两年以来亦是如此。2018 年，美国报告的温室气体浓度是 496 ppm[5]。我们彻底坦诚地承认，人类已经只剩下唯一的选择了，那就是实现负排放。

如果生态足迹告诉我们，人类已经让地球的生态承载力负担过重，那么有一件事情是非常清楚的：没有什么简单解决方案。就像钱一样，我们能够在一段时间内透支自己的银行账户，但与此同时债务在不断地积累。什么时候我们的银行（地球）会不再愿意或者无法再做到扩大我们的授信额度？

生态足迹的长处是它有一种能力，能给我们指引方向，这主要是因为生态足迹只与可观测的数据紧密合作。生态统计是生态足迹的方法论与核心使命的基础。生态统计（ecological accounting）包括识别自然系统的极限并提供数字作为支撑证据。就像厄普顿（Simon Upton，新西兰科学和环境部的前任部长，OECD 环境署的前任首脑）在谈到生态足迹时所说："关于生态足迹，只有一件事情可以确定，那就是它的结果算得并不对……但是，生态足迹的结果是我们目前所能拥有的最佳答案，这可比两手空空好得多了。如果你想拥有更好的答案，那就参与进来，帮忙构建更可靠的数据集，帮忙改善生态足迹的方法，或者说，亲自找出更好的方法[6]。"

当然，生态足迹无法回答所有的问题。识别生态可行性并非拥有可持续未来的充分条件，但它确实是一个必要条件。在国家尺度上告诉我们事实"是什么"这方面，生态足迹目前是做得最好的。数据质量至关重要，比如我们拥有各国的全面贸易统计数据。为了计算出一个国家的生态足迹，我们可以加上进口并减去出口。这些数字允许我们跟踪生态承载力的交换情况。

评估生态足迹结果的有效性

在学术、公共政策和通俗文献中，存在大量的批评，挑战着生态足迹的方法和结果。这些批评在 *Ecological Economics*（《生态经济学》期刊）上的一篇论文中得到了很好的总结，其中一些仍然有效，另一些则已得到解决[7]。

检验生态足迹的问题顺序

接下来的一系列问题可以让你发现：作为一个可持续性指标，生态足迹是否符合你的需求？

1. 可持续性是否要求人类对于自然的需求要处于地球的更新能力以内？

2. 如果答案 1 是肯定的话，那么生物的再生能力是我们经济的限制性物质因素吗？更加具体的分析如下所示：

A 化石能源的使用是否更多地受到生态系统对过量二氧化碳吸收能力的限制，超过受化石能源开采量的限制？

B 考虑到水、能源、食物、生物多样性、气候等因素之间错综复杂的联系，水、气候、土壤等是否属于生物再生的投入因素，而生物再生只是其结果？

C 是否可以更加准确地说，人类对于自然再生能力的需求大致上直接或间接地就等同于人类对于自然的竞争性使用？这就意味着，对自然的非竞争性使用不会被统计为新增的需求，因为它在物质层面对人类并不具备限制性。光伏电池板依靠地表非生产性的区域就能供电，同时还不减弱生态承载力，这就是对自然非竞争性使用的一个案例。

3. 如果答案 2 是肯定的话,那么通过追踪和识别地球上全部有生物生产力区域的相对生产力这一方式衡量地球的生物再生能力(或者说生态承载力),是否合理?

4. 如果答案 3 是肯定的话,那么将地球总再生能力的份额分配到地球的各个区域(例如国家、地区和农场),也就是每个特定区域含有多大比例的地球总再生能力,是否也合理呢? 全球公顷代表了地球生态承载力的均等份额。

5. 为了将可用的供给量和人们当前的使用量进行对比,将某个人的消费映射到满足消费所需的"相互排斥"的有生物生产力区域(这些区域也以全球公顷来表示),这合理吗? "相互排斥"意味着不会引入重复统计。生态足迹统计只包含专一用途的区域,即某一种用途排斥其他的所有用途。

6. 那么,我们可以比较这两个数量了吗? 我们指的是需求量(生态足迹)和供给量(生态承载力)。

7. 生态足迹账户是否在尝试提供这样一种评估?

8. 有没有能更准确回答人类需求和生物再生能力问题的其他衡量方式存在? 如果有的话,不妨就改用那种衡量方式。

9. 如果目前没有更好衡量方式的话,生态足迹账户的运作现状是不是距离"没有生态足迹账户的统计结果,我们反而会活得更好"这种糟糕情况还很远? 🌱

在国家层面，生态足迹账户在供给端和需求端都提供了一幅清晰的图景（图4.1）。在供给端，生态足迹账户提供了各个国家的生态承载力；在需求端，生态足迹账户提供了各个国家的生态足迹。这些信息都统一用全球公顷表示，这是生态足迹的核心统计单位。

关于生态足迹的方法论还有一个细节，即一个国家的"生态足迹和生态承载力账户"取决于该国的人口规模、人均消费量、商品和服务生产的资源强度、生产位置和各类科技的清洁程度[8]。

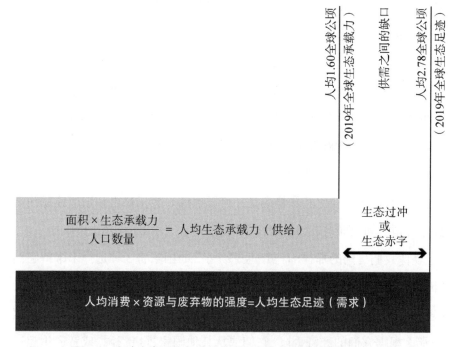

图4.1 全球生态足迹与全球生态承载力之差即为全球生态过冲

生态过冲可以用人均或总和的方式来表示。在国家水平，如果某国的生态足迹大于其生态承载力，则两者之差即为该国的生态赤字。出现生态赤字未必一定表示该国生态过冲，因为这部分国家生态账目失衡除了可能来自本土的生态过冲，还可能来自该国使用（或过度使用）的世界上其他地方的生态承载力。

当生态足迹和生态承载力账户都完成的时候，我们就可以每年都进行比较：一个国家的生态足迹有多大？在"账簿"的另一侧，有多少自然资本可供使用？"生态赤字"国家意味着它们从自然中索取的总量超过了本国生态系统所能自我更新的量。相反，"生态盈余"国家的生态承载力大于居民的自然消耗。

在高收入国家中，澳大利亚、瑞典、芬兰、新西兰和加拿大仍然处于"生态盈余"。南美的大部分国家和许多非洲国家也是"生态盈余"的，是生态的债权人。但是，几乎没有哪个地中海沿岸国家拥有"生态盈余"。印度和中国也同样没有"生态盈余"。

1961年时，全球处于生态赤字状态的国家不到40个，总领土面积不到2000万平方千米，约占全球各国领土总面积（不包括南极洲等非国家领土）的14.4%。到了2016年，全球处于生态赤字状态的国家已接近110个，总领土面积接近6500万平方千米，约占全球各国领土总面积的47.8%，是1961年时的3倍多。虽然全球的国家数量与疆域在此期间存在一些变化，但全球生态账簿的变化总趋势还是一目了然的。想了解更多细节或时间变化信息，请访问全球足迹网络的官方网站。

就像我们讨论的那样，背负"生态赤字"的国家有3种选择来维持它们的消费水平（在"术语表"中的"生态赤字或生态盈余"词条，可以看到一个简短的总结）。如果它们对生态承载力的消耗速率超过生态系统的更新速率，那么根据它们的经济手段，它们或从其他国家进口资源，或者产生超过本土吸收能力的过量垃圾。

二氧化碳提供了一个很好的例子。每一天，工业化国家都把大量的二氧化碳排放到大气中。不考虑废水和土方工程，二氧化碳排放量约占工业化国家废弃物总量的80%[9]。即使像美国这样幅员广阔的大国，也需要2倍于其国土面积的生态承载力方能支持其二氧化碳消费；而在几个非洲国家（如坦桑尼亚和马拉维）中，二氧化碳在生态足迹图表中所占的份额几乎可以忽略不计。

自然资本丰富的国家,例如巴西、新西兰和数个非洲国家,并不一定会自动成为生态赢家。为了成为赢家,这些国家需要小心谨慎地对待其生态系统。另外,这些国家的居民需要从该国丰富的自然财富中获取收益,事实上却并非总能如愿[10]。然而,现有市场体系是扭曲的,对自然资本并不友好,现在的市场只会将价值链所创造收益中的极少部分给予那些照顾自然资本的人。

不过,这些生物资源正变得越来越重要:在20世纪60年代早期,全球有超过60%的人口生活在"生态盈余"国家。然而,如今这个数字只剩下14%了[11]。

如果我们计算所有"国家生态足迹和生态承载力账户"的总和(这些账户均基于联合国的统计数字),我们就能获得揭露事实的数字。地球上有生物生产力的陆地和水域面积超过122亿全球公顷[12],但2019年我们的自然消耗需求达到214亿全球公顷,两者之间的差距约为地球生态承载力的75%,因此,地球正处于生态过冲状态。与此同时,这种差距还在持续扩大。到目前为止,全球的生态债务,也就是自20世纪70年代全球生态过冲开始出现以来积累的生态赤字总和,已经超过了17年的地球生态承载力。换句话说,地球需要17年之久才能偿还堆积如山的生态债务,前提是所有过程(包括破坏过程)都能被简单逆转,同时人类在此期间不再收获任何东西。

以西班牙为例,这是欧盟的一个成功案例。在过去40年间,西班牙的人口增长约为10%。与此同一时期,西班牙的经济增速引人注目,物质化的基础设施建设不断扩张,这当然会要求更多的资源和能源。西班牙有足够的收入来进口资源,同时向大气中排放大量的二氧化碳(而非使用本国的生态系统来吸收这些二氧化碳)。西班牙只为化石能源付费,却不会为这些二氧化碳排放付费。之后金融危机严重削弱了西班牙的经济。已建成的基础设施以及与之相伴的经济活动未来价值都出现了断崖式下跌。收入的减少也使得自然消耗缩减。如今西班牙的生态足迹降低到只有生态承载力的 2 倍。

西班牙生态足迹的快速增长对应于该国基础设施的迅猛扩建，这意味着项目开工与后续运行都需要消耗大量资源。2008 年金融危机的冲击戏剧性地扭转了生态足迹的增长趋势——也使部分新建的基础设施变得无用，因为维持它们的运作已不再可行（图 4.2）。

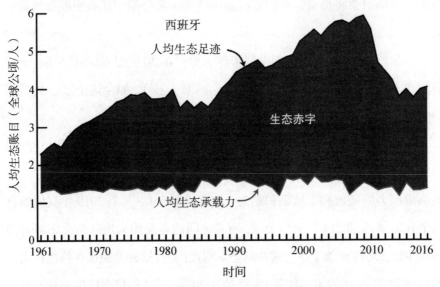

图 4.2　西班牙的人均生态足迹与人均生态承载力（以全球公顷表示）[*]

希腊生态足迹的快速增长及其在金融危机中更为迅猛的下跌都类似于西班牙的状况。然而，希腊的生态赤字——与其金融赤字一样——都比西班牙的更为糟糕。

在西班牙和希腊，为快速扩张基础设施而购买资源，由此带来的较高成本拖累了本国经济。结果是两个国家的生态足迹都显著缩减，这让希腊人和西班牙人都不高兴（图 4.2，图 4.3）。

----

* 　数据来源：全球足迹网络"国家生态足迹与生态承载力账户" 2019 年版——原书注。

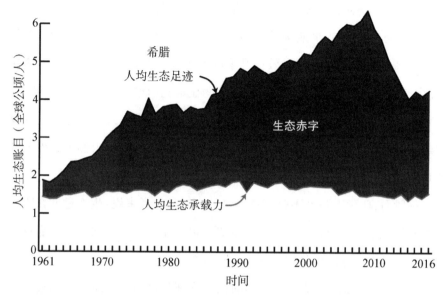

图 4.3　希腊的人均生态足迹与人均生态承载力（以全球公顷表示）*

　　生态系统的过度开发利用绝非全新的现象。人类破坏生态系统的最早证据可以追溯到苏美尔人，其破坏始于公元前 2400 年 [13]。由于幼发拉底河和底格里斯河之间山谷的地理条件，该区域的食物生产经常十分困难。在春天，这两条河都携带大量的雪融水；然而 8—10 月间，两条河又变成了仅有最低流量的溪流。然而夏天和秋天正是农业亟需用水的季节。聪明的苏美尔人开发了储存水的技术，并且将储存起来的水用于谷物的种植，这是世界上最早的灌溉系统之一。他们的生态系统生产力提升了，小麦的产量也提升了。由于这些发展，人类最早的先进文明之一才得以出现。

　　两河地区的纬度使其夏天十分炎热，经常高于 38℃。沟渠和耕地中的水分蒸发得很快。由于蒸发作用，原本溶解在水中的微量盐分不断结晶，留在地面上。从公元前 2000 年开始，不断增加的记录显示"大地变白了"。由于土壤含盐量的增加，小麦的产量出现了严重下滑。顺便说一下，盐碱化直

---

* 数据来源：全球足迹网络"国家生态足迹与生态承载力账户"2019 年版——原书注。

到目前为止仍然是灌溉农业的主要问题之一，在世界各地都是这样。

有关苏美尔人的早期例子表明了生态过冲的几个特点[14]。首先，增长发生，发展加速（灌溉系统有效提升了苏美尔人的生态系统生产力）。紧接着，生态阈值被超越，伴随着生态系统的明显紊乱（盐分达到一定的浓度后，植物开始产生负面响应，产量下降）。最后，整个过程中人们无意去主动反馈或反馈严重滞后，因此错误无法被及时纠正。换句话说，人们了解得太晚了（当年的苏美尔人始终未能理解盐碱化过程的原理）。

一般而言，生态过冲不是有意为之的。对参与者来说，生态过冲在刚开始的时候似乎只不过是一个不想要的副产品。生态过冲趋向于缓慢靠近人类。这也是生态过冲现象如此危险的原因之一。

苏美尔人的命运、他们无意间的错误管理和他们对生态系统的过度开发，在其后历史中不同的地方和文化里被重复了无数次。如今，问题的严重程度让我们更加担心。我们现在处理的已不再只是地区性的生态退化形式，恰恰相反，过量消费已经扩展至整个地球。气候问题是数十年全球过度开发的结果，或许也是其最为明显的标志。

"国家生态足迹和生态承载力账户"显示，人类的全球生态足迹超过地球生态承载力这一事件的发生时刻在20世纪70年代初（图4.4）[15]。这个历史事件发生在史无前例的人类物质增长阶段，绝非偶然[16]。

如果我们从年度生态承载力评估的视角来看待生态形势，就能得出一个有象征意义的日子，即"地球过冲日"[17]。在2019年，这一天位于7月29日。从1月1日到7月29日，人类已经从自然中消耗了需要地球用一整个2019年来更新的生态物质，包括从食物到能源再到建筑材料等各种物质。另外，地球仍然不得不吸收我们的固态、液态和气态废弃物。从7月30日一直到2019年结束，人类都要依靠"生态信用卡"来生活。生态系统中的天然汇（natural sinks）被不断填满，自然资本的存量正在不断减少[18]。

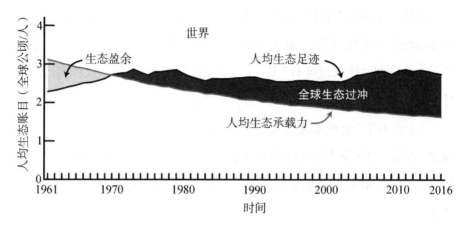

图 4.4 人类的人均生态足迹与地球的人均生态承载力（以全球公顷/人表示）。从 1970 年代开始，人类发展事业已经陷入了生态过冲境地 *

生态过冲状态能够持续一段时间。但如果我们让生态过冲继续维持下去的话，生态收入和生态支出之间的缺口会越来越大（图 4.5）。

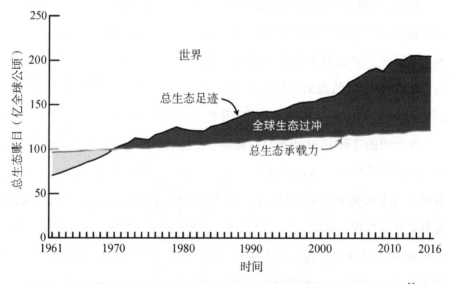

图 4.5 人类的总生态足迹与地球的总生态承载力（单位为亿全球公顷）**

* 数据来源：全球足迹网络"国家生态足迹与生态承载力账户"2019 年版——原书注。
** 数据来源：全球足迹网络"国家生态足迹与生态承载力账户"2019 年版——原书注。

即使这个缺口不再扩大,生态过冲也不可能持续很长时间。恰恰相反,从 20 世纪 70 年代开始,"地球过冲日"的整体趋势就是在年历中不断上移。1990 年的"地球过冲日"是 10 月 11 日;2000 年的"地球过冲日"是 9 月 23 日;2010 年的"地球过冲日"是 8 月 7 日。

"生态赤字"会积累成更大的生态债务,对城市、地区和国家都是一种风险。但是,自然资本与金融资本有很大的不同。金融资本的不同形式,例如现金、股票和债券,都能进行比较和交换。自然资本则不能够随意移动和转化。

图 4.5 显示的时间趋势与图 4.4 本质上相同,只是以总量而非人均形式来表示,因此生态足迹与生态承载力曲线相交的年份也一致。图 4.5 还表明,主要由于农业的集约化发展,全球总生态承载力一直保证着增长。长期来看这种增长是否能持续下去?这一点并不清楚。

相反,资源的不同使用形式之间甚至存在着彼此竞争的关系。如果我们砍掉巴西的雨林来种植甘蔗以生产生物质燃料,那么吸收二氧化碳的树木就会减少。如果加拿大的渔场崩溃,那么为了在陆地上生产更多的动物蛋白质进行补偿,牧地的生态压力就会相应增加。同时,人类的生态足迹和野生物种的生态足迹也在竞争地球有限的生态承载力。

在历史的进程中,人类涉足自然的程度越来越深,并且按照能够满足人类目的之方式拓殖(colonize)并塑造自然。当前在热带和亚热带地区,自然领域正发生很多至关重要的损失。在南美和刚果盆地,难以想象的大面积森林正在被砍伐。例如,沿着亚马孙河,巴西每年都有超过 100 万公顷的热带雨林消失;在 10 年以前,每年甚至有超过 300 万公顷的热带雨林消失[19]。如果 2018 年当选的巴西政府为兑现其竞选承诺在某种程度上鼓吹更加激进的开采计划,那么已经减缓的毁林也许会再次加速。基本的规则在于:全球生态足迹越大,人类所占用的陆地(或水域)面积越大,留给野生动植物的面积就会越小。随之而来的还有生物多样性的降低。于是问题出现了:

人类能够走多远，又应该走多远？

根据地球生命力指数（Living Planet Index），在过去 40 年间，野生脊椎动物的平均数量规模降低了 60%[20]。即使我们只把目标设定为减缓生物多样性的消失速度，如今看起来也难以实现。生态足迹账户并不记录动物和植物种类的数量。受联合国数据所限，我们的"国家生态足迹和生态承载力账户"甚至无法区分森林是混合树种还是单一树种。但是，通过比较人类的自然需求量和生态承载力的供应量，生态足迹账户确实告诉我们是否有足够的生态承载力留给野生动植物物种。

在 20 多年以前，关于生物多样性的国际讨论促使国际社会就一项现实目标达成了一致，即将地球表面每一种群落生境（biotope）的大约 10% 置于保护之中。这个目标已经实现并且由"2010 年爱知生物多样性目标"（the Aichi Biodiversity Targets of 2010）进一步延伸和扩大[21]。但是，这些充满雄心壮志的目标并不能阻止动物和植物种类的减少。我们很有可能会继续失去迷人的鸟类和灵长类，甚至还会失去犀牛。然而，作为地球上最为灵活并广泛存在的物种之一，人类仍将在贫乏的生物群落基础上生存，这些群落中的文化景观都是人造的，并且带有浓重的人类使用痕迹。这不是一个伟大的前景，当然也并非绝无可能出现。

如果我们真心想要立刻阻止大规模物种灭绝，就需要把人类使用的部分区域归还给野生动植物。这些区域的面积大小并非唯一的考虑因素，有价值的地区需要给予特别的保护。区域和全球尺度上的生物多样性地理分布状况已经得到了较好的理解[22]。需要给予特殊照顾的热点地区包括美洲中部、亚马孙流域的西部和南非的岬角，非洲东部的山区和平原，地中海地区的海岸沿线和岛屿上，中国的西南地区，缅甸和越南的交界地区，还有印度尼西亚和新几内亚，马达加斯加岛的大部分区域以及太平洋和印度洋上的很多小岛，这些都属于有价值的热点区。考虑到全球人口不断增加以及人类对于土地的渴求，如何保护好热点地区是一项复杂的挑战。不过，现在的形势也并非完全没有希望; 在没人想得到的地方经常会有生物多样性丰富的群落发展起来, 尤其是大城市中的生态位[23]。

在 21 世纪开端, 人类所面临的最大挑战是: 我们应该如何与其他物种一起, 在一个地球的生态承载力约束范围内, 过上丰富而令人满意的生活?

就像任何指标一样, 生态足迹遵循其自身的特殊逻辑。生态足迹对一些事物的统计和说明比较成功, 而对其他事物则不然。例如, 生态足迹只能间接涉及到水的稀缺性、生物多样性以及环境毒素带来的破坏。然而, 在对人类整体需求和地球再生能力的比较上, 生态足迹是现存最为全面的账户, 它拥抱并超越了气候变化这个单一维度。随着时间的推移, 生态足迹账户已经覆盖了 150 多个国家。生态足迹不仅识别了地球整体和各个生态系统的生态限制, 而且用易于理解的方式量化了这种生态限制。

虽然我们的地球 (在资源上) 是有限的, 但人类的可能性却是无限的。如果人类对自身最伟大的强项, 即远见和创新善加利用, 那么朝向一个可持续且碳中性世界的转型终将成功。好消息是这种转型不仅在技术上可行, 而且在经济上有益, 因此它也是我们拥有繁荣未来的最好机会。

从数学上分析, 4 个因素决定了我们生态过冲的程度。其中前 2 个因素决定了生态足迹这一需求侧, 后 2 个因素决定了生态承载力这一供给侧。

1. 减少全球人口

全球人口增长的势头能够减缓并能被逆转, 人口总量最终会下降。我们对子孙后代负有责任和义务。人口减少带来的生态收益刚开始时增长得比较慢, 但长期来看会不断积累, 积少成多。但是, 鼓励小型化家庭所带来的社会收益却会很快显现出来, 带来实实在在的收益以实现孩子的美好未来。鼓励小型化家庭能够使女性拥有和男性在过去几十年间 (如果不是几百年的话) 所拥有的同样多的权利和机会。减少人口数量真的没有负面影响。

减少人口数量适用于工业化地区, 也同样适用于农村地区, 以及世界上的任何其他地方。减少人口数量意味着支持女性的受教育和工作的机会，保证平等的权利，并确保男性与女性都有可靠、安全的计划生育途径[24]。即使多接受几年的教育和小微贷款都能产生很多积极的结果。随着儿童数量的减少，接受良好教育和拥有健康体魄的可能性会相应增加。

在最低收入国家中，集中精力扭转人口增长的趋势，同时通过加速零碳能源的获取和增进小农家庭的农业生产力的方式创造机会，也许是最有前景的核心战略，这些核心战略能够促进能产生持续结果的发展。简而言之，对女性和女性全面参与能力的投资，会让整个社会受益[25]。

2. 减少人均生态足迹

在更小生态足迹的基础上保障或者更好地改善生活的机会非常多，超越了从较少消费中获取的更多快乐。大规模的收益来自于提供能让我们更加有效生活的基础设施。

对于减少人均生态足迹这个主题，以下 3 个领域尤为重要。

2.1 我们应该如何设计和管理城市

城市的塑造方式决定了取暖和制冷的需求，也决定了交通的需求。城市变化得非常快。到 2050 年，在全球人口仍将增加的前提下，预计 80% 的世界人口会生活在城市里。这意味着到 2050 年，城市的人口数量要将近翻一番。因此，城市规划和城市发展战略对于平衡自然资本的供给和人类的需求具有一定作用。出行的需求和房屋的能源效率能在一定程度上决定城市的长期资源依赖性。

2.2 能源——我们应该如何为自己提供能量

碳排放现在是人类生态足迹的最大组成部分。对经济进行减碳是我们应对气候变化的最佳可能机会，也会帮助我们重新对生态足迹和地球的生态承载力进行匹配。驱动减碳的不仅包括化石能源消耗量的减少，还有效率的提升。在过去 40 年间，科学技术的进步显著提升了生产产品和服务的资源利用效率，这主要表现为能源的利用效率。因此，人均生态足迹水平在高收入国家保持了相对的平稳。当然,资源利用效率的提升,例如更有效率的汽车和隔热更好的房子,并不会增加生态承载力的供应。资源利用效率的提升只意味着,我们可以从既定的资源量中获取更多的产品或者服务。

公司确实会对告诉它们提升资源效率的政治信号做出反应。然而,为了让提升资源效率带来生态效益,我们需要更清晰和长期的措施。消费者有能力在这方面施加压力。当消费量提升的速率快于科技带来的每单位环境影响降低的速率,更有效的技术最终反而会带来更多的资源消耗,这种"回旋镖"式的影响被称为反弹效应(rebound effect)*。应对反弹效应不仅需要技术措施,而且需要政治措施。例如,对能源征收生态税会对提升能源效率提供激励,同时也产生额外的金融收益可用于支持社会目标,借此预防反弹效应[26]。

2.3 食物——我们应该如何生产、分配和消费

我们应该如何满足食物这项基本需求,这是影响可持续性的一种十分有力的方式。避免食物浪费,应用可持续农业和提升食物链下游食物的比例(注:例如增加素食比例)都能降低生态足迹。现在的食物生产占用了地球一半以上的生态承载力。

3. 恢复和培育有生产力的区域

生态承载力也能被人为改变,尽管其改变幅度不会像生态足迹那样大。通过细心呵护已退化的土地,例如半沙漠地区和盐碱化的土壤,都能使其恢复到可种植状态。梯田农业在过去一直是成功的。灌溉确实能够增加土壤的生产力,尽管这种增加通常是暂时的。最为重要的是,精明的土地管理是保证有生物生产力的土地不再因为城市化、盐碱化或者沙漠扩张等原因退化或者缩减的必要条件。同时我们需要关注生物多样性,因为资源的过量

---

* 又名"杰文斯悖论"。相关中译本参考书籍为《杰文斯悖论——技术进步能解决资源难题吗》(上海科学技术出版社 2014 年 3 月初版,波利梅尼、真弓浩三、詹彼得罗、奥尔科特著,许洁译)。

使用减少了野生物种生存的机会。

4. 提升单位面积生产力

单位面积生产力的提升取决于各个生态系统和管理方式的本质。农业技术能够提升生产力，但与此同时也会减少生物多样性。通过能源密集型农业（可能主要依赖农药），产量确实能够提升。但这种提升伴随着成本，即农药等投入带来的较大生态足迹。随着时间的推移，土壤也许会变得贫瘠，从长远来看产量也会下降。

不过，土壤的生态承载力确能通过一些措施维持不变甚至提升，例如保护土壤免受侵蚀和其他可能引起土壤退化的伤害。河流、湿地和分水岭都需要被保护起来，从而可以稳定供水并保持森林、耕地和渔场的健康。最后，为了稳定农业产量，积极主动的土地管理将努力减弱气候变化的影响。如果处理得当，可持续的强化允许农业进行集中化生产，从而为野生物种留出更多的空间。

在地球的生态承载力以内不断繁荣发展并非不可能。在上述 4 个主要的领域内存在大量的解决方案以增加拥抱可持续未来的可能性。在所有的领域中，同时也都存在着巨大的惯性，不可持续的做法很难被迅速改变。这意味着，我们或将拥有高价值的资产，但也还有同等的可能性被基础设施陷阱"锁定"，后一种情况将严重限制经济的长期可能性。

第五章

作为指南针的生态足迹

为了美好生活，我们需要多少生态承载力？

超级富豪能够负担大量自然消耗。购买力和生态足迹是紧密联系在一起的，但是，两者在地球上都没有得到均匀的分配。虽然工业化的发达国家消耗了最大份额的自然资源，但新崛起的国家（例如中国和印度）也在以前所未有的速度赶超发达国家。然而，在不降低生活质量的前提下，让经济和生活方式较少依赖能源和资源是有可能实现的。同时，很多低收入国家还正在越来越落后。这并非一种简单状况（图 5.1，图 5.2）。

全球通勤者是我们现今时代的游牧民。他们生活在国际机场的大厅、等候区和购物中心，手机和笔记本电脑成为了他们的眼睛和耳朵。

- 一个工人的家庭位于苏格兰，在挪威海岸的石油钻塔上工作，每周往返于格拉斯哥和卑尔根市。在飞机上，他总能邂逅熟悉的面孔。他有两部手机和两个钱包，每个国家用一个。

- 一个英国的电视节目主持人厌倦了乘坐拥挤的伦敦地铁。她现在住在巴塞罗那，只要有可能就乘坐成本最低的航班，在西班牙享受成本较低和更加惬意的生活。

- 一个国际法律师生活在旧金山。他的绝大部分客户在亚洲，尤其是在日本和韩国，中国的客户也变得越来越多。如果他做不到每周或者每 2 周飞一次亚洲，他就无法保证再接到合同。

在网络上,全球通勤者分享他们的经验。他们讨论压力或者压力的缺乏,讨论这种快节奏生活对于家庭和人际关系的影响,讨论工作合同和保险政策,讨论在高峰时间段避开昂贵航班的策略,以及讨论日常生活所需的东西。

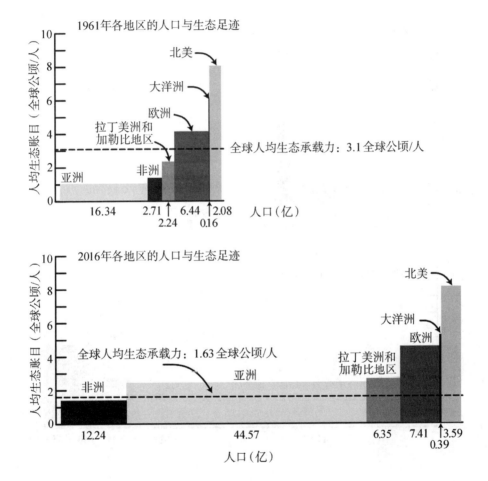

图 5.1　1961 年和 2016 年按地区排列的人口与人均生态足迹分布图 *

＊　条块的面积代表每个地区的总生态足迹。数据来源:全球足迹网络"国家生态足迹与生态承载力账户"2019 年版——原书注。

有些全球通勤者每周都要往返各国, 每个月就要乘坐 4 趟航班, 这样很容易就能加总算出他一年需要乘坐将近 100 趟航班, 这需要消耗大量的飞机燃料。一个全球通勤者的能源足迹超过全球平均值至少 10 倍。工业化社会的基本历史趋势还在继续, 能源消耗的提升也还在继续。

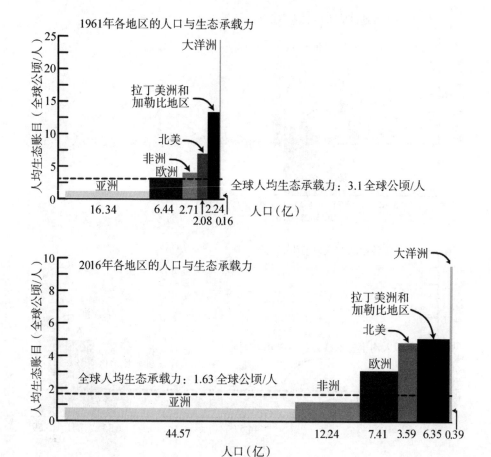

图 5.2　1961 年和 2016 年按地区排列的人口与人均生态承载力分布图 *

---

* 　条块的面积代表每个地区的总生态承载力。数据来源: 全球足迹网络 "国家生态足迹与生态承载力账户" 2019 年版——原书注。

一个基本准则是，收入越高，生态足迹越大，并且能源消费或者碳足迹在生态足迹中所占的相对份额也会更大。在工业化的城市社会中，碳足迹能占到个人生态足迹的一半以上，而由食物带来的生态足迹相对份额在不断下降[1]。*

从根本上讲，真正的大问题并不是生态足迹，而是人民的福祉。只有这么多生态承载力这一事实只是一种附加条件。问题在于，我们在一个地球的前提下如何才能拥有最好的生活？这项挑战是可持续发展理念的核心，也是1992年里约会议筹备阶段的全球诉求[2]。自1992年以来，这项挑战在国家和国际议程中变得越来越重要与核心化。

探寻可持续发展

我们该如何知道一个国家是否正在向可持续发展进行转型呢？可持续发展的本质是非常直接明了的。"发展"是所有人实现幸福的简略表达。"可持续"意味着这样的发展必须不是以消耗未来为代价的。换句话说，发展必须在地球生态系统的自我更新和补充能力以内进行，季复一季，年复一年，均需如此。这也就意味着，我们需要在一个地球（我们也只有一个地球）的承载能力以内发展。

拉沃斯（Kate Raworth）将这样的双重约束条件称之为"人类安全和公正的发展空间"。她用两个简单的圆圈（合起来的图案就是"甜甜圈"，图5.3）来描述该空间，其中内圈代表了最低限度的社会条件，而外圈代表了地球可以承载的人类最大生态需求[3]。

拉沃斯将"甜甜圈经济"（Doughnut Economy）定义为一种可以在地球所能及的边界之内满足所有人需求的经济体系。她将这个社会与行星边界组成的"甜甜圈"称为"提出挑战的一种好玩但又严肃的途径，它将成为本世纪人类进步的一个指南针"。

---

*　可对比经济学中的"恩格尔系数"概念。

图 5.3　健康甜甜圈[*]

我们可以应用生态足迹来衡量这个"甜甜圈"的外圈条件,作为我们是否在地球的承载能力以内发展的一种评估。为了评估发展在多大程度上位于地球的限制以内,我们可以比较每个人的生态足迹与其所拥有的生态承载力。

人类福祉,或者说"甜甜圈"的内圈条件,可以用很多种方式来衡量,也许最著名的衡量标准是联合国开发计划署(UNDP)开发的人类发展指数(HDI)[4]。这个结果导向的指标通过 3 个分数来联合衡量一个国家的发展成就,包括人均预期寿命、受教育水平和所在地区的人均国民收入。3 个分数中的每一个都被转化为 0(代表最差)到 1(代表最好)区间内的归一化数值,然后通过计算 3 个部分的平均数得出最终的 HDI。UNDP 认为 HDI 大于 0.7 就是"高人类发展水平",进一步来说,HDI 大于 0.8 就是"极高人类发展水平"。

---

* 来源:拉沃斯《甜甜圈经济学》(*Doughnut Economics*)。该书中译本由文化发展出版社于 2019 年 5 月出版,译者阎佳。该译本中将 overshoot 译为"过载",考虑汉语中该词一般对应的英语单词是 overload,本书将 overshoot 译为"过冲"。

为了用量化的方式同时展示上述两个维度，我们将它们绘制到一张二维图上（两个坐标轴）。虽然"甜甜圈"理解起来更加简单和容易，但它只提供了一个维度（从内到外用同一条坐标轴）。为了说明全球可持续发展的表现情况，我们追踪两个维度的彼此表现。图5.4 展示的便是将两个指标结合起来分析的图像。

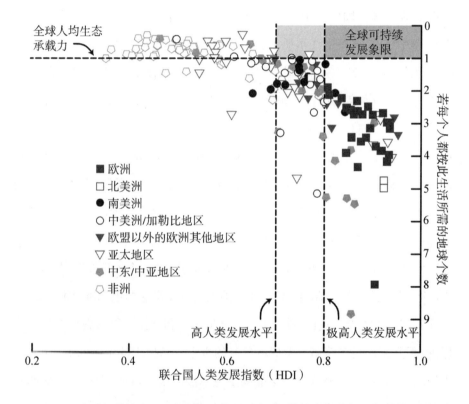

图 5.4 全球可持续发展的象限图：使用联合国人类发展指数与人均生态足迹来追踪各地区的国家可持续发展表现。生态足迹以地球当量（earth equivalent）来表示，也就是说如果全人类都处在该人均生态足迹水平时消耗量相当于几个地球[*]

在 2016 年，与一个地球当量对等的生态足迹值是人均 1.63 全球公顷。

[*] 图中生态足迹数据来自"国家生态足迹与生态承载力账户"2019 年版；HDI 数据来自联合国开发计划署的 2018 年人类发展报告。图中所有数据均为 2016 年的值——原书注。

在图 5.4 中所处位置越低, 意味着需要消耗更多个地球来满足。在这张图的右侧 [5], 我们可以看到两条垂直的虚线, 即 HDI 的两个阈值。在阈值 0.7 (代表 "高人类发展水平") 和阈值 0.8 (代表 "极高人类发展水平") 的右侧, 我们可以发现很多欧洲和北美国家, 也可以发现一些亚太地区和南美的国家。

图 5.4 中的水平虚线表示人均拥有多少生态承载力 (在 2016 年, 人均拥有 1.63 全球公顷的有生物生产力的区域, 或者说一个地球所对应的人均生态承载力)。这条横线本质上就是 "一个地球线" 或者说就是生态承载力的阈值线。威尔逊主张, 为了给野生动植物留下生存空间, 我们应该瞄准这条横线以下一半高的位置。如果我们想要可持续发展的话, 标为 "全球可持续发展象限" 的右上角第一象限是全球平均值理应置身的区域。实际上, 真正的可持续发展只对应其中一半的深色区域, 即由 "极高人类发展水平" 和地球生态承载力的一半所界定的区域。这个象限对应拉沃斯 "甜甜圈" 理论中的灰色环 (图 5.3), 即安全和公正的发展空间。这个象限展示了一个高人类福祉区域, 这个区域可以依照自然法则复制到全世界。

大部分 "高人类发展" 国家的生态足迹超过了 "一个地球线", 更不要说 "半个地球线"。在 2016 年, 只有 3 个国家同时满足这两项标准, 即牙买加、菲律宾和斯里兰卡。古巴、多米尼加、厄瓜多尔和乌拉圭能够满足人类发展标准, 但其生态足迹略高于全球可复制的水平。乌拉圭甚至达到了 "极高人类发展" 的标准。没有任何国家能满足威尔逊的远大目标, 即在半个地球的承载力范围内实现 "极高人类发展"。

这并不意味着, 牙买加、菲律宾和斯里兰卡的国民比其他国家的国民更加幸福快乐, 也不意味着这个象限的生活会自动变得较好一些, 尤其是在短期尺度上。当然, 拥有更多的资源会让我们更加容易拥有高质量的生活。同样的道理, 如果我们拥有更多的经济预算, 我们就更容易做事成功, 取得成就。但需要强调的是, 我们的全球资源预算是有限制的。因此, 在我们的生态机会以内, 人们应该怎样才能拥有最好的生活呢? 正如图 5.4 所示, 这

3 个国家成功地以相对较少的资源实现了高预期寿命、高教育水平和中等收入水平。

非洲的生活水平（用 HDI 衡量）也略有提升，虽然这种提升并未在多数国家中出现。在非洲大陆上仍然只有 4 个国家（也许是 5 个）达到了"高人类发展"的标准，即阿尔及利亚、博茨瓦纳、加蓬和突尼斯。如果算进第五个国家，那就是利比亚。但考虑到现在为止的趋势，利比亚的 HDI 仍不可能高于 0.70。

"HDI-生态足迹图"提供了两项深刻洞察：

1. 似乎存在着一种历史模式，即较高的人类发展通常伴随着较高的生态足迹。

2. 这种模式不是硬性规定，也不是物理定律。偏离平均趋势的国家广泛存在。

第二项洞察是强有力的，因为它使我们可以辨识该模式被打破的不同方式。更有意思的是随着时间跟踪观察同一个国家在这张图上的轨迹[6]。总的来说，国家的时间轨迹似乎是遵循"HDI-生态足迹图"所描述整体模式的。

如果我们真心立志实现可持续发展，这张"HDI-生态足迹图"可以作为一种衡量结果的方式。最终，联合国的可持续发展目标必须把全球平均值点送到"全球可持续发展象限"内。联合国的可持续发展目标提供了很多战略。这些可持续发展目标加起来能够实现我们最终需要的结果吗？即在我们一个地球的资源预算之内过上更好的生活。从目前来看，联合国的可持续发展目标还不够强大，不足以促成这样积极的国家路径[7]。

本书作者瓦克纳格尔以前说过，如果他是世界银行的行长，一个发展机构的首脑，或者是负责直接推动联合国可持续发展目标的人，他会做的第一件事就是把他办公室的一面墙打印成这张"HDI-生态足迹图"。之后他会请所有的项目和计划的负责人提供证据，证明他们正在帮助人类向"全球可持续发展象限"移动,甚至要证明每一美元的投资能让人类向该象限实现多大幅度的移动。如果这些负责人无法提供这样的证据,他就会请他们改变策略。如果他们不接受改变,那他就会建议他们可以考虑别的工作机会了。这里的底线在于,只有能够经济且有效地帮助人类向"全球可持续发展象限"移动的项目才应该被批准。其他的任一个项目都会浪费宝贵的资源,减弱人类迈向成功的能力。

你也可以在网络上搜索观看瓦克纳格尔的演讲,以视频的方式更为直接地了解这张"HDI-生态足迹图"[8]。

可持续发展正被付诸实践吗?

到目前为止,我们确实可以观察到一个微弱的脱钩迹象,脱钩的一方面是经济增长,另一方面是资源和能源消耗[9]。但是,欧洲的资源消耗,实际上包括所有工业化国家的资源消耗,都绝对没有保持可持续性。上述国家的资源消耗无法维持较长时间。

我们的经济都患有肥胖症。经济持续鲸吞着石油、煤炭、生物质能、金属和矿物质。但是,经济却并未卓有成效地利用它们,反而有大量的物质流又从经济系统喷涌而出,总有或多或少的物质没有被消化。

欧盟 28 个国家(包括在 2020 年正式"脱欧"的英国)的人口约占全球总人口的 7.2%,但它们的生态足迹却大约占用了地球生态承载力的 20%。这 28 个国家的自然消耗需求约为其自身生态承载力的 2 倍[10]。根本问题之一是,遍览整个欧洲,他们的生态足迹都保持在较高水平,尽管农业方面的生态足迹显著下降。举例来说,瑞士的人均生态足迹是 4.7 全球公顷,稍微高于欧洲平均水平。但是,由于瑞士人口和山区较多,瑞士的人均生态承载力只是全球平均水平的 2/3。在所有的工业化国家中,欧洲的自然消耗水平处于中等位置。美国的人均生态足迹是 7.7 全球公顷,比欧洲大得多。凡是去过美国的人都知道这是为什么:美国的一切都比较"大个儿",并且在空间上都较为分散。我们只需想想北美的居住结构就能明白,北美郊区的扩张步伐从不停止,房子都是独栋的,一千米接着一千米,绵延不绝。这个"免下车乌托邦"发源于美国的生活梦想,即有一个高速公路的入口匝道带他们进入城市。这所有的一切都有代价,不仅仅有经济上的代价,而且有生态足迹代价。

从资源的视角,我们也不能忽视肉类消费的问题。动物每增加1千克重量,就需要吃好几倍的饲料。顺便说一下,暂且不考虑猪、绵羊、山羊和大西洋鲑(三文鱼)的话,仅仅所有家养牛的活体重之和就是地球上77亿人口总重量的2~3倍[11]。

一般而言,每个人的生态足迹在很大程度上取决于他们住的房子、他们消耗多少能量来加热和制冷、他们的出行习惯、他们如何去上班和他们出外旅游的频繁程度。他们吃的东西也很重要。最后,他们是否循环使用盛酸奶的容器并非特别重要,对生态足迹的影响很小。当然,这并不是说我们不要循环使用这些容器,而是说单单这点并不足以改变可持续性的走向。

生态足迹并不是让人不要消费,它不是在宣传受苦和牺牲,也不是披着生态外衣的虚伪布道。生态足迹最不想做的事情就是在大家的生活中带来不快。生态足迹只是一个衡量标准。如果真要赋予生态足迹内涵的话,它的宗旨是让我们的生活变得更好:在我们只有一个地球的前提下,生态足迹不断地让我们过上美好和丰富的生活。但是,为了达到这个目的,我们需要重新认识什么是美好的生活,以及我们应该如何把生活塑造成我们满意的样子。

作为一个统计系统,生态足迹清楚地显示出个人的资源消耗模式。在日常生活中,欧洲人平均消耗的生态承载力大约只有美国人的一半。这能够从下面的例子中找到答案:相对于休斯顿,锡耶纳的人口密度较大,因此其交通较少,房子更加紧凑。无论我们观察城市规划、建筑风格、交通体系、工业生产，还是观察农业，我们都会发现在高收入社会中，节约资源的潜力是巨大的，因此在更小生态足迹的基础上实现更加繁华的生活是绝对可能的。这不仅仅是可能的，而且在将来会是必要的。

既然道理讲起来是如此合理而简单，那么为何绝大多数国家和城市并未根据生态足迹预算来开展各项工作呢？理由很简单：只要可持续性没能让个人有所收获，也没有与经济激励捆绑在一起，它就很难成为常态和时代潮流所向。生态足迹评估本身并不能直接告诉我们什么样的财政或者政治指导工具会有助于实现可持续经济。但是，生态足迹可以为类似的指导工具提供指引。年复一年，生态足迹记录了我们当下站在哪里和我们要往哪里去。

让我们来看一看菲律宾的案例吧。在马尼拉，有一些穷人无家可归，甚至无法在 2000 万座神像之间的贫民窟里找到房子，这样的人被称为"蜘蛛人"（bat people）[12]。他们生活在马尼拉很多桥下面的棚户区。在桥上，小汽车、卡车和公共汽车轰隆隆地开过混凝土桥面，而就在桥下，大约 15 万"蜘蛛人"于此讨生活。

他们的小棚屋是由竹子、板条和硬纸箱小心翼翼地拼凑在一块造起来的，地面上除了橡胶垫子空无一物。这样的盒子房只有几米长宽。在这样的棚屋里面是不可能站直身子的，里面的人只能爬行。在绝大多数情况下，这样的棚屋都是一大家子人的住所。在地板的一角通常有个洞，这个洞轮流用于厨房排水、垃圾倾倒和作为厕所。

棚屋下方的几米处有深颜色的油污水，这样的水几乎是静止的。在这样令人作呕的小河里，孩子们在其中洒水和划桨取乐，也在这样的热带气候下冷却一些东西。如此肮脏的水很容易引起眼睛和耳朵的炎症和其他的一些疾病。然而对于"蜘蛛人"来说，他们也没钱治病。

绝大多数"蜘蛛人"以打零工谋生，例如在海港卸船、在建筑工地工作或者开"吉普尼车"*。由于工作的关系，他们偶尔要穿过拥有玻璃塔和人造瀑布的办公区域，或者骑行经过富人的飞地，这些富人生活在带刺铁丝网后面装有空调的房子里。

"蜘蛛人"的生态足迹也能够计算出来。他们的孩子偶尔也许会沿着繁忙的马路奔跑，翻越桥到达最近的麦当劳店。但是这些孩子没有钱，所以他们只能眼馋地盯着看。他们棚屋的建筑材料基本上是废弃物，堆放在原本就不是建筑用地的土地上。因此，在居住方面，"蜘蛛人"不占用生态区域。到目前为止，无论在经济层面还是在生态层面，"蜘蛛人"最大的花销都在食物上面。"蜘蛛人"的人均生态足迹远低于菲律宾的平均水平，而后者也只有 1.2 全球公顷，是美国的 1/7 和欧洲的 1/4。

马尼拉既有富人，也有穷人，就像世界上所有的大都市一样（包括非洲和亚洲）。每年都有数百万的农村居民迁徙到城市，有的是生活所迫，有的是为了梦想和希望。到 2050 年，全球将要新增 20 亿~ 30 亿人口。如果我们要问，他们中的绝大部分将在哪里生活，那么答案是非常清晰明确的：他们中的绝大部分会生活在亚洲、非洲和拉丁美洲的大都市区。大部分人将会在贫民区讨生活，那里的生活条件让人无法有尊严地活着，流动的水、正常运转的厕所和电都是遥不可及。然而，很多人还是会努力挣得中等的生活条件，他们孩子也都能接受教育。

如今，60% 的人类生活在亚洲。亚洲的人均生态足迹是 2.4 全球公顷（未包括俄罗斯的亚洲部分，下同）。在 2016 年，亚洲的人均生态足迹已经超出全球人均生态承载力（1.63 全球公顷）达 0.76 全球公顷。不言而喻，即使大家都只是缓慢地提升自然消耗需求（从社会视角来看似乎是可取的），但这样产生的总资源影响却依旧十分巨大。

---

* jeepney，马尼拉的一种独特的出租车，常由二战时期的老旧吉普改装而成，往往看上去车况不佳。

中国在这种动态发展中扮演了特殊的角色[13]。如图 5.5 所示,中国人均生态足迹的快速增长记录了中国的快速转型。因此,中国现在对于资源的进口和废弃物的向外排放有很大的依赖性。让我们印象深刻的是,在最近几年的时间里,中国的生态足迹维持在明显的平稳态势中。

爆炸式的经济增长以及碳足迹和资源消耗总量的快速增长在中国和印度都是事实。中国和印度都已经是重要的经济体,并且还将在未来的几十年里努力成为全球顶级的经济体。

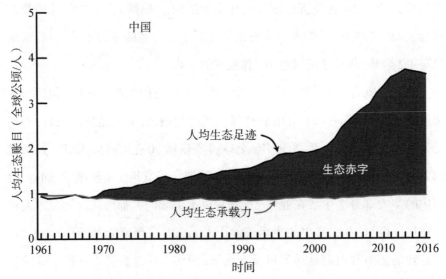

图 5.5　中国的人均生态足迹与人均生态承载力(以全球公顷/人表示)*

中国的人均生态足迹在 2000—2013 年间出现了倍增。此后,尽管中国的经济仍保持着快速扩张,人均生态足迹则开始趋于稳定。

如果说工业化国家不可能长期保持那么大的生态足迹这件事真实不虚的话,那么金砖国家的处境则会更加艰难。现在中国、印度、巴西和印度尼西亚追赶欧洲或者北美消费水平(也就是追随欧美的发展模式)的方式很难

---

* 数据来源:全球足迹网络"国家生态足迹与生态承载力账户"2019 年版——原书注。

维持较长时间。中国和印度令人惊叹的经济增长速度也许会突然降下来，资源密集型的经济繁荣可能会导致分配冲突和最终的资源战争。对于想要改变能源和资源密集型经济模式和生活方式的国家来说，现在就有一些真正的发展机会来拥抱新型的城市化和工业化模式。在这里，生态足迹也能给我们展示应该怎么做。

案例研究：也门

也门首都萨那（Sana'a）的居民生活在充满挑战的时代。一直以来水都是一项主要议题：在萨那的这些拥有黏土建筑，充满着童话色彩的旧城区里，仍然留存着几眼泉水，年长的人还记得从这些泉水中打水的时光。到 20 世纪 60 年代末期，伴随着这个国家第一台柴油水泵的到来，一个新时代开始了，突然间有了充沛的水。然而，这种发展被证明代价巨大。自此之后，地下水位一直下降，从最早的约负 20 米降到负 40 米（此时仍然可以勉强用人工方式抽水），后来又降到负 800 米，最后降到负 1200 米。萨那的溪谷水位也一直在下降，每年都要下降 6~8 米 [14]。

在也门冲突爆发之前，萨那的任何一名有钱人都能获取公共水供给。大约每周 2 次，水会通过管道输送过来。这是居民把家里的私人蓄水池填满的时候，这样才能度过没有水的日子。没人确切知道什么时候会再次送水。但是，200 万市民中的绝大部分依赖蓄水池，这些蓄水池就像其他国家运送加热燃料的工具一样，只不过这些造得更不稳固，颜色更加多样。在也门，作为人类最基本营养的水是昂贵的。与其高收入的邻国（沙特阿拉伯）比起来，也门可以说是世界上人均收入最低的国家之一。

萨那的海拔相对较高，约高于海平面 2200 米。萨那被充满岩石的沙漠所包围，这些沙漠身处崎岖的风景地貌中，和山脉一起消失在地平线。然而，令我们惊奇的是，就在这个城市之外有一片片的绿色，也就是人工种植的小树，这些灌木类药材的生产消耗了大量的水。

也门的水资源问题是一个典型的生态过冲问题。当可以用柴油泵来泵水的时候,人们只想着获取更多的水,同时大幅度扩张耕种土地。只要还有水从井眼里冒出来,一切事情似乎都在向好发展。没有人对地下的含水层中正在发生什么感兴趣。当然,并没有人想蓄意破坏自然系统。如今的水资源稀缺性是典型的毁坏性副作用在无意识间带来的后果。

一旦某人的邻居开始使用水泵,那么他们彼此间的竞争就开始了。没有人能够阻止。在博弈论中,这样的竞争所创造出的局势被称为"囚徒困境"。只有所有参与者鼓足勇气,一同放弃竞争,协调各自的行为达成一致,才有可能找到有意义的解决方案。在这个案例中,需要对水资源的消耗上限和合理分配体系达成共识。但是,一旦生态过冲的影响造成了严重破坏,合作的意愿就会受到极大破坏了。

也门的水资源稀缺是一个毫无希望的故事。作为一个大都市,萨那和其中的 200 万居民不能被迁移,恐怕也找不到可以迁移的地方。人口的增长使压力变得更加严峻:萨那的人口规模每 10 年就会翻一番,而也门的人口规模每 20 年就要翻一番。所有这一切发生的前提则是也门的人均生态足迹只有 0.7 全球公顷,内战冲突还使得生态足迹进一步降低。现在没有显而易见的解决方案。

在这个过程中,也门对其他的低收入国家可谓亦步亦趋。自 1961 年以来,低收入国家人均生态足迹普遍小于 1 全球公顷的现状没有任何实质性的改变。与此同时,他们的人口快速增加,差不多是原来的 3 倍,这几乎可以说是一种垂直线式的人口增长。在 2016 年,低收入国家的人均生态承载力为 1.1 全球公顷,远低于全球生态承载力的平均水平 1.63 全球公顷。但也门的人均生态承载力只有 0.4 全球公顷。同时,低收入国家和高收入国家的资源差距进一步地扩大。世界银行认定的高收入国家现在有大约 10 亿人口,这些人的人均生态足迹已经从 1961 年的 4.2 全球公顷提升到 2019 年的 5.1 全球公顷。这一切的发生都建立在这些国家人口增长约 40% 的前提下。

　　一些低收入国家经历了从"生态赤字"到"生态破产"的过程。例如，海地的生态系统已经无法为当地人提供足够的食物。同时，海地在经济和生态上都太穷了，以至于不能从其他国家进口所缺乏的商品，尤其是在全球市场的食物价格不断攀升的情况下。这样的形势引起了饥饿、社会冲突和内战。2010年地震后已过去了10年左右，这个国家的伤痕却依然清晰可见。海地还可以依赖有补贴的进口和享有特权的出口来维持部分经济。在萨赫勒地带*，情况同样糟糕，而ISIS的出现更使之雪上加霜。这些地区已经被其他国家免除了债务，它们也不参与全球的证券交易。因此，西方媒体不报道这些国家，它们在全球舞台上也没有分量。它们的悲剧不断展开，却又很少被外界知晓。

　　欧泊萨文（Alanis Obomsawin）**曾经说过："当最后一棵大树被砍倒，最后一条河流被污染，最后一条鱼儿死去，我们就会发现，人不能靠啃钱为生[15]。"然而，很多人在内心暗忖："说得没错，但有钱人可以买下最后一条鱼。"最起码这就是现在的管理系统运转的方式。但是，我们真的能够指望钞票吗？地球是否存有足够的资源来支撑纸币的票面价值？

---

*　萨赫勒（Sahil），意为"边缘"，是非洲北部在撒哈拉沙漠与苏丹草原之间的一条狭长地带，西起大西洋东至红海，东西距离超过3800千米，横跨10个国家。

**　欧泊萨文是加拿大印第安裔女导演与制片人，用影像记录了当地原住民的生活与斗争。她被誉为"北美印第安人的骄傲"。

第 二 编

生态足迹

定义 21 世纪的挑战

第六章

结 束 过 冲

沟通是关键

从生态足迹的视角来看，全球不断扩大的生态过冲是 21 世纪最根本的挑战。因为生态足迹账户可以充分描述生态过冲，所以生态足迹既是一个指标，也是一种管理工具。生态足迹可以让人们得以良好沟通，并且充分参与到如何应对生态过冲的讨论中来。这也是为什么生态足迹的分析师并没有一套现成的行动方案。更准确地说，生态足迹分析师更多是在扮演教练的角色，让每个人做出他们自己的选择。应用生态足迹这个工具，每个人都能够提出可行的方案来创造并随后监控可持续且强健（robust）的经济。生态足迹的目标就是以一种人性化的方式结束生态过冲，而不是将我们的命运交给各方力量造成的不可缓和的压力。

你也许看过一大堆一大堆的北美野牛（bison）头盖骨的影像，这些野牛于 19 世纪在北美大草原上被屠杀。到了 19 世纪 80 年代末，由于猎杀的原因，北美野牛的牛群数量已经从 5000 万减少到只有几百。但是，在北美历史上还有另一种动物遭到过更大规模的猎杀并最终灭绝，该物种就是旅鸽（passenger pigeon）[1]。

旅鸽的胸部是黄褐色的，腹部是白色的，头部和背部是蓝灰色的。旅鸽最重要的筑巢地位于美国的新英格兰、纽约州、俄亥俄州和五大湖区南部等地区。旅鸽都是成群结队出现的，飞得很低，也很密集。人们过去经常只需站在小山的山顶,通过棍棒击打就能捕捉到旅鸽,也可以用网来捉。一次简单的击打能够猎杀 30~40 只旅鸽。某些旅鸽种群筑巢的栖息地占地可达 24 千米长,19 千米宽,每棵树上都有几十个鸟巢,以至于很多树枝甚至有时整棵树都因为旅鸽的重量而倒塌。今天的粗略估计显示,至 19 世纪中期,整个北美大约有 50 亿只旅鸽。之后,旅鸽的数量开始稳步下降。

在之后的半个世纪时间内,旅鸽彻底灭绝了。旅鸽灭绝的必要前提是大众市场上旅鸽肉足够便宜,而现代科技使得大卖旅鸽肉这种可能性得以实现,该科技正是铁路。从 18 世纪 50 年代早期开始,铁路将沿着五大湖分布的旅鸽捕捉地和位于东海岸的纽约及其他大城市等旅鸽需求地连接了起来。我们有非常详尽的商业记录。就在一天之内(1860 年 7 月 23 日),235 200 只旅鸽从密歇根州的大急流城(Grand Rapids)用船运出。在 1874 年,同样位于密歇根州的奥希阿纳县(Oceana County)往东海岸的大型市场送去大约 100 万只旅鸽。到 18 世纪 80 年代晚期,曾经一度成群结队的旅鸽已经明显减少,这种减少趋势一直持续到"玛莎"(Martha)之死。"玛莎"是最后一只旅鸽,在囚笼中死于 1914 年。

为什么人们任由旅鸽灭绝呢?当回报越来越少的时候,人们为什么不停止捕捉旅鸽?原因在于旅鸽并非某个人的私产,甚至也不是政府管理的公产。因为捕捉旅鸽的成本很小,只需要一匹马、一个网和一把枪,而带来的收益前景却很大。许多人参与到捕捉当中,并且彼此竞争。在这种情况下,对于任何人来讲,比别人射杀更多的旅鸽总是有利的。鉴于需求已经形成,旅鸽的数量减少得越快,更多、更快地捕杀旅鸽的压力就越大。如果让某个人减少捕捉量,只会意味着其他人会捕捉得更多*。

人类在其他生态系统中也表现得不太好。刚刚进入 20 世纪时,广阔的大海和其中的鱼类资源存量被简单视作取之不尽的。如今,配备着声呐、雷

---

* 保育生物学中称此为"灭绝漩涡"(extinction vortex),是一种正反馈。

达和 GPS 的巨大工厂船在公海里捕鱼。这些工厂船能够到达鱼群的确切位置，然后放下巨网。鲱鱼、鲭鱼或金枪鱼的整个鱼群从水中被捕捞上来，并直接在船上处理、打包和冷冻。这样的高科技拖网渔船能够战胜数世纪以来在传统捕鱼工具下幸存的鱼群。

尽管捕鱼船队的科技不断进行升级，全球的整体鱼类产量数年来却一直停滞不前。捕捞量已经达到或超过了绝大多数鱼群的再生能力上限，被捕获的鱼越来越年幼。一而再，再而三，无论是在北海还是加拿大的大西洋海岸，鱼群都不断发生崩溃。在加利福尼亚州的蒙特利（Monterey），沙丁鱼的渔场在一夜之间就崩溃了。斯坦贝克（John Steinbeck）的小说《罐头厂街》（Cannery Row）让这个沙丁鱼渔场名声大噪。

在毛皮兽、海豹和鲸的捕猎史上，我们可以看到人类对自然的同一类型无情榨取。过于频繁的榨取导致了存量崩溃，甚至整个物种的灭绝[2]。

上述这些全都是生态过冲的例子，即对地球生态承载力产品的收获速率超过了它们的再生速率。在这种情况下，我们经常听到的术语是"公地悲剧"（the tragedy of the commons），这个词组也是生态学家哈丁（Garrett Hardin）在 1968 年发表的一篇论文的题目[3]。这篇文章至今仍然是备受推崇的《科学》期刊上发表过的最高被引用量论文，但与此同时也是最受误解的文章之一。在一定程度上，这种误解正是由于哈丁自己选择的这个糟糕题目所引起的。如果他当初将文章题名为"公共资源获取的悲剧"（Tragedy of Open Resource Access）或者"我们共同的悲剧"（Our Common Tragedy），那么我们的理解也许能更进一步。这是因为哈丁的很多批评者，包括他本人后来都意识到了，公地化恰恰是解决该悲剧的一种可行方案[4]。

在他的论文中，哈丁大致描述了如下情景：几个牧羊人都使用同一片大牧场来放牧。每个牧羊人都最大化地利用牧场，让他拥有的尽可能多的羊在那里吃草。短期来讲，一切都没问题。部落战争、非法盗猎和牲畜病让羊的数量保持在低位。但是，这片牧场最终还是达到了生态承载力上限。

每个牧羊人都差不多会问自己一个同样的问题：如果我往自己的牧群中再添一只羊，我能得到什么好处？答案非常清楚，再添一只羊会增加我的盈利。但是，每个牧羊人都这么想的最终结果便是过度放牧或者说"过冲"，而这会影响到每一个牧羊人。某个牧羊人多加了一只羊，但这样每个牧羊人的每只羊都会稍微变瘦一些。这片牧场供养羊的长期前景也会因为过量使用而变得更不光明。

简单地说，如果损失是社会化的，而收益则是私人的，那么一个理性的牧羊人就会非常理性*地往这片牧场中不断加羊，一只一只又一只……哈丁于是写道："悲剧就在此处。"

为了使牧场能够继续繁荣，这些牧羊人必须对放牧量的整体上限达成一致，同时对上限以内，每个牧羊人分别可以带多少只羊来放牧达成分配共识。举例来说，村庄中的每个牧羊人可以带 2 只羊到村庄共同拥有的牧场上放牧**，而一旦出现了第三只羊，则应该由村民社区共同宰杀。

在人类的真实历史上，这种类型的安排盛行于诸多公共资源管理领域。类似的例子包括共有的社区资源、农业区域、渔场和瑞士阿尔卑斯山的灌溉水[5]。在气候问题上的国际谈判也遵循同样的逻辑。"上限和交易"（Cap and Trade）意味着就温室气体的排放制定一个共同的且有约束力的上限，同时就温室气体排放限额的分配，以及对超出限额者设置费用或罚款的模式达成一致。

不容乐观之处在于，对如何管理大群体公共资源的讨论经常令人沮丧，或推进速度极其缓慢，无论是气候、海洋还是森林。哈丁的论文仍在告诉我们为什么事情会变成这样。正如他已经正确描述的，问题的真正根源在于免费或不受控制的资源获取。每个人都会努力攫取他们所能获得的一切东

---

* 经济学意义上的理性人（rational people）。

** 共有牧场也就是"公地"。

西,同时没有一个人愿意自发承担任何责任。

公共资源管理的核心是两个问题:

1. 存在多少公共资源?

2. 谁能获得什么?

对于上述两个问题,生态足迹账户都会有所帮助。生态足迹账户有助于识别任何生态系统再生能力的上限,从田地、牧场、森林和一个国家的生态承载力,一直到整个地球的生物圈。生态足迹和生态承载力的评估展示了可持续取用的上限,超过上限就是过度使用。上述的评估比较了过度使用和当前的使用。

任何从生态足迹分析中获取的潜在战略,无论是政治的、经济的甚至是军事的,其实并不应由生态足迹统计来担负责任。就像在经济金融领域,尝试性的解决方案目录并不在统计之列。但是,幸亏有了生态足迹统计,每个人都能找到他们自己的解决方案,同时还可以检验方案的可行性。

对于富人来说,生态过冲现象通常只被视为一种美学体验。透过飞机舷窗,我们可以看到下方的城市一步步地不断扩张:更多的房子、更多的高速公路和街道、更多的停车场等。以前我们也许要花费半小时走出市区,进入乡村感受自然,然而现在却需要 2 倍的时间。因此,如今我们宁愿开车到森林附近,然后在林中慢跑或骑自行车。在旅游业中也会发生类似的事情:一旦某些地区变穷,它们的社会关系就会越来越紧张,进而这些地区就会变得不可预测、充满危险,而这些富人就直接选择不再去那里旅游。

一般而言,低收入人群能够更直接地感受到生态承载力的减少。对肯尼亚人或者印度部分地区的居民来说,一旦他们的田地干涸,食物就会减少。只要在局部发生干旱,那么该旱区居民的购买力就会降低。但是,如果全球的产出都在下降,那么每个人手里的食物价格都会上涨。有充足购买力的富人只会受到间接影响,他们会为一块面包付出更多的钱,但这几乎不会给他们带来困扰。然而,其他人却未必买得起足够的食物。

生态承载力的过度使用通常不会被看作系统性环境问题,而是主要被视为糟糕的管理、意外的干旱或者某个分配问题的标志;所有的过度使用都可能导致社会关系的紧张和冲突。由于看不到系统性的连接,人们通常只是努力解决表象问题,而非纠正根本问题。

但是,生态足迹统计告诉我们,几乎在所有国家,对生态承载力的需求都一直在稳步增加。在过去的半个世纪里,情况确实如此。基于联合国自1961年以来详尽统计数据的"国家生态足迹和生态承载力账户"证明了这一点。再加上基本的能源使用和人口统计数据,对生态承载力需求的不断增加至少可以追溯到第一次工业革命。事实很明显,化石能源的发现以及对其开发利用的不断增加极大地助长了人类不断扩大的自然需求。

纵观整个工业时代,当需求不再增加时,政治和商业的领导人与广大民众都会感到忧虑。这个时候通常会出台经济刺激方案。但在我们的时代里,现今的生态供给(以人均生态承载力衡量)一直在往相反的方向移动,即生态供给减少了。绝大多数人认为现在的趋势是"正常的",生态供给减少的问题到处都在发生,我们、我们的父母甚至我们的祖父母都没有感觉到有什么不一样。如果现在各地对生态承载力的需求在不断增长,而人均生态供给在不断下降,这就意味着我们在耗竭自己的自然资本。

如今地球生物圈已经历超过17年的"生态赤字",这意味着人类已经多用了超过17年分量的地球全部生态产出[6]。我们的生态债务在不断积累。关于全球的"超支"过程能持续多久,科学界尚未找到确切答案。但是,我们已经知道了这对于部分生物圈意味着什么。例如,大气中碳废弃物的积累已经达到了如此水平,致使人类在有可能令全球升温超过2 ℃的道路上渐行渐远。2 ℃是《巴黎协定》设置的大气平衡上限。生态过冲现象在全球随处可见,过冲也必将成为一个更加重要的决定性因素。购买力较弱的人群和国家的适应力也较弱,它们将首先成为受害者。

这里面的大哉问是:生态过冲的过程还会一直持续吗? 或者我们能够

成功逆转这个趋势吗？这是一项巨大的挑战。我们应对得越早，成功机会就越大。但大量的时间已经被浪费掉了。一旦生态和社会系统进入混沌状态，扭转局势的难度就会呈指数型增长。

问题的核心很明显：在全球层面，人类花费掉的自然比挣的多。我们将要用完自己的自然资本。从长期来看，这无法继续下去。然而，评估不断增加的生态过冲所带来的后果十分困难。原因之一是，高收入国家（例如本书两位作者的出生地瑞士和德国，或者马蒂斯现在的居住地加拿大和美国）的居民在日常生活中拥有太多选择，以至于不需要解决短缺问题。很多人的经济状况非常良好。但是，我们也可以清楚地看到，并不是地球上的每一个人都能这样生活。

美国学者戴蒙德（Jared Diamond）研究过文明存活和消亡的条件[7]。在他所举的案例中，复活节岛的例子十分突出，因为该岛跟整个地球具有明显的可比性：两者都与外界隔绝，无论是在太平洋上还是在太空中。两者都自给自足，不受来自外界的威胁，也没有外界的援助。

在 1722 年的复活节（一个周日），荷兰探险家罗赫芬（Jacob Roggeveen）来到太平洋一个偏僻的小岛。小岛的海岸有一排排巨大的雕像，这些雕像有很长的头颅和奇怪的尖鼻。大多数雕像都被推倒在地，摔得支离破碎。总而言之，这是一幅毁灭场景。这个岛上的极少数居民在长不出树的一堆堆石头上过着凄惨的生活，这里好似世界尽头。

戴蒙德认为当时的情景也许是这样展开的：在这个荷兰冒险家到来前的 1000 年前，波利尼西亚人乘坐露天独木舟来到这座岛屿，并在此定居。那时茂密的森林仍然覆盖着这个岛屿的大部分地区。定居下来的波利尼西亚人用木材来造船，乘船去捕获金枪鱼和海豚，用树皮来制作绳子。波利尼西亚人用这些绳子成功地在木质的雪橇板上运送重达 90 吨的雕像，用作宗教崇拜。在特殊的仪式上，牧师把白珊瑚制成的眼睛和红珊瑚制成的瞳孔放入巨大雕像的眼窝。雕像的敏锐和令人敬畏的眼神注视着茫茫的大海。

于是复活节岛上的居民继续扩建他们的神像。他们大量毁林,有时是有目的在故意砍伐,有时则是他们带来的动物造成的无意破坏。最终森林彻底消失了,随之消失的还有在森林中筑巢的海鸟。雨水现在畅通无阻地冲刷着岛上的斜坡,将肥沃的表层土壤带进大海。当岛上再也没有木材来建造独木舟,自然也就无法捕鱼了。复活节岛上的人类文明陷入困境。饥荒随之而来,有些学者还认为出现了人吃人的惨烈现象。来访的欧洲人带来的疾病使剩余的少量人口进一步减少。

这样的大灾难是如何在这个岛上发生的呢?岛上的十几个部落也许是为了建造最大、最受人崇拜的雕像展开了竞争。虚荣心和对权力的渴望蒙蔽了人们的双眼。出于自我利益,部落之间相互阻碍,并且不可避免地陷入了不断升级的无意义竞争这一陷阱。

他们的故事也许还有其他版本。但在任何情境下,这都是一场"公共资源获取的悲剧",共同的生存利益未能战胜更为私人化的利益。如今,就像气候问题提醒我们的那样,克服此类障碍被再次证明是非常重要的。只有彼此沟通,我们才有可能找到一个解决方案,提出共同的准则,最终达成一个具备约束力,能保证每个人遵守的协议。

就在不久以前,各种事情都很简单。比如说人们决定铺设一条道路,那么直接开干就是了,不用考虑其他。如今,我们必须先考虑该工程项目的二氧化碳排放,一条道路对附近的水平衡、生物多样性等事物可能产生的影响等。生态足迹账户总结了所有竞争性的生态需求,同时告诉我们具体的人类活动是如何促进或者阻止生态过冲的出现。通过这种方式,生态足迹账户给了我们在对话沟通时所需的统计基础和讨论起点。通过对话、协商和最终的行动,我们能够和平地解决事物的分配问题,而不是让冲突演变为暴力和破坏。

全球足迹网络及其合作伙伴组织的任务就是改善生态足迹这种工具,使之标准化且更易获取。生态足迹必须小心呵护,以免被大打折扣或被操纵。为了保持生态足迹的领先地位，我们即将促使生态足迹账户产生更大范围和更高层次的影响。全球足迹网络和多伦多的约克大学联合到一起，正在创建一个新的生态足迹倡议。该倡议的目标是组建一个国家联盟，在一个严密的全球性学术网络的支持下，拥有并独立发布最可靠的"国家生态足迹和生态承载力账户"，这样可以使该账户能以客观公正的方式为决策服务。

不过，生态足迹带来的理解还能让我们收获更多：从生态承载力的视角观察世界，我们能够对自身所处的困境有一个崭新的、更加简单且有用的认识，而非局限于对碳的认识或者建立在一般概念上的认识。毫无疑问，人类面临着"公共资源获取的悲剧"形式的巨大问题：如果我减少了自身的二氧化碳排放，全球气候就会受益，我将和全人类共同分享该收益。但是，减少二氧化碳排放带来的成本却只能由我独力承担。与此相反，如果我们把所有资源（土地、水、化石能源、矿物质，等等）放在一起讨论，就会发现很多资源，也许是绝大部分资源，并不受上述悲剧逻辑的限制。为了排放二氧化碳，我首先不得不购买化石能源。如果我消耗较少的化石能源，我的成本就会相应降低。进一步来说，如果我减少了自家房子对化石能源的依赖，那么我就提升了房子的价值。即使金融危机曾经暂时压低化石能源的价格，后者给我们带来的成本仍然再次显著上涨，这种上涨也许已经远超环保主义者一直期待的碳税（两者唯一的区别是，能源成本的上升进了化石能源供应商的钱包，而碳税进的是政府的保险箱。我确定我们绝大部分人还是希望看到后者）。

并非每种资源问题都受悲剧逻辑的限制，这一论点不仅适用于能源。如果一个国家吃的食物多于该国农场的产出，那么粮食缺口就需要从其他地方获取食物来弥补。这样的粮食风险要由该国独自承担。生态承载力的视角（所有需要一定区域面积来支撑的资源和生态服务的"资产组合"）再一次以极为有用的方式向我们展示，削减对资源的需求符合任何国家的利益。

　　此外，我们很多的资源消耗是由居住地的基础设施所决定的，这个事实再次强调了考虑自身利益的重要性。如果我们的国家、城市或者公司的基础设施对资源存在过度依赖，那么我们的经济风险就会上升。在我们共同的气候对话中还没有充分意识到这层关系。如果现在就要为不断增加的资源限制可能带来的那种动荡未来做准备，那么是否可能首先要充分准备好我们自身？下一章将会深入研究这个主题。

第七章

赢家与输家

国家应考虑的战略

在一个日益被资源限制塑造的世界里，全球竞争的条件正在发生快速变化。在旧有的规则下，国家和地区都试图吸引尽可能多的金融资本，即使要冒着伤害它们的社会资本和自然资本的风险。每个人都把他们的赌注押在经济增长上。但是，对于一个由生态过冲塑造的未来而言，相对于消耗自然资本，谨慎使用和小心保护自然资本要重要得多。"生态赤字"正在变得越来越具风险性：它也许会变得越来越昂贵，或者如果价格机制无法反馈的话，它也会越来越有破坏性。自然资源已经转变为经济竞争力的关键因素。随着全球生态压力的不断增加，国家和地区需要聪明地摆正自己的位置，它们最根本的利益正处于危险之中。

生态足迹核算帮助我们评估和衡量机会和风险，同时帮助我们设计各自的未来战略。有效的出行、住房和能源供给方面的基础设施是至关重要的。也许我们并未像很多人认为的那样深陷"公共资源获取的悲剧"。如果我们更加集中关注自身的处境，问题也许会更容易解决。让我们先来看看瑞士。

来自不同大陆各种文化背景的人都喜欢《小海蒂》(Heidi)。在1880年，瑞士作家斯比丽(Johanna Spyri)出版了这本儿童读物。自此之后，小海蒂和她对不受污染的大自然的梦想征服了数百万人的内心。在这本书中，海蒂是个孤儿。父母去世后,她被送去高高的瑞士阿尔卑斯山,与年迈并且满心怨恨的爷爷生活在一起。小小的海蒂和她的朋友彼得一起照看山羊。对这两个孩子来说,没有什么东西比未受人类影响的阿尔卑斯山更漂亮了。然而有一天,小海蒂被送到了遥远的德国大城市法兰克福,和一户人家生活在一起。在小说的最后,小海蒂回到了爷爷的身边,在感受过大城市中技术文明所带来的噪声和紧张忙碌的生活之后,她开始用新的眼光来看待阿尔卑斯山中的家乡,她更加热爱自己的故乡了。

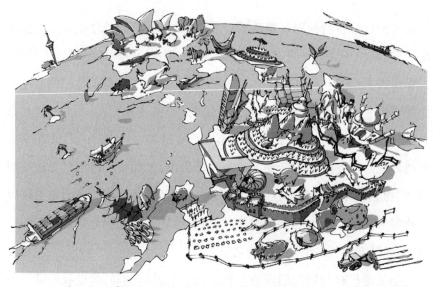

在这个随着人类的需求膨胀而超负荷运行的世界里,为了在未来保持经济领域的可恢复韧性,一个国家获取与使用足够生态承载力的权利已成为一种决定性因素,且其重要地位正变得日益显著。这就强调了各国"农场规模"的重要性,此处"农场规模"指的是每个国家在其法定领土范围内的生态承载力。(插图作者:泰斯特马勒)

保守来看,瑞士从 1880 年起就开始处于变化之中。但是,阿尔卑斯山的小屋、清澈的山间溪流、森林和长有漂亮野花的牧场依然存在。尽管有工业化和现代文明,瑞士人似乎成功地坚守住了他们大部分的壮丽自然,几乎跟小海蒂所处的时代一样。

1961 年（有完整生态足迹账户的第一年），瑞士的生态足迹超出其生态承载力 220%，或者说瑞士消耗了 3.2 个瑞士。在 1961 年之前，瑞士的生态足迹已经处在超过生态承载力状态很长时间（但我们没有充足的数据来计算到底有多久）。在第一次石油危机出现前，就像任何典型的工业社会一样，瑞士对资源（尤其是能源）的需求快速增长。2016 年，瑞士消耗了 4.5 个瑞士。让我们看到一线希望的是，2006—2016 年，瑞士的人均生态足迹从 5.67 全球公顷降到了 4.64 全球公顷，减少了约 1 全球公顷，其主要原因是瑞士的脱碳行动以及森林产品消耗的减少。按照净值计算，木材是这个国家拥有的唯一足量生物资源；毕竟，瑞士的森林覆盖率达到了 31%。水力发电满足了瑞士 55% 的电力需求。在食物供应方面，瑞士人大量依赖生态承载力的进口，瑞士的食物生态足迹超出本国农业生态承载力 3.5 倍 [1]。

瑞士大部分的牧牛已经不像小海蒂时代那样在阿尔卑斯山牧场吃草了。为了减少高强度牧牛带来的硝酸盐压力，现在瑞士鼓励农场主降低放牧强度并增加牧场的植物多样性。但是作为回应，瑞士居民对肉、奶类的需求并没有减少。因此，现在瑞士人吃的牛肉更多来自南美地区。另外，考虑到瑞士生态承载力的限制，瑞士的奶牛如今从国外获取一部分饲料，其中包括南美地区的大豆。与此同时，南美地区的热带雨林正在不断减少。不幸的是，对牛来说大豆不太容易消化。牛作为反刍动物吃了大豆以后容易胃胀，然后以打嗝或放屁的方式释放甲烷（一种强力的温室气体）。

因此，由于高山放牧量的减少，如今瑞士阿尔卑斯山区的生态压力已经降低了，长有野花的贫养牧场再次焕发荣光。在小海蒂的土地上，一切看起来都很完美。然而，几乎没有一个瑞士居民能够意识到（更不要说游客了），瑞士的风景和生活方式很大程度上依赖进口的生态承载力，并且是以其他地方生物多样性压力的增加为代价的。

能够负担起这种奢侈的国家并不多。但是，由于不断提升的生态效率，如今瑞士生态足迹总量的增长已经平缓多了。尽管如此,瑞士的生态足迹总量仍然超过其生态承载力,同时其人均生态足迹明显高于全球平均水平。由于瑞士的人口总量不断增加,同时人均生态承载力持续缓慢下降,所以瑞士未来的发展路径并不是很清晰。

瑞士政府已经反复多次计算其生态足迹结果。在最近的那次即 2018 年复核中,瑞士再次确认了全球足迹网络的结果。瑞士政府的研究结论看起来像是复制了"国家生态足迹和生态承载力账户"的时间趋势图,两者差异很小,在 3% 以内 [2]。

全球足迹网络现在覆盖了 200 多个国家。许多国家已经对全球足迹网络预测的趋势进行了复核研究,并最终确认了全球足迹网络的结果;即使有些国家使用自己的数据而非联合国数据,它们也同样确认了全球足迹网络的结果 [3]。

国家层面的生态足迹评估结果是多样的。以摩洛哥为例:摩洛哥的人均生态足迹明显低于全球平均水平,从 2000 年的 1.3 全球公顷提升到 2009 年的 1.8 全球公顷,此后保持平稳。但是,摩洛哥的生态承载力也同样明显低于全球平均水平,并且由于干旱的气候,其生态承载力会出现巨大的波动。较为干旱的年份会立刻转化为较低的生态承载力。我们再看一下坦桑尼亚:坦桑尼亚的人均生态足迹减少了;但是由于快速的人口增长,坦桑尼亚的人均生态承载力如今也低于全球平均水平。读者可以通过查阅全球足迹网络的公开数据平台来了解自己感兴趣国家的生态状况 [4]。

由于其巨大的规模和充满活力的发展,中国总能引起我们特有的兴趣。如果我们现在降落在北京机场,进入其崭新的 3 号航站楼,我们每个人都会大吃一惊,这是世界上最大的大厅,由英国明星建筑师福斯特(Norman Foster)爵士设计。但同样令我们吃惊的是宫殿式机场外的北京空气状况。北京在 2008 年奥运会期间为改善空气质量进行了诸多努力,这座大都市的转型发展令人印象深刻,比如用电力发动机替代二冲程发动机,清理和关闭最为落后的工业污染源，但这一切尚未彻底治理雾霾。

在经济领域快速追赶的过程中，中国能够改变其发展路径吗？中国能够成功地不再复制欧美工业化模式（高度资源密集型的生产和消费）吗？或者说，中国能够转型成为一个可持续的经济发展体，追求生态高效和社会稳定的发展路径吗？中国似乎已经意识到，这样的发展路径是符合自己最大化利益的。至少中国的官方表态是直面这项挑战的。官方的话语体系中包括"循环经济"和"生态文明"。在中国的五年规划中，资源和生态是经常提到的重要概念。同时，如果我们观察最近的资源趋势，就会发现在经历了20年的快速扩张后，中国的生态足迹似乎趋于平稳了。很明显，关于中国能否在改变的道路上走得足够远，目前下结论还为时尚早。全球足迹网络已和中国贵州省合作来阐明和解释这项挑战[5]。

生态足迹账户帮助我们找到解决方案。无论中国、瑞士、摩洛哥还是坦桑尼亚，每个国家都有自己独特的的风险状况和发展趋势。接下来的问题能帮助我们评估一个国家的形势。

1. 相对于它的主要贸易伙伴和整个世界，这个国家的生态足迹和生态承载力的趋势是怎样的？

2. 这个国家是处于"生态赤字"还是"生态盈余"状态？如果这个国家处于"生态赤字"状态，那么它在经济上的购买力相对于其他国家是否增长得足够快，从而能够购买任何缺失的生态承载力？

3. 这个国家拥有哪些自然资产？它的生态承载力或者说"生态盈余"是在增加还是缩减？背后的原因是什么？

4. 对这个国家来讲，生态需求是否比科技效率提升得更快？或者哪些其他因素也许会驱动这个国家的生态足迹趋势？

5. 这个国家的生态风险是什么？生态风险的趋势移动得有多快？这些生态风险将对国家现在和将来的竞争力会产生什么样的影响？那些合作伙伴国家各自的情况是怎样的（尤其是该国进口资源的国家和出口商品的国

家)？换句话说，不仅是这个国家本身的生态表现很重要，其贸易伙伴的生态表现同样重要，对于他国生态承载力存在严重依赖的国家尤其如此。

6. 这个国家最为理想的情况应该是怎样的？也就是说，这个国家消耗自然资源的最优水平是怎样的？更具体地说，考虑到自然消耗过多是一种风险，而自然消耗过少又会使生活变得艰难，那么这个国家的资源消耗（包括二氧化碳排放）和生态承载力之间的最佳平衡点是什么？

7. 这个国家是否尝试利用一切机会来以较少的资源过上更好的生活？

8. 这个国家的基础设施投资是否为减少资源依赖而设计？或者说，这些基础设施投资是否会让该国更易受到全球资源风险的影响？

上述问题有助于制定特定国家的解决方案。除此之外，生态足迹账户能够监测变化趋势，从而判断现在的努力是否会带来预期的结果。

以交通体系为例。大家普遍在担心，如果有一天中国人驾驶的汽车数量跟欧洲人或美国人一样多，会发生什么[6]？让我们一起来对此做个数学计算。现在有 14 亿中国人，其中 2 亿人在过去 10 年间迁移到城市中。平均来说，每个中国人每年消耗约 70 升燃料。这个结果显示中国人排放的温室气体明显少于佐治亚州亚特兰大的居民或者北卡罗来纳州的夏洛特和罗利的居民。在这些美国城市里，每年的人均燃料消耗达到了 4000 升。

这是真的吗？那么多？当我们谈到燃料消耗量，这 3 个城市在美国遥遥领先。例如，纽约人用不到一半的量就能填满他们的油箱。在欧洲的城市中，每个人每年的平均燃料消耗量大约是 450 升。亚特兰大的燃料消耗水平远远偏离更为常见的数字，这是因为该城就是围绕汽车而建的。它那每公顷 6 人的人口密度实在太小了。在亚特兰大，你很难靠步行抵达任何地方，但这座城市的道路网络却空前发达。

在中国的现代化城市里，每公顷土地平均生活着 150~200 人。在这些城市中，区域面积限制了道路建设。中国的城市并不会注定发展成亚特兰大那样。然而，这并不意味着中国和亚洲其他地区的机动化浪潮不会加速中国的发展。

已经非常明显的是，一座城市的布局，尤其是交通系统布局，往往影响其资源消耗达数十年之久（如果还不能说数百年的话）。生活在亚特兰大的人，上班、送孩子上学、购物等要消耗每人每年约 3800 升燃料，不管他们自己是否喜欢和愿意。同时，想在短时间内完全重建这座城市也是不太可能的，哪怕当年美国内战完全毁坏了该城，使之有重建的必要。即使说有可能，那也要消耗大量的资源，这已经被 2005 年卡特里娜飓风毁坏新奥尔良之后的重建过程所证明。

但是，有个非常有效的办法，即在现有的城市内建设一个最先进的本地交通体系，使居民可以实现比坐轿车更方便的出行。在每块大陆上都有很多这样的例子，其中一个突出的例子是巴黎。巴黎有很高的人口密度，在最近的几年来一直在减少机动车交通，从而为步行和自行车骑行留出更多的空间，同时还在创建一个新的快速巴士系统。这毫无疑问是巴黎市政府的明智规划。那些决定建设强有力且能源高效的轨道交通和公共汽车系统，同时减少机动车交通的小城市和大都市将会是明天的赢家。另外，新兴的电动摩托车和共享自行车也带给我们很多希望。

婚姻也许意味着"永远在一起"——但实际上总是可以分居或离婚的。然而，对基础设施来说就没那么简单了。基础设施会在一个地方存在好几年或好几十年。道路系统可以留下数百年乃至上千年的痕迹，这可以从罗马人建设的城市里看出来。我们不可能等到最后一分钟再去重建我们的基础设施。精选的基础设施，例如宜居和高效的城市，是一个礼物，也是一份宝贵的遗产。与此相反，过时的基础设施，例如煤电工厂、低效率的住房和分散的郊区都会变得很昂贵，或者干脆就是一桩麻烦。

由于人类的年生态赤字不断累积，今日建成的基础设施将会在一个生态债务更为庞大的世界中运行。在这样的未来世界里，哪种基础设施会变得日益好用，哪些又会反过来成为负担？

这就是为什么国家和城市基于未来情境做出对基础设施的决定和投资是如此重要。可持续发展的关键是只建设与"一个地球"兼容的基础设施，同时改进任何不兼容的基础设施（图 7.1）。全球足迹网络将该原则直接称为"慢者优先"（Slow things first）！

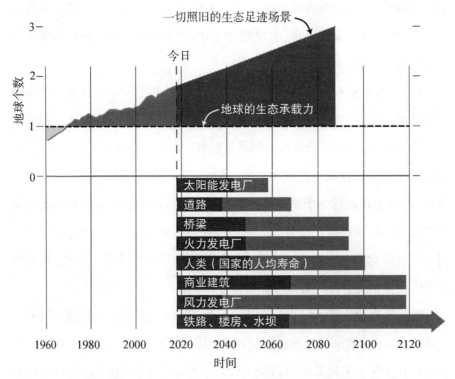

图 7.1　在人类未来生态足迹的背景下，人类自身与新基础设施投资的寿命变化范围*

随着全球不确定性的增加，每个国家和城市为此所做的准备变得越来越重要。举例来说，如果中国、印度、美国和其他经济大国都不在气候问题上让步，那么事情就会变得很麻烦，尤其对小国而言。"生态赤字"会变得越来越危险。确保一个国家的自然资本保持再生的能力，甚至更好一些，保

---

* 数据来源：全球足迹网络"国家生态足迹与生态承载力账户"2019 年版——原书注。

持增长的能力，这会变得愈发重要。当然保持对需求的控制也同样关键。这个时候之前的老问题会显得愈发迫切：我们如何才能基于现有的生态承载力，维持我们的生活质量？我们应该如何摆正自己的位置，才能保护好自己不至于陷入恶性循环呢？

在水资源日渐稀缺，荒漠化日益严重，土壤侵蚀和流失持续恶化，每公顷农业产出不断下降，过度放牧、热带雨林毁坏、物种灭绝、过度捕捞、气候变化等问题层出不穷的背景下，全球竞争的游戏规则正在发生改变。能源为这场游戏增加了更多的压力，因为气候变化为化石能源的使用设置了更多的限制，远远超出地下化石能源储量所设置的限制。束手等待地质条件强加的石油峰值出现那就太慢了，当然最终这也是不可避免的。我们需要社会主动设定一个石油峰值，并逐步快速摆脱对石油的依赖，从而保护好稳定的气候和与之相伴的可靠生态承载力。从这个视角来看，我们面临的所有事物都可以被更加合适地描述为"一切皆有峰值"（peak everything）[7]。

如果我们单纯只考虑二氧化碳问题，对采取行动的呼吁就会显得模棱两可。毕竟我只占比 77 亿分之一更少的分量，因此我知道我个人减少的二氧化碳排放对于解决地球气候问题的贡献可以忽略不计。在这一方面，我们玩的这套"谁有权利排放多少二氧化碳"的游戏就像我们之前提到的"囚徒困境"或所谓"公地悲剧"：只要每个人都只想着获取自己的利益，那么每个人都将变成输家。我们都是身处地球的居民，地球的气候已经不能满足我们的长期需求。这就导致了一种自我矛盾的战略，即"只有当全部参与者都携起手来时，我才敢冒险迈出自己的减排（二氧化碳）第一步"。想要把气候问题作为一个单独的问题来解决只会自行瘫痪、徒劳无益，每个人都在等待其他人先采取行动。

另一方面，如果我们都从"一切皆有峰值"的视角应对气候挑战，那么每个国家就会真正展现出主人翁的姿态。毕竟，现有的气候科学已经清晰地提示我们：唯一可行的前进道路就是发展基于地球再生能力的经济，而不是基于"清算"地球的经济。我们面临的唯一选择就是能以多快的速度摆脱对化石能源的清算，从而摆脱与之相伴的对稳定地球气候的清算。我们可以走得更快，遵守《巴黎协定》中的气候目标，从而拯救大量宝贵的生态承载力（这意味着我们在 2050 年前要逐步停止化石能源的使用）。或者说，我们也可选择走得更慢，但最终我们还是要摆脱化石能源的使用，到那时剩下的可就是越来越少的可靠生态承载力了。不管步伐快慢如何，我们都清楚地知道，采取气候行动就是应对资源安全性问题。

换句话说，如果你的城市或者国家尚未开始为这个不可避免的未来做准备，那么它们就是还没有为未来做好准备。那样的话未来也不会太美好。事情就是这么简单。继续扩张资源依赖型的基础设施和消耗大量资源的经济部门，这会让我们陷入困境，而且没有任何好处和意义。我们其实并非陷入了所谓"公地悲剧"。相反，问题在于我们执迷不悟地相信：虽然我们陷入了"公地悲剧"，但总会有其他人率先行动。

生态条件是至关重要的，但不同地区和国家的生态条件差异也许很大。举例来说，瑞典的人均生态足迹是 6.3 全球公顷，人均生态承载力差不多是 10 全球公顷，因此瑞典仍然是生态债权国，即使瑞典人平均的自然消耗水平是全球平均水平的 4 倍多；而孟加拉国的人均生态足迹只有 0.9 全球公顷，但仍然是生态负债国，这是因为该国的人均生态承载力只有 0.4 全球公顷。

你还在等待什么呢？如果你想拥有美好的前景，那就尽早、尽快采取行动。最终，每个国家或者城市对资源安全性的明智管理不仅会让人类大家庭的每一名成员受益，而且会为行动起来的国家和城市赋能，使它们更加繁荣。

不过这样的管理要以可靠的生态统计为前提。当政府部长们不再把生态问题主要看作成本因素，而是拥抱生态问题，将生态看作关键的竞争力优势，那么我们就会采取关键性的前进行动。我们将会了解，当不断增长的"生态赤字"让这些部长们惊出一身冷汗时（就像不断增长的失业数据让他们冒冷汗一样），他们就已经意识到了什么是至关重要的。到那时，这些部长们还会意识到，对可持续性的投资是机会，也确实对他们国家的未来是不可或缺的。

纵观整个 20 世纪，当然今天也依然如此，我们的社会一直在不计成本地产生更多的收入。这就是"增长依赖"的本质。各个国家都在努力吸引尽可能多的金融资本，即使这意味着伤害本国的社会资本或生态资本。这种工作重心已不再适用于我们的 21 世纪。在 21 世纪，更加明智的选择是集中扩大你自己的财富，而财富则是所有能为你提供或帮助你产生未来收益的资产的总和。生物资本是所有人类活动的最基本组成要素，同时在任何资产组合中它的耗竭速率都是最快的，这意味着你需要特别照顾你的生物资本，或者更加精确地说，你的资源安全性。让资源安全性带给你竞争优势。

换句话说，各个国家不能再去尽可能多地消耗生态承载力（这并不是国家的主动目标，但确实是最大化收入和消费带来的无意识结果），而是需要重新集中精力保护他们的资产，尤其是生物资产。在一个存在资源限制的未来，拥有最强生物资本的国家将会处于优势地位。

这与传统的发展概念形成鲜明对比，包括联合国在内，我们一直将国家分为发展中国家和发达（工业化）国家。这种分类标签既不是描述性的，也不是解释性的，它只不过是对"GDP 崇拜"（GDP fetish）轻率而具有破坏性的背书。地球上实际存在的远不止两类国家，而是 200 多个具体的国家，每个国家面对同样的自然定律，同时在自然条件上又各具特色。把这个世界看成好似只有两种截然不同的情境，这种看法局限性太强，也过于傲慢了。

尤为荒诞的是在这背后还隐含着一个假设，即唯一的前进道路就是努力追求高收入。然而事实上，美国、日本和欧洲这些地区大部分人的高收入，或者上海和圣保罗的贵族化区域居民的高收入，都导致了大量生态足迹。如果世界上的每一个人都像上述地区的居民一样生活，那么我们人类的生态足迹将远远超过 3 个地球的生态承载力。换句话说，传统的扩张主义主张的是一种不可复制且具破坏性的发展观。这已经不是一种新鲜的洞察了。在印度刚独立时，有位自以为是的英国记者问甘地（Mahatma Gandhi），解放了的印度是否能赶上英国的消费水平。甘地很直接地回答："如果说英国是剥削了半个地球才得以成为今天的样子，那么当印度也想变得像英国一样，又得需要多少个地球？[8]"

很多棘手问题（包括收入差距）令我们坚信 GDP 的增长是一剂万用灵药。GDP 增长允许特权阶层能在再分配这类敏感事务上游刃有余。此刻，我们可以向所有人许诺"未来你会拥有更多"，通过这种方式来安抚弱势群体。然而，考虑到全球规模的生态过冲问题，现在更重要的事是要去问一个国家是否已滑入"生态赤字"的泥淖，或者说是否仍有多余的生态承载力。获取生物资本的安全途径已日益成为一张通向繁荣未来的门票。

如果你的分析要求各个国家按照收入来分组，那就保持这种差异化描述，并称之为"根据收入水平的组织方式"。不要用把低收入国家称为"发展中国家""南方国家"或"第三世界国家"这样的形式来解读国家间的差异。这并不是为了政治正确，而是因为这些标签会令人混淆和困惑，造成一种错误的两分法，助长思维惰性，并最终鼓励误导性的政策。

同样具有误导作用的是使用词汇"穷""富"来分别形容低收入和高收入，就像大部分联合国机构和世界银行所做的那样。"穷"和"富"指的是财富而非收入。财富是存量，而收入是流量。这种误用类似于混淆速度和距离，或者混淆人口规模和人口增长。更进一步的问题在：所谓穷国到底是指穷于何处？穷于资源？穷于文化？穷于生物多样性？穷于金子？还是穷于思想？让我们运用科学的力量，客观地描述世界，而非盲目地坚持偏见。

也许会变得日渐有用的一种差异化描述是区分"生态盈余"国家（生态债权国）和"生态赤字"国家（生态债务国）。让我们先谈谈今日世界的生态债权大国。最大的生态债权国是巴西，遥遥领先于其后的加拿大、俄罗斯、澳大利亚、刚果、玻利维亚、阿根廷和哥伦比亚。考虑到不断增长的全球生态过冲，如果所有的生态债权国都将其生态盈余管理好，那么它们将拥有极其良好的发展机会。

由于给予资源现实的关注不足，生态债权国并未把自身组织和管理好，也没有利用好它们的资源优势。这些国家的经济战略家也许意识不到它们所拥有的生态力量。另外，拥有大量生态承载力或者保持生态盈余状态，并不意味着这些国家正十分小心而明智地利用它们的生态系统（很多迹象显示它们并未这样做），而只是意味着这些国家十分幸运，被自然赋予了很多生态承载力。如果是由我们生态足迹分析师去做这些国家的战略规划者，我们就会问自己：在哪个市场中，我们将获得战略性的优势？如果这些国家稍加注意的话，它们就会发现，如今的地缘政治正在发生路线转移。

世界上的生态债务国包括美国、中国、印度、德国、瑞士、法国、阿联酋等。这些国家不仅是脆弱的，而且未来很可能将为使用其他国家的生态承载力"果实"付出更高的价格。或者说，它们也许会无法再获取足够的生态承载力，因而面临生态失调。

与此同时，金融市场也在重新思考优先顺序。金融分析师已经开始意识到，他们低估了生态风险。一些金融分析师基于其道德信念，不愿让自己的投资助长生态过冲；另一些金融分析师则更加务实。如果说墨西哥的生态承载力比巴西低，那么机会在哪里？风险又在哪里？对于一个投资者来说，何处是寻找投资机会的更好选择？全球足迹网络与联合国环境规划署的融资倡议机构携手合作，致力于回答上述类似的问题[9]。

今日的大部分高收入国家，都曾有非常清晰的历史优势：曾经，在自然资本变得有限制性之前，它们都能吸引金融资本并建设人造资本。与此同时，它们都曾成功地利用技术优势来扩张自身经济规模。在此基础上，它们现在能够购买其他国家的自然资本。如今，像中国和印度这样的国家也基于同样的经济模型发展它们的工业基础，大规模地扩建公路、铁路、发电厂、工厂等基础设施。这些扩建全都要消耗海量的物质和能量；今日这些扩张项目消耗的物质和能量要远远多于 100 年前或 150 年前。

在 20 世纪下半叶，全球的商品生产增长了 7 倍[10]。同一时期内全球贸易值增长得更多，增加了约 30 倍。物质流持续扩张[11]。在现代交通科技和自由贸易理念的推动下，全球贸易是自然资本耗竭的主要驱动力量。这样的发展肯定有其好处，很多人活得更长，也更加舒适。但与此同时，伴随着较高的收入，我们已经变得对资源流极度依赖，而这样的资源流在长期来看并不是可持续的。

只需轻点鼠标，金融资本就能在全球流动，货船和货运飞机自会做好其余的工作。自然资本则是在完全不同的时间尺度上流转。例如，森林需要好几十年才能再生，海洋再生更是需要数百年。如果不是因为自然的力量和韧性，我们人类肯定不能像今天这样过度榨取地球。然而凡事皆有后果。生态破坏正在不断积累，而自然的"记性"其实很好，迟早有一天，我们人类会收到大自然发来的账单。

在这种情境下，国家和地区都应该采取不同的战略来增加自身的资源安全性。

第八章

生态足迹的场景方案

摆脱全球生态过冲的路径

有意识地结束全球性的生态过冲，这是一项史无前例的庞大任务。由于人口总量仍在不断攀升，同时低收入地区的众多人民依然向往着合理的美好物质生活，因此结束过冲变得越来越具有挑战性。生态足迹统计为我们对发展路径的评估提供了语境和衡量工具。城市、地区和国家需要识别它们的最优资源消耗水平。本地有多少生态承载力可供使用？全球又有多少生态承载力可供使用？相对于其他的城市、地区和国家，我们自身的购买力有多强？任何消耗过多资源的城市、地区和国家都在将其经济前景置于风险之中，而如果消耗的资源太少，生活也许就会变得不那么舒适。我们都意识到，在资源消耗和自身利益之间存在不可分割的联系。如果我们能学会更谨慎地控制和管理自身的资源消耗，并且坚决执行，那么我们会有更好的机会去创造一个在地球承载力限度以内不断繁荣发展的新世界。

我们无法知晓未来。需要多少时间才能把人类拉回到稳定的情境中？我们面临哪些路径？哪种路径是现实可行的？场景化的方案描绘出不同的路径，也讨论了不同的行为和互动。在某种程度上，不同的场景（scenarios）照亮了不同的未来可能性。通过这种方式，不同的场景向我们展示了多样化的选项及其潜在后果。如果前方的道路并不清晰，而我们仍想富于远见地排除重重困难,采取理智行动,那么这样的道路是特别值得我们去探索的。方案中的各类场景就是我们的思想储备方式。

场景化方案发挥作用时有点像剧场里的即兴演出。如同舞台布景,开幕的位置总是一样的。但若缺乏主题,也就不会有演出剧本。我们唯一拥有的就是一个框架:一幅布景、已经达成一致的演出时间,还有各自选择的角色。这样我们就开始着手创作故事了,这个故事在某个特定的晚上会如何结局,我们还将拭目以待。

生态足迹统计向我们展示了开场的位置:生物群落所处的状态,以及生物群落是如何被人类使用的。演出的全套服装已经选好,演员数量也定下来了。舞台布置妥当,演出大厅的灯光渐暗,大幕已经拉起。演出可以开始了。

但在演出开始之前,我们需要先叫一个暂停。让我们先准备好,了解即将观看的究竟是什么。生态足迹场景能就真实生活告诉我们什么?它们能与不能描述的又分别是什么呢?

生态足迹账户为我们提供了一副眼镜,让我们观察世界时可以过滤掉一些东西。例如,疾病就没有生态足迹。比方说,计算一家医院的生态足迹是可能的,但无法计算一种疾病的生态足迹。生态足迹数据也不能告诉我们所生活的是一座美丽的城市,还是一座丑陋之城。更重要的是,生态足迹聚焦于自我更新的资源所产生的生态服务,这是生命活动所要求的最基本的东西。生态足迹并不能帮助我们在个人生活中找到快乐和幸福。也许这对生态足迹来说是要求过高了。但是,无论在集体还是个人层面,首先我们肯定需要的是用来维持生存的特定东西,继而这些东西还会给我们机会去实现丰富的生活,这样的东西包括吃的食物、穿的衣物、居住的房屋等。生态足迹统计对于上述性质的东西有良好的辨识能力,这都是经过科学验证的,同时可以很容易地进行生动形象而简单的比较。生态足迹关注的是我们生活所依赖的物质条件。生态足迹账户将人类的自然消耗与地球的生态承载力进行对比。

还有一件事,也许是最重要的事,那就是对于各个场景来说,头号原则为"基于一个地球生活"(One Planet Living)。如我们所知,在目前人力可及的范围内只有这一个地球可以生产"巧克力",我们应该对地球加以最充分的利用。生活就该美妙多彩,地球上的所有人都应该有机会去有尊严地生活和发展。

接下来要讲的两套场景方案都是为整个地球而设计的。两个场景都基于联合国政府间气候变化专门委员会(IPCC)和联合国粮食及农业组织(FAO)的研究。在供给侧,它们问的是:农业能生产什么?在需求侧的所有事情都更为引人注目:我们的子孙后代将需要多少食物?人类将要排放多少二氧化碳?很多场景的时间跨度已经延展到本世纪末,因为很多因素(比如人口规模)变化得较为缓慢。

我们在 2004 年时第一次描述了全球生态足迹和生态承载力的场景方案。有些描述比较粗糙,另一些比较详细。我们和世界企业可持续发展委员会(World Business Council for Sustainable Development, 简称 WBCSD)及其 30 个会员公司合作,开发了一组场景集合。这些场景集成为了它们的"愿景 2050"(Vision 2050)中的文本背景。在我们为"里约 +20"会议(Rio+20,2012 年在巴西里约热内卢召开的联合国可持续发展大会)所准备的《地球生命力报告 2012》(the Living Planet Report 2012)中,我们简化了 2008 年编制的场景集。我们从编制的所有场景中识别出可以走的若干条道路,但实际上,迄今为止,人类这么多年来真正走过的道路只有一条,那就是资源密集型的"一切照旧"道路。

以下,我们将展示为 2015 年"地球过冲日"准备的两个场景。场景一是"一切照旧"路径。另一个场景基于 IPCC 的研究,指出有合理的可能性将全球升温控制在 2° C 以内（图 8.1）。

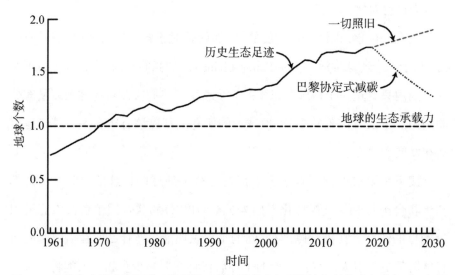

图 8.1　人类生态足迹的两种可能场景：快速脱碳（如巴黎协定所描述）或者"一切照旧"，单位以地球个数表示

场景一：基于现有趋势的保守估计

在这个场景下，我们采用了联合国的保守预测，即缓慢的人口增长（和之前一样）、适度的能源消耗（像国际能源署预测的那样）和农业生产力的提升（跟过去 40 年间提升的速率一致）。总而言之，这个方案就是现有趋势的简单延续。结果是令人吃惊的。生态足迹和生态承载力之间的差距进一步扩大，超过了所有的界限。在数十年内，这个差距的规模就已经演变到在物理层面几乎不可能维持了。

同样需要注意的是，自我们第一次编制该场景后，联合国对于 2100 年的人口预测进行了上调，尤其是非洲的人口。化石能源在商业能源组合的整体中所占份额并未下降。二氧化碳排放在 2017 年增加 1.6% 之后，在 2018 年又增加了惊人的 2.7%[1]。

到 2030 年，在这个场景下，全球对耕地和吸收二氧化碳土地的需求将超过今天的数据，我们的生态足迹将继续增加到 2 个地球，并且增长趋势将继续扩大。

这将使我们背负的生态债务从如今的 17 个地球年增加到 28 个地球年。仅仅 11 年时间（2019—2030 年），全球生态债务就增加了如此之多。假定我们维持 20 世纪 70 年代以来的线性需求扩张延续不变，那么当该曲线进一步外推到 2050 年，人类的生态债务将会相当于 50 个地球年。到 2060 年，人类的自然消耗将相当于 3 个地球。我们的生态债务届时将达到 100 个地球年以上。1 个地球年指地球生物圈在 1 年内的总产出。因此，只有当我们能够连续 17 年丝毫不消耗自然时（同时还需要乐观地假定所有的过度取用都是可逆的），人类才能还清这 17 个地球年的生态债务。但是，50 个地球年又真正意味着什么呢？

让我们来画一幅图景：一片健康的森林需要半个世纪才能长成。幼龄林积累的生物质每年约增长 2%。因此，如果我们每年拿走的森林生物质控制在 2%，就不会伤害到森林生态系统。但是，人类当然也可以一次性砍掉所有森林 *。森林被伐尽之后便会消失，但如果土壤未被毁坏，我们还可以重新种植新的林木，这样 50 年后就可以拥有新的成熟人工林。森林是活体生物质积累最多的生态系统。牧地和耕地中只有土壤是存量资源（而且可能储量颇丰）。海洋中的生物质存量只相当于 11 天的再生量。因为牧场、耕地和海洋拥有的生物质存量较少，所以这些生态系统承担生态债务的能力也较弱。

大气吸收了大量"二氧化碳债务"。这既是份礼物，也是种陷阱，因为大气作为一种缓冲器，也令人类纠正错误的反应变迟钝了。反馈没有立即实现，于是我们仍然开开心心地继续积累着生态债务。大气能"吞下"多少生态债务呢？根据"国家生态足迹和生态承载力账户"，每年 350 亿吨二氧化碳排放相当于地球的全部生态承载力，或者说相当于 1 个地球年的生产量。人类产

---

* 术语称"皆伐"。

生的二氧化碳已经从 2000 年的 245 亿吨增长到 2017 年的 362 亿吨[2]。换句话说，仅仅这些二氧化碳排放就超过了整个地球的生态承载力。这些排放的结果就是大气中的二氧化碳浓度每年都要增长 2~3 ppm[3]。工业化之前的大气二氧化碳当量浓度是 278 ppm，2018 年该数值已达 496 ppm[4]。

让我们将上述数字与 IPCC 的发现进行对比。IPCC 的发现是联合国对公开发表的气候研究文献中的科学结论进行总结后得到的，这些文献都经过专家匿名审稿，最为学术界所认可。IPCC 把数百名气候研究领域的科学家聚在一起，对文献进行大规模的审阅，最终以整合的结论形成我们所称的 IPCC 评估报告。最近一次的评估报告，即第五次评估报告，在 2014 年公布。第六次评估报告预计将在 2021 年公布。[*] 在第四次评估报告中，科学家们认为，450 ppm 的二氧化碳当量浓度下人类有 66% 的可能性让全球平均气温相对工业化前平均气温的升温低于 2 ℃[5]。换句话说，450 ppm 二氧化碳当量浓度对人类提出的要求比《巴黎协定》所规定的要弱。另外，一些著名气候科学家主张应该把浓度控制在 350 ppm 以下，为此他们还专门成立了一个气候倡议组织，就叫 350.org[6]。

简单地说，对于碳排放我们已经没有预算空间了。为了遵守《巴黎协定》的气候目标，人类需要快速摆脱对化石能源的使用，最好在 2050 年前达成，同时还要增加新的碳封存技术和设施。在本质上来说，从碳足迹的视角看，在不对生态承载力带来持续伤害的前提下，已经没有积累更多生态债务的真正空间。

现在我们将提供另一种表示方式来解释生态债务的含义，在上文中采用的是地球年方式。考虑以下问题：如果整个地球都被成熟的森林所覆盖，那么整个世界就能够积累 50 个地球年的债务，并且也许能够恢复。然而，

---

[*] 2021—2022 年，IPCC 相继发布了第六次评估报告的 3 个工作组报告（WG1，WG2，WG3），最终的综合报告预计将在 2022 年 9 月公布。

如果地球上的森林被全部砍完，我们就需要再等上 50 年方能迎接下一次收获。这意味着，如果我们想要还清生态债务，我们在这 50 年里就不能收获任何东西。

考虑到我们已经背负了 17 个地球年的生态债务，大气缓冲也已经被填满了，整个地球也并未长满可供砍伐的森林，因此继续扩大人类的生态债务似乎风险极大。

因此，这个"基于现有趋势的保守估计"场景方案显得非常不切实际。然而，联合国似乎暗中将这种场景方案列入了考虑范围。另外，我们需要考虑到，并不是生态系统中的所有事物都会按照线性发展，还有可能就像对地球的星球界限（planetary boundary）所进行的研究中强调的那样，对生态的破坏会引起临界点（tipping points）的出现 [7]。举例来说，如果亚马孙河干涸，或者过于严重的全球变暖导致冻土带消融并突然释放出大量甲烷，地球都会迎来临界点。这两个事件一旦发生，都会大大加速气候变化，为地球的生态承载力带来更多压力。无论何种事件发生，人类都会经历生态承载力的加速流失。久而久之，我们的自然资本就会彻底耗竭。海洋的变暖与富营养化，海水中由高二氧化碳浓度（同时也会导致海洋酸化）引起的大规模珊瑚礁漂白（massive bleaching）等问题都已经发生，这些问题会降低（如果不是彻底清零的话）那些多样性惊人的生态系统中的生产力 [8]。

人类对于生态系统的所有需求都不是孤立存在的，获取更多的耕地往往要以牺牲森林作为代价。一个引人注目的例子是棕榈油种植园的发展，这类种植园在印度尼西亚发展得特别好，但问题在于它们都必须建在热带地区，这就伤害了该国的热带雨林。

随着森林被转作他用，不仅生物多样性会面临威胁，而且用于生产木材和纸或吸收二氧化碳的树木也都会减少。当渔场崩溃时，耕地承受的生态压力就会上升，因为人类及其宠物将需要后者提供更多基于土地的蛋白质产出。总之，应用地球年抽象地计算生态债务，对于避免不断增长的生态过冲带来的风险可能无甚帮助，反而可能造成低估。应用地球年的计算只能作为风险的大致衡量指标，而且最可能是低估风险的。

这个场景下的结果很明确，那就是我们对生态承载力需求的不断增加已经超出了地球的维持能力。这是一条破坏性的路径。除了引起社会、文化方面乃至有可能在军事上的紧张，这条"一切照旧"路径最大且最为持久的风险来自对生态承载力的侵蚀。从本质上说，这个"基于现有趋势的保守估计"场景向我们展示了，地球上的生机渐隐，正在快速朝向荒凉孤寂转变。

总之，这个场景方案的基本思路很简单，即当我们对比官方预测中隐含的需求与地球的实际更新能力时，生态足迹的计算让物质层面的潜在影响变得相当明显。也许会让我们吃惊的是，即使是在保守场景下也无法接近满足可持续经济体的最低条件。在可持续经济体中，产品和服务的生产与资源的供给能力相匹配。我们对于"一切照旧"路径的集体性自信完全罔顾物理现实。坦率地说，人类是在盲目自信，并未认清事实。

第二个场景方案认真考虑了结束生态过冲的要求。在生态足迹的帮助下，我们将踏上一次发现之旅，通过未知的领域检验该场景的可行性，最终目的是为 21 世纪找到一条可持续路径。

场景二：根据《巴黎协定》进行减排

这个场景下的目标是在 21 世纪末逐步减少我们对地球的过度开发利用。我们需要尽可能避免因鲁莽而不可持续的发展。更具体地说，这意味着为了最终快速减少生态债务，我们现有的生态债务仍须先增加一段时间。一个核心问题是能源产生和二氧化碳排放。从 1961 年以来，人类的全球碳足迹增加至原来的 3 倍。截止到目前，碳足迹仍然是人类生态足迹中最大的单个组成部分。因此，场景二主要关注碳足迹。

2015 年 12 月在巴黎举办的第 21 届联合国全球气候大会上达成了气候协定，即《巴黎协定》。该协定要求将全球平均气温较前工业化时期上升的幅度控制在 2°C 以内。根据 IPCC 引用的研究，这个在巴黎形成的共识目标将要求我们在 2050 年之前结束化石能源使用，正如前文所讨论的那样。

现在问题变成了我们应该如何把碳足迹降至零，同时又不会把负担转嫁到生态足迹的其他组成部分？如果我们假设减碳是线性的，这就要求年均减少约 6 亿全球公顷的碳足迹，或者说全球每年每人减少约 0.1 全球公顷。因为这对低生态足迹国家而言也许很难实现，实在是已经减无可减，所以让高生态足迹国家每年每人减少 0.3 全球公顷可能是一种更合理的假设。

"地球过冲日"运用日历上的天数来衡量生态足迹达到 2015 气候大会目标所需要的改变。其中一个原因就是"地球过冲日"使得结果更容易理解。我们之中很少有人会一直把日常生活与 2° C、浓度单位 ppm 和碳排放的吨数联系起来（你是不是指二氧化碳多了 3.7 倍？）。但是，即使小学生也能轻松理解地球的个数或者日期这种表示方式。2019 年，人类在 7 月 29 日就用完了当年的自然预算，这是种极为形象的报告。2000 年的"地球过冲日"是 9 月 23 日，而非 7 月 29 日，因此我们可以说 2000 年相对安全一些（但其实也够不安全的了）。为了达到《巴黎协定》所规定的里程碑式目标，即相对于 2005 年，2030 年的二氧化碳排放要减少 30%，我们需要在未来的每一年都做到将"地球过冲日"往后推迟一周。如果我们持续按照这种速度推迟"地球过冲日"，那么到 2042 年我们就能回到一个地球的生态承载力限度以内。这就是为什么我们发起的摆脱生态过冲运动的网络话题标签是"推迟地球过冲日"（#MoveTheDate）。

全球足迹网络使用其他组织（比如 Drawdown.org）提供的资源，评估推迟这个日期需要做些什么。我们得出结论，削减二氧化碳排放可以将"地球过冲日"推迟 90 天，将近 3 个月。和施耐德电气（Schneider Electric）一起，我们评估了如果全球都采用该公司提供的住房和电网方案，能够推迟"全球过冲日"多少天。结论是仅仅这样的改进就可推迟"地球过冲日"达 3 周之久，而且并不会影响生活质量（如果不将其表述为提升生活质量的话）[9]。

我们也可以追求更高的目标，即威尔逊所提倡的，人类只应使用半个地球。如果我们想要在 2100 年之前实现这个目标,人类就应该在 2050 年之后继续每年削减 1.5% 的生态足迹。在这个方案中,人口因素所扮演的角色至关重要。如果我们选择更小的家庭,我们实现这个目标的可能性就会大上很多。

我们需要记住,2050 年并没有多么遥远,今天的地球人口中很可能有 43 亿到 2050 年仍然健在。"85 后"们届时仍不到 65 岁。

我们已经在第四章讨论过如何实现自然消耗的减少。管理得当的话,科学技术能为实现这些目标起到很大的作用。但若管理不当,就像杰文斯提出的反弹效应所解释的那样[10],这项挑战只会变得更加严峻。

当然,除了本章所列出的两个场景方案,我们还可以构想出更多备选场景。无论我们选择哪种场景方案,我们都不太可能一路顺风地实现终结生态过冲这个核心目标。人类将会在路上面临诸多危机,即使我们尽最大努力去预防危机的出现。

消除生态过冲意味着缩小人类的生态足迹和地球的生态承载力之间的差距,直至其消失。为了实现缩小差距的目标,各个国家和民族必须要在原则上就削减多少生态足迹,还有在个人和群体之间如何分配自然资本需求的机制达成一致。如果我们无法达成一项国际协议,人类世界将会变得更加不可预测。要不然默认的解决方案就会出现,也就是各自回归到国家层面的解决方案,毫无国际合作可言。

无论我们选择何种道路,这都意味着当绝大多数经济体面临资源短缺之时,国家和城市应该更加积极能动地为保护居民的生活质量而做好准备。

可能的分配机制建议个人或者群体拥有固定份额的生态足迹,或者建议使用"消费权",这与当前气候战略中的温室气体排放权交易在本质上类似。"消费权"可以分配给个人、国家或者地区。任何一种可接受的全球战略都必须考虑伦理概念、经济概念和生态概念,没有哪类概念能够解决所有的矛盾。

在下列内容中，我们将提出削减生态足迹的 3 种可能性，其目的是引发大家的讨论。除了这 3 种可能性，肯定还有其他众多选择。不同的地区也许会选择不同的办法，过程也许不会一帆风顺。但是，全球可能会就生态承载力的获取权利如何决定这一点达成一致。这种权利决定机制会考量一个地区生态承载力的供应量或其人口规模。生态足迹的分配可以是固定的，也可以是灵活的，这都取决于一个地区的发展状况。

分配方法 #1：参照历史规模削减生态足迹

这种方法以自然消耗的历史消费水平为起点，这与《京都议定书》中关于削减温室气体排放的机制相似。该方法招致的主要异议之一在于，这样的分配策略有利于自然消耗历史水平高且人口规模大的地区，同时不利于那些早已开始减少自然消耗和人口数量的地区。

分配方法 #2：基于地区的生态承载力规模分配生态足迹

在这种方法中，一个地区的生态承载力可以决定其能够获取多少自然消耗，存在附加贸易机制的情况除外，这样的机制允许在"生态盈余"地区和想要争取更多自然消耗权利的地区之间进行交易。过去数十年间，很多人口中心（例如新加坡、阿联酋和韩国）的自然消耗远远超过它们自身所在地区的资源能力。考虑到这一点，也许真的需要一种转换策略来允许低生态承载力的地区来调节其自然消耗水平。

分配方法 #3：人人平等的生态足迹均分

这种方法同样要求搭配一种转换策略，因为对一些国家来讲，资源可用性的转变将是巨大的。我们能够想象附加的贸易机制可以让生态足迹较大的国家和地区通过交易从"生态盈余"的国家获取额外的支持。很明显，想让这样的贸易机制能真正起到作用，生态承载力的拥有者一方需要得到相应的补偿。这与气候机制相比又有所不同，因为相对于大气来讲，绝大部分的有生产力区域都有其所属。该方法的缺点是缺乏对地区人口规模控制的激励，但这个缺点可以通过把自然消耗的分配与历史上某时间节点的人口数量进行绑定的方式来解决。

类似的提议在气候问题的争论中已然存在。事实上，任何方法都逃不过"什么是公平"这个基本问题。每种方法都可能会导致相应的政治困境。历史已经证明，强迫大国把大笔金钱付给小国几乎是不可能的。仅仅军事实力的不平衡就足以使这种可能性消失。如果不存在一个有影响力的世界政府进行实时运作，很难想象这样的全球再分配愿景能照进现实。而且，每个地区都会主张自己的特殊需求。毕竟，例外才是普遍的。

削减人类的生态足迹，还有上述分配方案中所列出的谈判都以全球具备前所未有的合作意愿为前提。这项任务的挑战性、复杂性和成本都是巨大的。然而，这些困难和一旦我们的努力失败，人类和生态系统将要遭受后果的严重性相比，显然是不值一提的。

因此，我们倡导将下列提议纳入考虑：应针对整个世界的生态流和生态资源进行全面观察，而非仅仅盯着二氧化碳。这种视角下城市、地区和国家的利己主义会变得更加明显。单纯地等待并观察其他主体做出何种反应已经逐渐成为一种自我毁灭行为。没有行动意味着我们尚未准备好，与此同时人类的家园仍在不停地遭到破坏。事实上我们对未来已经有了较充分的了解，也许比我们想要了解的更多。不断增长的资源限制已成为一种必然。尚未采取前瞻性措施来进行准备的城市和国家将会付出代价。在生态足迹统计的帮助下，我们能够计算出人类需要以多快的速度进行调整适应，而相对于地球上其他领域的转变，我们可以看出自己在生态环境领域可以做到多好。绝大多数的社区和国家对资源安全性的投资还远远不够，它们都面临着资源短缺的风险，或者早已经历过短缺。市长和部长们似乎并没有注意到这些，虽然他们经常高谈阔论应该怎样拯救这个世界，但他们也许最好把精力先集中到拯救自己的城市和国家上来。这些地方性的行动和努力会为整个世界带来更多好处。

第 三 编

生态足迹

案 例 研 究

第九章

生态足迹计算

个人、城市、国家、产品和公司

生态足迹的统计系统是完全可以扩展的,因此,生态足迹能够得到广泛的应用,从一把牙刷的生产到整个人类的资源消耗[1]。无论我们专注于个人、城市、地区、国家还是整个人类,国家生态足迹评估都被视为一个参照,这样使得各国政府追踪生产和贸易的时候能够保持一致性。因此,国家生态足迹的统计结果提供了最为综合的参照,确保了和全球总量密切相关的连贯性和一致性。计算产品或服务的生态足迹要求使用全寿命周期评估法,这样的计算可以根据国家评估进行校正。全寿命周期评估法可以识别出一个产品的生产、使用和丢弃的整个过程的所有资源流和能源流。生态足迹统计让我们可以从生态承载力的视角解读全寿命周期评估的信息,用全球公顷的形式表达出来。

个人的生态足迹

在 2018 年,250 万不同的访客在全球足迹网络的网站(footprintcalculator.org)上计算了他们个人的生态足迹,这只需要几分钟。在这个网站上,你需要回答有关你生活方式和消费习惯的问题,涉及住房、出行、食物和其他的消费。你开车吗?你多久吃一次肉或者肉制品?你住在什么类型的房子里?是独户住宅还是多户住宅?房子与外界的隔热怎么样?这个计算过程就像一个小小的测试。在测试的最后,访问者都会获得一个具体的结果,即你需要的全球公顷数。这个生态足迹计算器也会告诉你，如果地球上的所有人都按照你的方式生活，那么我们人类将需要多少个地球来支撑我们，同时也能对应地计算出"地球过冲日"会出现在哪一天。通常一个北美或者欧洲的拥有较高收入的城市居民都会要求 4 个或者 5 个地球。有一些人甚至会对他们的生态足迹结果感到一些吃惊。

这就是为什么生态足迹计算器包含了一个详尽的解决方案的展示，主要集中于已经讨论过的 4 个重要的自然消耗驱动环节，每一个环节同时也存在个人层面这一维度：

1. 我们如何建设城市（我在什么地方居住和我居住的房子有多高效）？

2. 我们如何获得能量（你获取电有哪几种方式）？

3. 我们如何获取食物（你的食物浪费和所消费的动物产品有多少）？

4. 我们有多少人（你选择你的家庭有几个人）？

全球足迹网络正计划进一步完善这个解决方案部分，使之互动性更强。

上述生态足迹的整个计算是对个人生活现实的近似评估，虽然在细节上有一定程度的模糊，但是还是可以较为可靠地衡量整体趋势。举例来说，如果某个人住在一个大房子里，那么生态足迹计算就会假设这个大房子对应地配备有家具、地毯和内部饰物。追求个人生态足迹计算的最后一个小数点的精确是可能的，但是会需要填写更多的信息，也会耗费参与者更多的时间，这都会让这样的小测试失去意义。电脑跟前的参与者也许会很快失去兴趣。

虽然有一些简化，这个生态足迹计算器是一个受全球足迹网络的"国家生态足迹和生态承载力账户"启发的软件程序。这些国家数据是讨论问题的起点。这些国家层面的生态足迹结果通过多区域投入产出评估得到进一步的分析，从而得出之前讨论的"消费–土地–使用矩阵"。该矩阵告诉我们国家的生态足迹有多少是由某一种活动所产生的。基于你给出的答案，该生态足迹计算器继而会评估你的消费水平距离所确认的平均水平有多远。

应用上述信息,生态足迹计算器在本质上构建了一个个人层面的"消费-土地-使用矩阵",该矩阵详细地记录了你的生态足迹分布状况,当然也包括你的总生态足迹。

使用生态足迹计算器会让你体会到典型的眼界大开:你对自然的总需求要消耗掉这么多的自然资源。最后,生态足迹计算器给我们展示了干涉的选项,但是并没有告诉我们做什么。这是个深思熟虑的决定,因为强加的干涉只会让人们更加不情愿。因此,这个生态足迹计算器的目的是揭示我们所面临挑战的大小,同时强调我们迫切需要团结一致,扭转趋势。

这个小测验暗含的信息仅仅是为了提醒我们:我们只有这一个地球,我们必须共同找到在地球的承载能力以内生活的路径。这个计算器也许能够非常容易地引发我们感到内疚或者不完美。这个计算器甚至唤醒我们的忧患意识,让我们意识到需要接受困境和做些牺牲。但是,我们实际上正在发出的邀请是"推迟地球过冲日"。除非我们能够推迟共同的"地球过冲日",否则我们就不能赢得胜利。推迟"地球过冲日"给了我们更多的空间、安全和机会来实现一个更加繁荣的未来。换句话说,我们真正所呼吁的是应用我们所拥有的信息进行预测,这让我们不断获取创新的渠道。基于一个地球的前提,你认为一个繁荣的未来最应该是什么样子的呢?

生态足迹计算器扩张的下一个层面将是一个平台。在这个平台上,用户可以分享他们感到有激情的"一个地球"的解决方案。

一名城市居民的生态足迹

计算城市居民生态足迹的原则和计算个人生态足迹的原则是一致的。同样,城市居民生态足迹参照的数据集记录了一个国家市民的平均自然资源消耗需求。我们继而会评估某一个城市居民的平均自然资源消耗水平跟全国平均水平差距有多大。他们上班开车的距离是不是较长?他们居住的房子是不是较大?该城市是不是较热或者较冷,是不是需要更多的制冷或者制热能源?他们的饮食是不是有所差异,相对于全国平均水平他们是不是吃更多的鱼、更多的蔬菜和较少的动物制品？相对于平均水平，他们的收入情况怎么样？生活在这个城市的生活成本有多贵？基于这些所有差异的总量，我们就能够计算这个城市的生态足迹结果。

最近全球足迹网络正在评估6个葡萄牙城市和法国东部的大都市南锡（大约有45万居民）的生态足迹。在不久以前，我们还评估了德国人口最多的省份北莱茵 – 威斯特伐利亚州（North-Rhine Westphalia）的生态足迹。因为该州也是人均收入最高的省份之一，该州的人均生态足迹也超过了德国的平均水平，我们所计算的北莱茵 – 威斯特伐利亚州的人均生态足迹是5.8全球公顷。图9.1描绘了生态足迹总量中的表面区域的份额。毫不奇怪，考虑到他们工业化的生活方式和煤发电所占的较大比例，仅仅碳足迹就有3.7全球公顷，或者说碳足迹占生态足迹总量的64%。换句话说，这就意味着需要森林区域来完全吸收二氧化碳排放，从而大气中不再新增碳。第二大组成部分是生产食物、动物饲料和衣服纤维的耕地，是1.1全球公顷。第三大组成部分是提取木材和纸浆的森林区域。

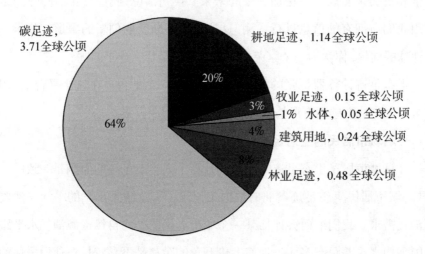

图9.1 根据土地利用类型分类的2012年北莱茵-威斯特伐利亚州人均生态足迹类型图 *

---

* 数据来源：（基于NRW的研究）2016年7月的全球足迹网络——原书注。

这个生态足迹量现在可以跟生态承载力的供给量进行比较。人类在地球上人均拥有 1.63 全球公顷的生态承载力。一方面,德国的人均生态承载力与全球平均水平几乎一样,在 2016 年是 1.62 全球公顷。另一方面,北莱茵 – 威斯特伐利亚州的人均生态承载力大约是 1.1 全球公顷,部分原因是人口密度。北莱茵 – 威斯特伐利亚州的人口密度是每平方公里 500 居民(每平方英里 1300 居民),这是德国整体水平的 2 倍多。北莱茵 – 威斯特伐利亚州的人均生态承载力最大的组成部分是耕地和牧地(两者共计 0.64 全球公顷,该省份 48% 的土地区域是农业用地),继而是提供林产品和吸收二氧化碳的森林区域(0.23 全球公顷)。一个相近的区域是建设用地和基础设施用地,人均是 0.20 全球公顷。北莱茵 – 威斯特伐利亚州并没有任何重要的有生产力的水域。

这意味着北莱茵 – 威斯特伐利亚州现在的自然消耗是其自身生态系统更新能力的 5.3 倍(5.8/1.1)。这里面甚至不包括任何野生物种需要的空间。

这样的结果有多大的可信度?

稳健的结果完全取决于可以获取的数据。对于很多城市来讲,至少获取基本的消费模式的信息是可能的。现在有很多商业利益群体想知道人们买什么和买多少,开什么车,等等。这些事情和信息对于零售商、销售部门和广告商而言是很感兴趣的。无心插柳的结果是,我们也能够使用这些数据集来评估这些城市的生态足迹,有时候甚至能够具体到社区层面。

然而,从不同统计调查中获取的数据通常彼此不兼容;它们并不一致。这就是为什么生态足迹统计经常将国家层面的数据作为参照。从方法论上讲,国家层面的数据都是以可比较的方式从全球收集的,因此国家层面的数据更加可靠。因此,国家层面的数据是低层次单位(地区、城市或者社区)衡量生态足迹的标尺。通过这种方式,我们可以恰当地比较数据。

虽然关于消费的经济数据并不能精确地转化为物理量,但是这些数据确实提供了一个有用的近似。一旦我们为某一个城市或者地区建立了一个

"消费-土地-使用矩阵",那么我们就可以应用更加细化的地方数据来提高分辨率或者评估总体的自然资源消耗需求如何随着时间不断变化[2]。

日益重要的是城市和地区的居民以及他们的代表能够清楚地知道：我们需要多少自然资源？我们从哪里获取自然资源消耗？我们应该如何避免没有必要的成本和依赖？还有同样重要的是，我们应该如何最为明智地配置资源才能实现并且牢牢守住高水平的生活？

例如，也许我们会大吃一惊地了解到，食物在任何社区的生态足迹中都占有重要的一部分，经常超过1/4，甚至在高收入城市中也是如此。如果一个城市能够从周围地区中获取季节性的食物，那么食物在生态足迹中所占比例肯定会缩减。反之，超市的食物有复杂的供应链和经过深度加工，因此都是资源和能源密集型的。

当然我们在这一方面总能找到例外和极端情况。在一定的条件下，在智利新鲜采摘的苹果出口到美国所带来的生态足迹也许并不比美国本土生长的苹果的生态足迹大。这是因为苹果是通过海运出口到美国，效率相对高一些。同时在一年中的很长一段时间储存苹果要消耗很多能量。

重要的是要应用生态足迹看总体状况。我们的经验之谈再次被证明是对的，即经历长途运输的食物和经过保存、冷藏或者精加工的食物的生态足迹通常要比本地新鲜食物的生态足迹大。动物制品食物的生态足迹通常要比一般食物大很多。

从生态足迹的视角，在工业化城市中，能源和二氧化碳是如今自然消耗的主要角色，两者消耗了所需生态承载力的一半多。正如上文所讨论的，碳足迹需要在全球范围内很快变成零。因此，对于一个城市来讲，首先降低碳足迹是可取的。我们现在有数百个城市案例，这些城市都在以务实和系统的方式降低碳足迹[3]。通过降低它们的二氧化碳排放，这些城市也节省了能源和成本。

二氧化碳只是问题的一半。我们要考虑的本质问题并不是哪一个问题是最大的问题。是气候问题吗？还是食物问题？或者也许是水问题？这不是议题之间的"选美大赛"。准确地说，本质问题是上述问题的总和。使用更多的水，排放更多的二氧化碳，需要更多的食物等，加合起来就是更多的生态承载力的使用。因此，很有必要看一个城市或者地区整体的新陈代谢，也就是看总量。生态足迹衡量了能够提供生态服务的区域，这些区域提供了一个城市需要的所有东西。这些区域彼此之间存在竞争，稀缺性都是相乘，而非相加。考虑到生态"过冲"和气候变化，我们不仅仅是在应对化石能源的峰值，而且是在应对所有事物的峰值。虽然对于城市来讲首先着力于减少碳足迹是绝对合理的，但是城市一定不要就此止步。为了自己的利益，城市必须要走得更远，全面减少自然消耗。

仅仅降低二氧化碳排放不会让一个城市立刻拥有经济上的优势。但是，如果我们把减少二氧化碳排放视为所建设的基础设施价值维持的必要前提，同时二氧化碳排放减少伴随着能源节约、更加保守的水消费、本地工作岗位的增加和可再生能源本地投资的增加，那么这些努力的协同效应将创造一个能为这个城市带来巨大收益的项目。

我们只有时刻牢记整体状况，才能成功地为一个社区的未来发展做出有意义的投资决策，同时还能保证社区基础设施的可持续性。同样的，我们只有观察和考虑得更全面，才能回答诸如以下问题：从长期来看，哪种建筑材料（砖、混凝土还是木材）更加生态友好并且因此更加经济？在特有的气候条件下，建筑师应该考虑什么？我们城市公共交通的燃料应该是燃气还是电？或者说我们城市的公共交通应该被替换为公共摩托车和自行车吗？

城市规划者都知道，紧凑型城市是资源利用高效的城市。但是，政治的现实通常不支持高密度的发展。尽管我们早已明白，因为长距离和由此带来的昂贵的通行费用，郊区或者乡下的房子在未来的几十年间将失去一大部分价值，但是很多人仍然将拥有这样的房子当作他们最为珍视的梦想。随着天然气价格的攀升，人烟稀少的地区，尤其是在美国、澳大利亚或者加拿大的部分地区,正在日益沦为社会陷阱。在将来的某一天,郊区的居民会感觉已经不再值得开车去上班。到那个时候,留给很多郊区居民的只剩下贫困。

居住结构会带来相当长时期的影响。因此,尽早行动是非常重要的。生态足迹通过将复杂事实转化为一个简单数字的方式发挥作用。生态足迹账户给了地方政治家和城市规划者一个工具,来支持他们主张紧凑型城市的论调,同时协助他们与市民展开有效的沟通。举例来说,由于城市扩张,加拿大的城市卡尔加里(Calgary)多年以来不断地发展郊区。只有经过对该城生态足迹的分析和接下来的讨论后,卡尔加里才暂停牺牲新的绿色空间[4]。

城市一直很活跃,如今也有很多城市组织在积极探索如何追求可持续绩效,包括宜可城-地方可持续发展协会(ICLEI)、C40城市(C40 Cities)和生态城市建设者(Ecocity Builders)[5]。索普(David Thorpe)在他关于"一个地球"型城市的书中收集了很多这样的例子[6]。

一个国家的生态足迹

一个国家的生态足迹指的是,需要多少生态承载力来满足这个国家居民的产品和服务的需求。一个国家的生态足迹还包括处理人类留下的废弃物的能力。因为需要生态承载力来处理并且最终吸收废弃物,所以废弃物也是国家生态足迹的组成部分。一个国家出口的任何商品都是进口和消费这些商品的国家的生态足迹的一部分。

全球足迹网络最为常见的生态足迹数字是基于消费的,这些数字展示了需要多少自然消耗来支持所有居民的消费。从生产端来观察国家也是可能的,也就是观察一个国家的经济直接从自然中获取多少资源和能量。在全球层面,生产和消费是相等的,因为在地球上消费的所有东西都是在这个地球上生产的。但是,由于贸易的因素,各国的生产和消费是不一样的。

对于生态足迹原则的介绍就到这里。但是,生态足迹的计算是如何发挥作用的呢?我们如何能够衡量和比较汽车轮胎、门把手、猪肉配菜、保险政策、鞋子、体恤衫和蜡笔的自然消耗？感谢联合国的存在，让针对所有国家的相当一致的统计数字可以为我们所用。这些数字不仅仅展示了一个国家的工业、农业和林业生产多少，而且展示了这个国家出口和进口多少商品。基于这些统计数字，生态足迹统计能够计算一个国家消耗了多少生态承载力。在加拿大，多少大米、多少木材、多少能源"消失"了？将上述的消费量除以居民数量，我们就能得到加拿大的人均消费情况。基于联合国很多可以获取的一致的数据集，生态足迹的结果是相对平稳的评估。当前，全球足迹网络的"国家生态足迹和生态承载力账户"每年针对每个国家都要从联合国的统计数据中获取和使用多达 15 000 个数据点[7]。联合国的统计数据也许不是最精确的，但确实是接受范围最广泛的。

国家层面的生态足迹方法已经很成熟了，由于国家层面的生态足迹是任何评估的基础，所以针对国家生态足迹账户投入了很多精力。维持、提升和标准化"国家生态足迹和生态承载力账户"的任务现在已经移交给一个独立的组织，因为这个工作已经超出了全球足迹网络的范围，需要一个独立的组织来完成，这个新的组织将得到一个全球学术伙伴网络的支持[8]。

基于"国家生态足迹和生态承载力账户"，我们可以开展更深层次的分析，即"消费－土地－使用矩阵"。基于不同经济部门之间的经济流量数据，组建一个投入产出评估是可行的，这样可以把总体需求分配到最终的消费种类。全球足迹网络使用的可以在全球进行一致评估的数据来源于普渡大学的全球贸易分析项目（GTAP）数据库[9]。这些数据可以让全球足迹网络评估大约 80 个国家在 2004、2007 和 2011 这 3 个年份的"消费－土地－使用矩阵"。全球贸易分析项目（GTAP）将最终消费分为 37 个种类。

表 9.1 以斯洛文尼亚为例，展示了一个总结性的例子。在纵向的第一列，这个表列出了消费的主要组成部分，即食物、住房、出行、商品和服务。从理论上讲，我们还可以创造出许多额外的消费子种类。但是在实际操作中，任何进一步的分类都取决于数据集的质量，在很多情况下还取决于项目

的预算。

表 9.1　高层次的"消费–土地–使用矩阵"（斯洛文尼亚，单位为全球公顷／人）

生态足迹类型	耕地	牧地	森林产品	渔场	建设用地	碳足迹	总量
食物	0.37	0.10	0.04	0.02	0.00	0.16	0.69
住房	0.09	0.02	0.57	0.01	0.01	1.34	2.02
出行	0.04	0.01	0.10	0.00	0.01	0.74	0.89
商品	0.09	0.04	0.18	0.01	0.00	0.40	0.72
服务	0.08	0.02	0.16	0.01	0.00	0.53	0.80
总量	0.66	0.19	1.05	0.05	0.02	3.17	5.13

注：表格中数值的单位是全球公顷／人，数值年份是 2014 年。由于数值修约规则，各个组成部分数值的加总和总量值可能并不完全一致。数据来源为全球足迹网络的多区域投入产出分析（MRIO）。

在横向的第一行，这个表展示了生态足迹账户所识别出的 6 种不同的区域类型，即耕地、牧地、森林产品、渔场、建设用地和碳足迹（也就是吸收化石能源燃烧产生的二氧化碳的林地）。在行和列交叉处的数字显示了自然需要多少有生物生产力的区域来提供对应的服务，比如生产食物和出行。所有数字的衡量单位是全球公顷／人[10]。从整体上讲，表 9.1 和表 9.2 展示了一个斯洛文尼亚居民的平均消费模式，他们的生态足迹达到了人均 5.13 全球公顷。

表 9.2　详细的"消费–土地–使用矩阵"（斯洛文尼亚，单位为全球公顷／人）*

生态足迹类型	耕地	牧地	森林产品	渔场	建设用地	碳足迹	总量
食物	0.36	0.08	0.03	0.02	0.00	0.16	0.66
面包和谷类食物	0.10	0.00	0.00	0.00	0.00	0.01	0.10
肉类食物	0.06	0.05	0.01	0.00	0.00	0.04	0.16

---

* 表 9.2 主体部分为家庭消费相关的生态足迹。

（续表）

生态足迹类型	耕地	牧地	森林产品	渔场	建设用地	碳足迹	总量
鱼和海鲜	0.01	0.00	0.00	0.01	0.00	0.00	0.02
奶制品	0.03	0.02	0.01	0.00	0.00	0.04	0.09
蔬菜、水果和坚果	0.15	0.01	0.01	0.00	0.00	0.03	0.20
其他食物	0.02	0.00	0.00	0.00	0.00	0.01	0.03
非酒精性饮料	0.00	0.00	0.00	0.00	0.00	0.01	0.03
酒精性饮料	0.01	0.00	0.00	0.00	0.00	0.01	0.02
住房	**0.02**	**0.01**	**0.43**	**0.00**	**0.00**	**0.90**	**1.36**
实际的房屋租赁	0.00	0.00	0.15	0.00	0.00	0.02	0.18
推算的房屋租赁	0.01	0.00	0.02	0.00	0.00	0.04	0.07
住所的维护和修理	0.00	0.00	0.00	0.00	0.00	0.01	0.01
供水和与住所相关的杂项服务	0.00	0.00	0.02	0.00	0.00	0.04	0.07
电、气和其他燃料	0.01	0.00	0.23	0.00	0.00	0.79	1.04
家庭维修服务	0.00	0.00	0.00	0.00	0.00	0.01	0.01
个人出行	**0.03**	**0.01**	**0.08**	**0.00**	**0.00**	**0.64**	**0.77**
车辆购买	0.01	0.00	0.01	0.00	0.00	0.06	0.08
个人交通设备的运行	0.02	0.01	0.06	0.00	0.00	0.53	0.62
交通服务	0.00	0.00	0.01	0.00	0.00	0.05	0.06
商品	**0.08**	**0.04**	**0.16**	**0.01**	**0.00**	**0.31**	**0.60**
衣服	0.03	0.02	0.03	0.00	0.00	0.10	0.19
鞋袜	0.01	0.01	0.00	0.00	0.00	0.02	0.03
家具和室内陈设地毯和其他地板覆盖物	0.00	0.00	0.08	0.00	0.00	0.02	0.10
家用纺织品	0.00	0.00	0.00	0.00	0.00	0.00	0.01
家用电器	0.00	0.00	0.00	0.00	0.00	0.01	0.02
玻璃器皿、餐具和家用器具	0.00	0.00	0.00	0.00	0.00	0.00	0.01

（续表）

生态足迹类型	耕地	牧地	森林产品	渔场	建设用地	碳足迹	总量
房子和花园所需的工具和设备	0.00	0.00	0.00	0.00	0.00	0.01	0.01
医疗产品、器具和设备	0.00	0.00	0.00	0.00	0.00	0.02	0.03
电话和传真设备	0.00	0.00	0.00	0.00	0.00	0.00	0.00
视听、摄影和信息处理设备	0.00	0.00	0.00	0.00	0.00	0.01	0.02
其他娱乐和文化的主要耐用品	0.00	0.00	0.00	0.00	0.00	0.00	0.00
其他的娱乐物品和设施、花园和宠物	0.00	0.00	0.01	0.00	0.00	0.03	0.04
新闻报纸、图书和文具	0.00	0.00	0.02	0.00	0.00	0.03	0.06
家庭维修的商品	0.00	0.00	0.00	0.00	0.00	0.01	0.01
烟草	0.02	0.00	0.01	0.00	0.00	0.04	0.07
服务	0.03	0.01	0.06	0.00	0.00	0.20	0.31
门诊服务	0.00	0.00	0.00	0.00	0.00	0.01	0.02
医院服务	0.00	0.00	0.00	0.00	0.00	0.00	0.01
邮政服务	0.00	0.00	0.00	0.00	0.00	0.00	0.00
电话和传真服务	0.00	0.00	0.01	0.00	0.00	0.02	0.04
娱乐和文化服务	0.00	0.00	0.01	0.00	0.00	0.03	0.04
一揽子旅游	0.00	0.00	0.00	0.00	0.00	0.02	0.02
学前和小学教育	0.00	0.00	0.00	0.00	0.00	0.00	0.00
饮食服务	0.00	0.00	0.00	0.00	0.00	0.01	0.01
住宿服务	0.00	0.00	0.00	0.00	0.00	0.00	0.00
个人护理	0.00	0.00	0.00	0.00	0.00	0.00	0.02
私人用品（无法归类到其他栏目的部分）	0.00	0.00	0.00	0.00	0.00	0.01	0.02
社会保障	0.00	0.00	0.00	0.00	0.00	0.01	0.01

（续表）

生态足迹类型	耕地	牧地	森林产品	渔场	建设用地	碳足迹	总量
保险	0.00	0.00	0.00	0.00	0.00	0.01	0.02
金融服务（无法归类到其他栏目的部分）	0.01	0.00	0.01	0.00	0.00	0.04	0.07
其他服务（无法归类到其他栏目的部分）	0.00	0.00	0.01	0.00	0.00	0.02	0.03
家庭支付的短期消费品小计	0.53	0.14	0.76	0.03	0.01	2.21	3.70
政府支付的短期消费品	0.06	0.01	0.11	0.00	0.00	0.40	0.59
长期的基础设施建设（固定资本总值形成）	0.07	0.04	0.16	0.00	0.01	0.56	0.84
总量	0.66	0.19	1.03	0.04	0.02	3.17	5.13

注：表格中数值的单位是全球公顷／人，数值年份是 2016 年。由于数值修约规则，各个组成部分数值的加总和总量值可能并不完全一致。数据来源为"国家生态足迹和生态承载力"账户的多区域投入产出分析（MRIO）。

每一个拥有联合国综合性数据集的国家都进行了国家生态足迹计算。也就是说，人口规模在 100 万以上的国家有 153 个；如果把人口规模进一步降低的话，那就有 215 个国家。还有很多其他小国，但它们也许没有足够完整的数据集来确保评估可行。生态足迹结果的数据质量分数用一个数字和一个字母来表示，这个数据质量分数说明了生态足迹结果是基于多么完整的数据集。最高的数据质量分数是 3A，授予连续每一年都有完整数据集的生态足迹账户[11]。

人均生态足迹最大的国家是卡塔尔、卢森堡、阿联酋、蒙古、巴林和美国，人均生态足迹值为 7.5~14.2 全球公顷；而现在人均生态足迹最小的国家是海地、布隆迪、东帝汶和厄立特里亚，人均生态足迹值为 0.5~0.7 全球公顷。对于消费端就介绍到这里。

在生产端，生态承载力的评估也是基于联合国的数据。在其他的数据来源中,生态承载力的评估反过来也许部分来自于卫星图像。生态承载力的评估展示了一个国家有多少可供使用的有生物生产力的区域。这些数据经过处理,转化为统一"货币",即全球公顷[12]。供给和需求的对比让我们可以了解一个国家是生态债权国还是生态债务国[13]。

与此同时,全球足迹网络一直在鼓励各国政府自行验证或者与各国政府合作验证"国家生态足迹和生态承载力账户"的有效性(表 9.3)。这就引致了下述国家政府对生态足迹账户的审阅:比利时、厄瓜多尔、法国(审阅了 3 次)、芬兰(审阅了其森林生态足迹)、日本、瑞士(审阅了 2 次)、阿联酋(审阅了好几次)、卢森堡、德国、印度尼西亚、菲律宾和欧盟[14]。黑山、斯洛文尼亚、哥斯达黎加、拉脱维亚、阿根廷、威尔士和苏格兰的政府也在官方层面应用了生态足迹的方法。

表 9.3　国家生态足迹结果出版中所使用的数据质量分数的标准

3A	在任何一年,生态承载力或者生态足迹的每一个部分都是可靠和可信的。
3B	对于最近的数据年份来讲,生态承载力或者生态足迹的每一个部分都是可靠和可信的。生态足迹或者生态承载力的某些单独组成部分的数据在最近年份是不可信的。总的生态足迹和生态承载力时间序列结果并没有受到可疑数据的明显影响。
3C	在最近的数据年份之前的若干年,生态承载力或者生态足迹的每一个部分都是可靠和可信的。生态足迹或者生态承载力的某些单独组成部分的数据在最近年份是不可信的。在最近的数据年份,总的生态足迹和生态承载力数值是不可靠和不可信的,但是对最近一年生态状态(生态债权国或者生态债务国)进行判断的能力不受影响。
3D	在最近的数据年份之前的若干年,生态承载力或者生态足迹的每一个部分都是可靠和可信的。生态足迹或者生态承载力的一些组成部分的数据在最近年份是非常不可信的。最近一年的生态足迹和生态承载力结果受到这些不可靠或者不可信数值的明显影响,使得结果不可使用。
2A	除了在最近的数据年份,生态足迹或者生态承载力组成部分的时间序列有一些结果是非常不可靠和不可信的。总的生态足迹和生态承载力时间序列数据并没有受可疑数据的明显影响。在最近的一年,没有生态足迹或者生态承载力的结果受到可疑数据的明显影响。

（续表）

2B	生态足迹或者生态承载力组成部分的时间序列有一些结果是非常不可靠和不可信的，包括最近年份的结果。总的生态足迹和生态承载力时间序列数据并没有受可疑数据的明显影响。
2C	总的或者一部分生态足迹或者生态承载力的时间序列结果是不可靠和不可信的，尤其是最近年份的结果。总的生态足迹和生态承载力的时间序列结果没有受可疑数据的明显影响。这些不可信或者不可靠的数值最有可能没有影响最近一年的生态状态（生态债权国或者生态债务国）。
2D	总的或者一部分的生态足迹或者生态承载力的时间序列结果是不可靠和不可信的，尤其是最近年份的结果。总的生态足迹和生态承载力的时间序列结果没有受可疑数据的明显影响。最近一年的生态足迹和生态承载力结果受到这些不可靠或者不可信数值的明显影响，使得结果不可使用。
1A	除了在最近的数据年份，生态足迹或者生态承载力的一些组成部分的数值是非常不可靠和不可信的。生态足迹和生态承载力的时间序列结果受到这些可疑数据的明显影响，结果因此不可用。在最近的一年，没有生态足迹和生态承载力结果受到可疑数据的明显影响。
1B	除了在最近的数据年份，生态足迹或者生态承载力的一些组成部分的数值是非常不可靠和不可信的。生态足迹和生态承载力的时间序列结果受到这些可疑数据的明显影响，结果因此不可用。在最近的一年，总的生态足迹和生态承载力结果并没有受可疑数据的明显影响。
1C	生态足迹或者生态承载力的一些组成部分的数值是非常不可靠和不可信的。生态足迹和生态承载力的时间序列结果受到这些可疑数据的明显影响，结果因此不可用。这些不可信或者不可靠的数值没有影响生态状态（生态债权国或者生态债务国）。
1D	有太多的不可靠或者不可信的数据，以至于对这个国家的时间轴或者最近年份的生态足迹和生态承载力都不能得出明确的结论。

注1：在2018版的"国家生态足迹和生态承载力账户"中，每个国家都被赋予一个质量评分，由时间序列评分[1—3]（3为最优）和最近年份评分[A—D]（A为最优）两个要素构成（来源：全球足迹网络）。

注2：通过进一步国家层面的具体研究，最好是跟来自这些国家（尤其是政府机构）的研究者一起合作，数据质量分数（也就是结果的质量）是有可能得到提升的。在以往版本的"国家生态足迹和生态承载力账户"中，不断提升的数据集、方法的改进和更好的数据清洗过程也帮助一些国家提升了数据质量分数，在未来还有可能进一步提升。

产品和服务的生态足迹

我们以牙刷为例，它的生态足迹有多大？在这里，国家层面的统计很难让我们直接得出答案。我们很有必要询问下述问题：这个牙刷是由什么制作而成？截止到我们把这个牙刷放进超市的购物手推车，这个牙刷消耗了多少资源和能源？事实上，我们必须要想得更进一步，考虑一旦这个牙刷被丢进垃圾桶后会发生什么？需要消耗多少生态承载力才能处理这个牙刷呢？

幸运的是，我们现在有很多产品和服务的相关数据。全生命周期评估（Life-Cycle Assessment）系统地检验了一个产品的环境影响，从刚开始利用资源生产这个产品一直到最后丢弃这个产品，也就是从摇篮到坟墓的整个过程的环境影响。现在有一个完整的科学领域集中关注各种各样的全生命周期评估方法和它们各自的国际标准[15]。

全生命周期评估就像一张反着放的烘焙食谱。你看着烘焙好的蛋糕，然后询问需要什么来烘焙这样一个蛋糕。只是全生命周期评估更加全面和细致。全生命周期评估不会满足于只是搞清楚原料，比如说 1 千克的面粉，而是会继续追问下述问题：这些面粉是从哪里来的？这些面粉是如何碾磨的？碾磨过程需要消耗多少能源？谷物加工要消耗多少资源呢？通过这种方式，全生命周期评估跟踪所有原料在生产的所有阶段的整个生命周期。

幸运的是，针对消费的绝大多数方面，现在都有大量的数据库存在，数据库中有提前计算好的因子。举例来说，如果对出行感兴趣，你也许想要运用免费获取的出行工具电子表格，那你得同时学习一点德语[16]。

这是过去研究中的一个例子：在澳大利亚的维多利亚州，在餐馆普通的一顿饭一年就需要 61 全球平方米（1 全球公顷 =1 万全球平方米）的区域面积（图 9.2）。最大的生态影响首先来自于需要种植食物的区域，肉类食物的影响最大。但是，在餐桌上享用这顿饭的其他服务也必须考虑进来，例如做饭所需的能源。

图 9.2 饭店里一餐所含的各类生态足迹比例 *

让我们再举一个例子：一张纸。几个世纪以来，纸的生产效率得到显著的提升，每千克纸消耗更少的木质纤维、更少的水和更少的能源。如今，纸能够回收利用，更准确地说是降级循环使用，因为每次循环使用都会降低纸的品质。纸多久循环一次也进入了纸的生态平衡表。从一张纸的生态平衡表到一整张报纸的生态足迹，中间只差一小步。一般而言，一张新闻报纸的生态足迹与纸本身的生态足迹差不多，当然这取决于纸张（不是新闻）循环利用的比例。拿着《纽约时报》的周日版，一张一张地铺开来。这将使你意识到，需要多大的面积（占用一年）来提供这份新闻报刊。

现在我们可以问一下，如果我们用稻草而不是木质纤维来生产纸浆，那会改变什么？因为稻草只是一个副产品，所以我们能够实现生态的协同作用。当然对于稻草的全生命周期评估也可以让我们得出其生态足迹值。比

---

* 数据来源：EPA Victoria/SEI——原书注。

较稻草和木质纤维的生态足迹值将会告诉我们，从木质纤维转为稻草会不会有益于守住生态承载力的底线。

作为一个综合性指标，生态足迹消除了全生命周期评估的复杂难懂之处。生态足迹有助于解读类似全生命周期评估产生的大量结果。把这些结果转化为生态承载力也就是把它们综合成一个数字。然而，有时候不仅仅是生态承载力是相关的，例如当涉及到有毒物质的时候。在这种情境下，我们需要确保不仅仅观察生态足迹。一个产品设计师也想要考虑产品会消耗什么，或者说所涉及到的材料是否会威胁人类或者其他生物的健康（例如，所使用的有毒物质是否会在自然中积累）。

生态足迹可以进行广泛的应用。例如，我们也许想要知道相对于原油制成的传统燃料，由甘蔗、玉米或者棕榈油制成的农业燃料是需要更多还是更少的有生物生产力的区域？这个问题可以得到回答。例如，对于一辆每年行驶 2 万千米的大众捷达，如果燃料是汽油，那么该汽车的生态足迹大约是 1.6 全球公顷；如果燃料是 B100 生物柴油（基于美国大豆生产），那么该汽车的生态足迹大约是 2.8 全球公顷，3/4 的生态足迹是耕地。美国乙醇中的 E85 将会有更差的平衡，基于该燃料的大众捷达的生态足迹也许将高达 3.7 全球公顷。而巴西乙醇中的 E85 带来的生态足迹和汽油几乎一样，差别是这个生态足迹的大约一半是耕地，另一半是碳足迹。丰田普锐斯比大众捷达更加有效。如果使用传统的汽油，丰田普锐斯每年驾驶同样的距离将需要 0.85 全球公顷的生态承载力[17]。

这个结论也许会让我们感到吃惊：相对于现在的农业生物质燃料，传统化石燃料的消费通常需要的全球公顷数量明显更少。为了完成这项计算，我们当然不得不考虑 2 种土地类型，即吸收农业生物质燃料生产过程中所使用化石能源产生的二氧化碳的土地，以及种植能源作物所需的耕地。

让我们以另一个例子结束本部分的内容。在这个例子中，生态承载力并不是一个限制性要素，尽管也存在着一定程度的约束。在为了建棕榈油种植园而砍光雨林的例子中,有更加严格的其他环境约束和限制。雨林吸收并封存大量的二氧化碳,同时也是极其多样化的物种的家园,其中也包括高度濒危的猩猩属(*Orangutan*)。对一个组成部分的太多要求也许都会产生长期的影响,这个长期影响会在全球"过冲"之前出现,或者甚至在这个国家生态系统的其他部分也许还未充分开发利用的情况下出现。在生态承载力的限制之内生活是保持自然资本完整的必要条件,但并不总是充分条件。我们也确切地知道,任何全球层面的生态"过冲"必然意味着很多地方的本地层面的生态"过冲"。

公司和工业部门的生态足迹

公司也需要扪心自问,它们的存在是否已经超出了合理的范畴或者在可能性的范畴以内。当然,可能性是一个相对的概念,一切取决于我们看得有多远。让我们以汽车为例。我们需要综合考虑哪些方面?我们是不是只需要关注汽车工厂的资源消耗?或者说,我们是否包含汽车最终组装前的很多环节?比如汽车车身钢铁、塑料的生产和汽车轮胎橡胶的生产。这样当使用汽车的时候,汽车就有了寿命。燃料消耗是汽车明显的自然需求。但是,汽车运转也要求基础设施,即马路和诸如桥等其他交通设施。这些交通基础设施的修建和维护也要消耗很多资源。

生态足迹让我们用全面的视角看待提供一个产品或者服务的所有环节。这既有助于公司也有助于它们的客户来理解。但是,我们可以进一步思考:哪些因素使得公司和"一个地球"兼容?我们应该如何识别这些因素?我们会宣称,这样的公司是有长期成功基因的,因为它们在提升人类福利的同时还在帮助人类走出生态"过冲"。"一个地球"公司不仅仅与这个世界兼容,这是联合国的可持续发展目标(SDGs)和《巴黎协定》所提倡的。更加重要的是,"一个地球"公司同时有内在的经济优势:一般而言,这样的公司已经意识到在我们地球的再生能力以内发展正变得越来越有必要。从长期来看,这样的公司更容易取得经济上的成功;而那些与"一个地球"

繁荣不兼容的公司将不可避免地面临需求的不断缩减, 从长期来看在经济上更容易失败。

不过, 在这里我们还是首先来看几个应用生态足迹的商业案例。

第一个案例是公司最早应用生态足迹的案例之一。这个案例来自于 GPT 集团[18]。GPT 集团是一个跨国的房地产公司, 每年的销售额都达到几十亿美元。这个公司拥有并且管理纵贯澳大利亚的很多大型购物商场。该公司有一名环境执行官, 经过计算她发现每平方米的销售区需要大约 2000 平方米的有生物生产力的区域。这个数字并没有将销售区所销售的商品统计在内, 只是反映维持销售区运转所需的自然消耗: 首先建设商场; 然后维护商场; 还有制冷、照明、清洁, 等等。GPT 集团的管理层并没有因为该环境执行官揭露这个事实而解雇她, 反而从这个数字中看到了增加公司利润的机会。很明显, 这个数字反映了大量的浪费和严重的低效率。GPT 集团开始寻找标准化的方法, 来帮助公司实现其房产的环境影响降低 20% 的目标。需要特别指出的是, 该公司在商场的重建过程中会比较他们也许会采用的不同建筑和内饰设计方案的环境影响。

为了实现他们的目标, GPT 集团和全球足迹网络一起开发了一个软件程序, 让 GPT 物业的未来承租者可以计算他们的生态足迹。各种各样的零售部门(例如服装店、餐厅和杂货商店)的原材料的详尽数据可以让全球足迹网络设计出简单的问卷来衡量不同设计的零售空间的生态足迹。这个软件程序的目标是说服承租者选择生态足迹较小的内饰设计。这样的设计在经济上的收益也很可观, 对于房东和租户都是一样。

为 GPT 集团开发的计算原则可以作为比较一系列环境影响的有用基础。商店的配置所使用的材料和所产生的废弃物都经过严密的检查。在这个过程中, 所节约的成本和环境保护的潜能都被识别出来。另外, 这个软件程序能够显示, 一个公司是否正在通过减少生态足迹向其可持续目标靠近。

应用这种方法, GPT 集团在一个新的大型购物中心的竞标中迅速获胜,尽管这个购物中心前期需要较高的建设成本。GPT集团有能力证明,他们现实的可持续目标能够长期地保护这个购物中心的价值,这决定了此次竞标的结果。在生态足迹统计的帮助下,GPT集团能够证明,他们的蓝图相对于其竞争者能够最多减少20%的资源消耗。当这个购物中心建成的时候,计算表明实际结果超出了他们的承诺。即使面对2008年金融和经济危机带来的困难经济形势,GPT集团仍然坚持将生态足迹作为一个核心指标[19]。

那名未被解雇的了不起的环境执行官是诺勒(Caroline Noller)。她就这个主题完成了博士学位论文,并且创办了一个生态足迹公司,该公司在全世界继续引领类似的工作。例如,她帮忙复兴了位于堪培拉的澳大利亚国立大学的研究中心。诺勒说道:"我们将生态足迹作为可持续提升的框架。我们的团队对这个过程有之前的经验,某些经验可以一直追溯到GPT集团最初的项目。我们的团队努力争取与'一个地球'兼容乃至更好的绩效。这个项目的每一个方面和每一位利益相关者都非常负责地使其因素带来的环境影响得以减半,对于这一切是如何汇聚在一起的,我非常骄傲。"下述是可以衡量的结果:

- 运行过程中能源减少了40%,其中有10%来自于嵌入的可再生能源;
- 正在实现材料中内含碳足迹减少43%。可以发现一些令人惊讶的真正创新,能够节约时间和金钱;
- 通过混合动力方法,以及与之匹配的城市共享自行车和公共汽车基础设施的互联互通,让交通所带来的环境影响降低30%;
- 通过共享和灵活的空间和规划设计(这充满了特殊的挑战),空间利用率(利用同样空间的人数)提升了30%以上;
- 通过一个管理区范围内的气候适应性设计,提升了地点的生态承载力。

最后,诺勒总结道:"最为重要的是,这个项目是在一个极其有限制的商业化环境中取得成功的。"这是对"无成本或低成本完成该项目"的一种优美而委婉的表达。

让我们再看一个例子：施耐德电气（Schneider Electric）。施耐德电气是一家植根于法国的行业领先公司，主要负责推动数字化和能源效率。全球足迹网络已经和该公司发展成为合作伙伴关系。施耐德电气的战略致力于减少不断增加的二氧化碳排放，消减客户的成本，同时提升客户的韧性。因此，全球足迹网络的研究者和来自施耐德电气的工程师一起评估现在应用他们的科技能实现什么。目标是找到能够实现"推迟地球过冲日"（也就是将"地球过冲日"往后推迟）的案例。我们聚焦于既能减少需求又能实现能源产生过程脱碳的选项。

这些选项能够减少多少二氧化碳既取决于科技本身（即这些电气设备具有的内在高效程度），又取决于人们如何使用科技。为了实事求是，我们要问自己：在人类习惯甚至没有任何改变的情况下，应用建筑物、工业生产过程和电力生产的现有商业科技，我们能够把"地球过冲日"推迟几天？

因为我们想要分析如今什么是可行的，所以这个评估聚焦于改进现有的建筑物和工业生产过程。在能源端，基于现有输电网的局限性，我们评估电力系统现有的脱碳机会。我们发现这些机会能够将"地球过冲日"推迟15天。能源更新和电力脱碳联合起来能够将"地球过冲日"推迟21天以上[20]。这是一个保守的评估，因为该评估是基于施耐德电气的经过测试的产品。另外，现在也有新兴的科学技术和施耐德电气领域外的科技能够让那些部门更加高效，可以把"地球过冲日"推迟得更久。除此之外，改变人们的资源使用习惯对于推迟"地球过冲日"也有巨大的潜力。

因为大部分的基础设施已经建成，并且一大部分的基础设施在未来要存在几十年，所以只有我们能够找到更多和更好的办法来改进现有的人造环境，脱碳的目标才能实现。因此，为了取得成功，改进是非常重要的，但这一点经常被遗忘。

从根本上说，改进就是尽可能高效地利用现有事物的艺术。典型的例子是，欧洲的建筑物消耗的能源相当于整个社会能源消耗量的大约40%，所产生的二氧化碳排放占整个社会的比例也差不多是40%。下述是施耐德电气最近更新项目的一些结果：施耐德电气在5个不同类型的建筑物上安装了主动节能增效系统，结果是能源使用实现了不同程度的减少。巴黎附近的塞纳河畔沃（Vaux-sur-Seine）2010年修建的一个公寓能源节省了22%，法国尼斯（Nice）的一个修建于1896年的三星宾馆的能源节省了37%，而法国的格勒诺布尔（Grenoble）的一个一层的小学的能源节省了56%。

这些改善包括解决间歇性的入住问题（例如当宾馆房间没有入住的时候，对闲置状态进行控制）；运用二氧化碳传感器更好地控制温度和空气质量；通过入住率对制热进行最优化设置；运用二氧化碳传感器控制通风设备；通过打开和关闭百叶窗来利用太阳光，享受免费和自然的光和热，或者来保持室内温度。如果能将上述结果推广到整个欧洲的建筑物，施耐德电气认为积极有效的能源效率能够让欧洲建筑物的最终能源消耗节省40%，这将使欧洲整体的能源消耗减少16%[21]。

在达拉斯县（美国第九大县），政府在54个建筑物上花费了60万美元进行改善，包括机械系统升级、节约用水的控制和设施以及有运动传感器的照明系统。这个项目预期将减少水电用量31%，并且最终在未来十年内节省7300万美元的开支。达拉斯县期待在未来10年内减少50多万吨的二氧化碳排放，这相当于从道路上移走差不多8500辆轿车，或者相当于种植了12.5万棵树[22]。

这样我们就很清楚为什么全球足迹网络要和施耐德电气结成伙伴关系。如果公司的战略和不断增加的在一个地球的承载能力以内生活的需求相匹配，那么这样的公司在长期更容易取得成功。相反，那些和"一个地球"的繁荣不相兼容的公司从长期来看取得成功的可能性较小，也将不可避免地面临市场上不断萎缩的需求。

全球足迹网络很骄傲自身能够推广这样的公司，因为后者是推动所需要的可持续转型的最为关键的发动机。我们希望看到施耐德电气所展现出来的战略性思维和商业聚焦点（即基于我们物理现实的特点所制定的方法）能够成为常态，而不是永远是一个例外。

一个较为古老的例子可以追溯到印度工业联合会的代表团在 2007 年到位于加州奥克兰的全球足迹网络总部的访问。他们说："我们现在每年的经济增长率是 9%（这当然是在经济危机之前）。在接下来的 20 年，我们想要经济增长率达到 10%。但是，我们并不想减少经济增长所依赖的自然消耗。"2008 年的经济危机和 2011—2013 年的经济增长减缓对印度的经济扩张产生了微弱的负面影响。在 2002—2017 年，印度经济的年均增长率仍然达到了 11% 以上。但是，印度的生态状态已经岌岌可危。尽管集约型农业极大地提升了印度的生态承载力，但是印度现在每年的自然消耗是其生态承载力的 2.5 倍，在 2000 年的时候还只是 2 倍。同时，从他们到访全球足迹网络的 2007 年一直到 2016 年，印度的生态足迹总量增长了 34%。

来自印度的访客有非常具体的问题，他们正在寻找一个工具来衡量他们生态系统承受的压力。他们想应用这样的工具比较不同部门（例如钢铁、纸和能源生产）对于生态系统的影响。他们还想评估和比较在每个经济部门内部的各种工厂和发电厂的自然资源消耗。总之，他们到访的目的是高效地管理印度的生态承载力。

印度工业联合会和全球足迹网络合作的结果就是描述印度生态足迹与生态承载力的关系。尽管印度在 2000 年的人均生态足迹只有 0.86 全球公顷，但是在 2016 年印度的人均生态足迹已经增长到 1.17 全球公顷，这个自然消耗水平仍然低于全球平均水平。很明显的是，在整个印度社会中，生态足迹的个体差异很大。在印度不断扩张的城市里，很多中层阶级的物质消耗水平跟欧洲人差不多高。但是印度的人均生态承载力只有 0.43 全球公顷，仅为全球平均水平的 1/4。

我们很自然地会问：这公平吗？很显然，不公平。

受印度工业联合会委托,全球足迹网络把这些发现总结成一份报告。尽管有一些令人不安的消息,这份报告还是得到了友好的接受,同时也被友好地忽视。是不是这份报告太温和了,以至于不能引起印度各界的震惊并且采取及时的行动? 还是这份报告太容易令人烦恼,以至于不受欢迎?

为了把我们的发现转变为行动,全球足迹网络找到机会跟印度一些最有创新精神的发展组织深度合作,一起探索可持续发展驱动的指标的应用前景。全球足迹网络将这种方式称为"可持续发展的投资回报(SDRoI)"。测试这种合作方式的组织之一是 IDE-India,该组织由目光远大和优秀的社会企业家萨丹吉(Amitabha Sadangi)创建。为了实现可持续农业,IDE-India 帮助本地市场提供基本和负担得起的科技和产品。类似的例子包括花园灌溉的脚踏泵、利用堆肥制作肥料的简单工具箱和有机杀虫剂。应用这些可持续科技,IDE-India 以每人少于 30 美元的一次性成本帮助 300 万印度人摆脱了极端贫困[23]。

由于这些科技,IDE-India 所支持的家庭成为了净生产者,并且能够转动他们自己进步的车轮。IDE-India 秉承资源安全(在本案例中是食物安全)是成功发展的必要前提条件的核心理念。全球足迹网络和 IDE-India 及其支持的村庄一起记录了不断增加的资源安全性所驱动的人类发展进步,并且促进了与其他发展努力的比较。

这个项目是基于"联合国人类发展指数(HDI)-生态足迹"图表,该图表对比分析人类发展表现和资源安全状况(图 5.4)。与之前相比,由于这是村庄层面的倡议,所以这里的差异在于我们评估了该村庄的联合国人类发展指数(据我们所知,之前没有做过相关工作)。如果我们不能衡量一个项目是如何影响地方的人类发展指数,那么我们就不能有效地增进国家的人类发展指数。

然后我们就对比分析该村庄的人类发展指数和资源安全状况(用村庄的生态足迹和生态承载力的比值衡量)。不幸的是,我们并没有资源来超越机械原型,无法运用平板电脑进行较快且有效的数据收集和统计计算。不过,来自 IDE-India、这些村庄和研究团队的参与者还是克服困难,应用我们的图表进行了生动有趣的对话,这些村庄的承诺最后也被画在当地的一处公共墙面上。

Gram Vikas 组织也在同样的项目中检验了这个方法。梅迪亚斯(Joe Madiath)相信社会正义只能通过行动而不是言谈实现。他成立了这个强有力的组织(即 Gram Vikas),该组织将"包容"(inclusion)作为一种修建有效卫生基础设施的方式,包括在低收入的村庄中修建的厕所,还有为每个厨房提供淡水的水龙头。这些设施提升了整个村庄的健康水平,同时也提升了农业和整个经济的生产力。上述例子再一次证明了,较高的资源安全性可以带来持久的福利产出[24]。

第十章

建筑和城市规划中的生态足迹

贝丁顿零能耗发展社区、马斯达尔城和彼得·赛德尔

比尔·邓斯特和贝丁顿零能耗发展社区

英国建筑师邓斯特(Bill Dunster)已经应用生态足迹好几十年了。和百瑞诺合作,他在伦敦南部的萨顿(Sutton)创造了备受赞誉的混合使用的房产项目贝丁顿零能耗发展社区(BedZED)。Bed 是指该项目位于 Beddington(贝丁顿),一个伦敦南部的社区。ZED 是 Zero(Fossil)Energy Development 的缩写。BedZED 基于详细的生态足迹计算,于 2002 年竣工。"净零(化石)能耗发展"原则不仅仅关注建筑方面的问题,例如建筑物的隔热性和加热[1]。更重要的是,"净零能耗发展"提倡生活空间和工作空间的统一和整合,目的是使乘车上下班变得不再需要,同时甚至让该空间能够和食物供给整合在一起。该项目的核心是创造一种完全新颖的生活方式,这是一个机会,而不是一个义务。不仅仅是在欧洲,而且在北美、阿拉伯世界、澳大利亚和南非,巨额的资金正在被投入遵循"一个地球生活"原则的模型开发。

邓斯特曾说:"在不久之前,我还是一名为大公司服务的建筑师,专门从事与低能耗建筑物相关的工作。当时,我们修建了很多办公空间。突然有一天我猛然明白,只要这些办公楼被大量的停车场包围,我所从事的工作无论如何都没有任何意义。我们忽略了在这些办公室工作的人们路上交通

所需要消耗的能源,忽略了为他们提供食物所需要的能源,以及其他能源。简单直接地说,我们提出的问题本身就是错误的。"[2]

邓斯特的梦想是统筹考虑人们所有活动的生态影响,从午餐的选择到上下班的出行习惯、他们所居住建筑物的能源供给,一直到他们如何度假的问题。他的想法是观察整个大局。

邓斯特是通过西蒙斯(Craig Simmons)在 20 世纪 90 年代中期开始涉及生态足迹工作的。西蒙斯是 Best Foot Forward 公司的创立者,如今后者发展为 Anthesis 集团(欧洲领先的生态咨询集团之一),他担任其首席科技官[3]。对于邓斯特来讲,重要的参照系不是全球,而是自己的祖国——英国。毕竟,英国 70% 的食物依靠进口,并且人口密度相对较高。在这样的背景下,邓斯特和他的团队提出了一系列包含各种各样解决方案的建议。

BedZED 建筑物的隔热效果是非常好的,它们只需要消耗非常少量的能源,制热可以通过家庭内部的生物质能(尤其是废木材)来实现。从生产食物的区域不获取一点能源。基于同样的原因,邓斯特团队寻觅了一片之前开发过和建设过的土地(即棕地区域的土地,brownfield land),而不是在乡间划出一片土地(即绿地区域的土地,greenfield land)。BedZED 为所有的居民提供了工作岗位,也就是将工作空间和居住空间融为一体,这样就不需要为上下班的通勤消耗能源和其他资源。还有,居民都获赠私人花园,这也是典型的英国生活方式。整个的发展都取材于本地的物质材料,并且和公共交通实现了极好的衔接。最终,一个位于伦敦的非营利组织皮博迪信托(Peabody Trust)同意成为 BedZED 项目的开发商,皮博迪信托一直以来都倡导社会和生态的进步和发展[4]。百瑞诺集团也提供了一些支持[5]。百瑞诺集团和世界自然基金会(WWF)一起,想要展现"一个地球生活"的例子。受生态足迹方法的启发,他们不由得发问:如果这个世界处于自然的预算之内,那么这个世界将会是什么样子?

所有的一切都是未知的领域。准备工作,尤其是无数细节的规划,是极其消耗时间的。但在 2002 年，BedZED 最终修建完成。这个 3 层高的建筑物由大约 100 套朝南的住所和朝北的工作空间组成。另外，建筑物里面还有展览空间和一个幼儿园。由于已经运行了一段时间，所以我们可以很自信地宣布这个项目是成功的：它是一个负担得起的、有吸引力的且节约资源的试点项目，伴有大量的种类、颜色（甚至表现在绿草覆盖的屋顶上）和令人惊奇的形状。

能立即引起注意的是房顶五颜六色的通风帽。乍看起来，这些兜帽状物体像烟囱。但是，实际上它们是该项目高效的通风系统的一部分。这些通风帽用风从内部获取温暖和不新鲜的空气，并且向下输送新鲜的空气。在制热阶段，因为内部的空气比外部的空气温度高，所以在帽体内部进行的热交换将内部空气的热度传递给较冷的外部空气，这样的话温度较高空气的热量不至于损失。一般而言，这样的过程要求外部的能源输入，通常是驱动空气流通的电。但是在 BedZED 的通风帽中，热交换的诀窍是可再生能源的使用，即热交换是由风驱动的。

有一条步行街穿过 BedZED。事实上，该项目有一个"步行优先"的政策。还有一些共享汽车也属于这个建筑物。尽管私家汽车也是一种选择，但是这些共享汽车让居民能花费较少的时间来乘坐公共汽车或者轨道交通，或者花费较少的时间到达共享汽车的停车点。邓斯特对此点评道："共享汽车也许不是一个新鲜的事物，但它在这里确实起作用。"根据邓斯特的哲学观，生态化的生活方式一定要有吸引力，它应该被居民所推崇，而不是强加在居民身上。这位建筑师将 BedZED 中现在的居民分为 3 个群体。第一个群体是信仰生态化的生活方式。邓斯特开玩笑地将这个群体戏称为"生态圣人"（eco-saints）。第二个群体的生态承诺只限于居住在被动式房屋，其他情况下就会重新回归到更加传统的生活方式。最后一个群体基本上就是视生态责任为无物。

贝丁顿零能耗发展社区——有史以来第一个以创造"一个地球"生活条件为明确目标的大规模发展项目。该项目由百瑞诺组织提出构想，并于2002年建成。该项目的设计师是比尔·邓斯特。（插图作者：泰斯特马勒）

　　当被问及底线，也就是 BedZED 居民生态足迹的时候，邓斯特的回答是不一定，视情况而定。邓斯特说道："如果说某人是素食主义者，在本社区工作，没有私家车，不乘坐飞机去度假，并且可再生能源系统能够正常工作，那么此君很有可能实现'一个地球'的生活方式。""一个地球生活"这种生活方式目前意味着人均 1.6 全球公顷的生态足迹。当然如果我们想要为生物多样性留出一些区域，那么"一个地球生活"的生活方式对应的生态足迹则更小。BedZED 的建筑和建设的方式，还有更重要的能源管理以及建筑物和周围环境的特殊的互联互通性，都是整个项目的重要组成部分。但是，仅仅依靠一个建筑师是不能推动和实现"一个地球生活"的所有变革。

　　从 2002 年开始，邓斯特和他的"ZED 工厂"以生态足迹和碳中和的思维方式为指导,逐步地超越他们的 BedZED 试点项目[6]。多年以来,为不同人口密度的居所开发了不同种类的 ZED 标准。最小的人口密度居所是乡村聚落,每公顷最多有 15 个居住单元。但是,ZED 标准也适用于城市居住区,甚至适用于每公顷最多 240 个居住单元的高层建筑物。一般而言,农村生活意味着可以更好地获取可再生能源和本地食物,而城市的高密度生活意味着较短的通勤距离和更加紧凑的建筑物。不同的人口密度从根本上创造了不同的起始条件,并且要求个性化的解决方案[*]。

生态建筑物,例如根据 ZED 标准的建筑物,增加了建筑成本,尤其是对于早期的创新性和实验性的项目,即使后期的运营成本会低一些。邓斯特曾说:"比起在自家后院解决问题,把自身问题甩给别人的成本总是更低的。"BedZED 的特殊优势在于其明确界定的能源消耗目标,希望能够促进一种有吸引力的生活方式,这种生活方式的生态足迹可以在全球进行复制。BedZED 的大部分,例如屋顶上的通风帽,仍然处于实验阶段。但是,实验是我们学习的唯一方式。一个拥有相对较少居住单元的小项目的资源效率,比如 BedZED 的资源效率,只能少量地降低英国的生态足迹。相对于BedZED 本身,BedZED 所提供的动力和启发更加重要。我们越开诚布公地分析 BedZED 的结果,未来发展就越能学习到更多的东西。

我们面临的挑战是巨大的。到 2050 年,如果人口确实增加到 90 亿～100亿,那么我们的人均自然预算就只剩下 1.2 全球公顷;如果我们为了生物多样性预留出一半的生态区域,那么我们人均只剩下 0.6 全球公顷的生态足迹。如果世界上的每一个人都拥有同等的生态承载力可供使用,那么英国的人均生态足迹就必须要在几十年内缩减到远远低于 BedZED 所要求的水平。

---

[*] 相关中译本参考书籍为《建筑零能耗技术——针对日益缩小世界的解决方案》(大连理工大学出版社 2009 年 6 月初版,比尔·邓斯特等著,上海现代建筑设计有限公司译)。

生态城市：马斯达尔城

此时此刻，很多生态城市正处于实验阶段。在亚洲，几百个人口规模达到 100 多万的城市将在未来的几十年内建成。到目前为止，很多这样的项目还只是处于计划阶段。但是，这样的项目都认同"一个地球生活"的理念，世界自然基金会（WWF）一直以来也推广该理念[7]。最重要的设计原则是零碳、零废弃物、可持续交通以及本地和可持续材料。

尽管有关食物和日用商品的决策通常由消费者自己做出，但是基础设施、能源供给和建筑物密度这样的议题基本上是由规划者确定。然而，他们的决策对于一个居住区的资源效率水平至关重要。这就是为什么有前瞻性思维的城市设计是我们地球上的可持续生活的关键。在这些规划决策中，生态足迹可以作为一个指南针。在 2016 年，10 个"一个地球生活"的项目已经处于规划阶段或者完全运营阶段，这 10 个项目的名单包含了来自每一个大陆的项目。

位于阿联酋的马斯达尔城也是受"一个地球生活"的原则启发而修建的[8]。阿联酋过去以手掌状的人工岛、水下酒店、世界上最高的建筑物和能源密集型程度极高的基础设施而被世人知晓。在这种背景下，马斯达尔城，一个位于沙漠中的绿色城市，是一个实验。阿联酋政府非常清楚地知道，这个世界将不得不面临气候变化和资源限制所带来的一系列问题。从长远考虑，阿联酋的石油酋长想要未雨绸缪，为后石油时代做准备。这个长期计划的一部分就是马斯达尔城，一个精心规划的城市，最初计划覆盖 5.2 平方千米，由英国的明星建筑师诺曼·福斯特爵士设计。第一批建设已经完成，还有很多地方已经可以查看了。这个城市现在已经有一些科研机构入驻，包括哈利法科学技术大学[9]。

马斯达尔城密度很高，并且是无车的。马斯达尔城是对步行相当友好的城市，到处都是狭窄的绿树成荫的街道。整个城市是用太阳能制冷的。这里的建筑物都不超过 5 层，人们到公共交通的距离绝对不会超过 200 米。

居民的饮用水是在一个海水淡化工厂生产的,这个工厂是以太阳能为动力来源的。城市内部的绿色空间和外部的耕地都是用循环水灌溉的。绝大多数的房顶都覆盖有太阳能电池板。城市的目标就是在城市的极限之内生产足够的能源来供自己消费。有一列火车可以连接马斯达尔城和阿联酋的首都阿布扎比。但是在马斯达尔城的内部,居民都愿意步行,或者乘坐在轨道上运行的小型无人驾驶出租车。

位于阿联酋的马斯达尔城同样受到"一个地球生活"原则的启发,该项目的宏大目标是容纳5万人入住。尽管项目计划目前仅完成了10%,但现有部分已令人印象深刻,它展示了即便在阿联酋这样的恶劣气候条件下,我们仍有可能做到什么。(插图作者:泰斯特马勒)

这个项目的实现由于金融危机在一定程度上放缓了。当然很清楚的是,并不是每一个问题在马斯达尔城都得到了解决。位于机场附近仍然被看作是马斯达尔城的一大优势。但是,马斯达尔城是正确方向的投资,它回应了一定的认知,即传统的城市发展创造的建筑物是如此资源密集,以至于这样建筑物的价值注定要随着时间减少。阿布扎比正在规划建设一个核电站,因为这个城市的基础设施消耗太多的能源,来自阿联酋油田的能源已经不能满足。这个情况甚至都惊动了阿联酋治理委员会的技术官员。不仅仅阿布扎比面对这样的情况,迪拜和其他的酋长国也正在规划建设燃煤发电厂。

彼得·赛德尔:一位可持续先锋的回顾[10]

马蒂斯: 彼得,作为一名建筑师和规划师,你有一个令人难以置信的职业生涯。令我吃惊的是,你很早就意识到我们建设的基础设施需要与"一个地球"相兼容。很难看出来你为什么会拥有这样的意识,甚至你在伊利诺伊理工大学的建筑学老师也很少有这样的意识。他们是世界级的设计师和现代主义的奠基者。其中一位老师是凡·德·罗(Mies van der Rohe),他是开创性的包豪斯设计学校的最后一位主管[11]。包豪斯设计学校在 20 世纪早期使现代主义设计在全世界萌芽。在逃离德国纳粹之后,他来到了美国,主持修建了很多现代主义杰作,包括在美学上动人心魄但就生态而言则纯属蒙昧的伊利诺伊理工大学校园。你是如何发展你的生态信念的呢?

彼得·赛德尔(Peter Seidel, 以下简称"彼得"):当我在 20 世纪 50 年代入学这所位于芝加哥的卓越学校时,有 3 位老师来自包豪斯设计学校。除了建筑师凡·德·罗,我还跟随城市规划师希尔伯斯海默(Ludwig Hilbersheimer)和摄影师、视觉艺术家彼特汉斯(Walter Peterhans)进行学习。这氛围非常好,可谓振奋人心。

我留在了芝加哥,在 20 世纪 50 年代后期开启了作为建筑设计师的职业生涯。令人惊奇的是,芝加哥的设计师早在 20 世纪 30 年代就曾建造过太阳房(solar houses),而且很多设计师对这类建筑感兴趣。但社会上对此缺少好奇心,这使得该想法很难开花结果。

马蒂斯: 那是什么因素促使你转变为一名生态设计师呢?

彼得: 我是修建美国空军学院的建筑师团队一员。那都是些位于科罗拉多州丘陵地带的奢侈建筑物,就建在山的边缘。我主要参与的是住房部分,我感觉到整个项目一点都不合适。这些建筑物都是些玻璃箱,由芝加哥那些对大自然和山丘不太熟悉的设计师所设计。我们将要在凉爽而五彩缤纷的科罗拉多州修建装空调的工业建筑物,这种反差真是荒谬。

在那个时候,有人给我一本书《接下来的一百年:为美国工业界的领导者准备的讨论》,该书于 1957 年出版,作者是哈里森·布朗(Harrison Brown)、邦纳(James Bonner)和韦尔(John Weir)[12]。我还如饥似渴地读完了哈里森·布朗的著作《对人类未来的挑战》[13]。后一本书强调了两个主题,至今仍萦绕在我的脑海中挥之不去。一个主题是人口增长,这是一个似乎很少有人去严肃对待的重要驱动力。另一个主题是资源限制,如果资源限制问题没有得到良好的解决,那么在未来就会让我们遇到很多麻烦。这本书彻底改变了我。我发现自己当时正在做的所有事情都是错误的。我那时正在科罗拉多州参与设计的建筑是消耗能源的"肥猪"*,与它们的环境背景完全剥离。毕竟,这里是年轻候补军官就读的美国空军学院,一个培训未来领导者的地方。这里的宗旨和我们修建的玻璃办公室是如此格格不入。我开始反抗。

当我看到我们正在设计和修建的建筑物以及这些建筑物正在给地球带来的破坏,我感觉自己正在错误的轨道上行走,我应该做出改变了。我也必须做出改变;我的人品正直,这样的改变没有任何问题,因此我决定成为一名环境建筑师。

马蒂斯:您的朋友和家人是怎么想的?

彼得:我的家人都非常保守。他们热爱自然,但是思考或者去做与众不同的事情不合他们的思维方式。因此,我决定开始当老师。我当时在弗吉尼亚州,对有环保倾向的城市规划非常感兴趣。我灵感的来源之一就是我的老师希尔伯斯海默。他的伟大思想之一就是把所有的汽车扔到密歇根湖的湖底去。我的确实花了很多时间去思考,也涉足了设计一些环境友好型新社区的设计工作。

后来我调动到密歇根大学,教授建筑设计方面的课程。我按自己的方

---

* energy hogs,比喻耗能大户。

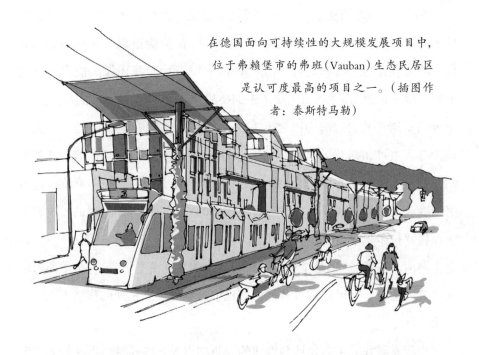

在德国面向可持续性的大规模发展项目中，位于弗赖堡市的弗班（Vauban）生态民居区是认可度最高的项目之一。（插图作者：泰斯特马勒）

式来处理每一个项目。我安静地与学生一起工作。有些学生欣赏我的工作，但我也知道另一些学生并不喜欢。在课堂上，我甚至遇到了某些学生的反抗，反对我的项目式学习方法，有一些教职员工支持他们。在那段时间里，除了环境友好型社区这一想法，我还深深着迷于太阳能和废弃物循环。我很感恩，自己并不孤单，不是一人独行。1969 年的年初，我搬到了俄亥俄州的辛辛那提，受雇于一家建筑商集团，负责设计一座新城镇[14]。不幸的是该项目最终未能实现。不过，可以看出对环境和太阳能住宅开发的兴趣正不断增加。卡特总统甚至在白宫安装了太阳能电池板（里根当选为继任总统后，马上就把这些太阳能电池板清理掉了）。然而对生态房屋的需求总体上还是很有限的，即便当时已有更多的建筑师能够提供太阳能住宅。

在这种环境下，我逐渐明白：我们知道这个地球正在发生什么；也知道自身的责任是什么，知道自己能做些什么。我是个对视觉形象而非语言更敏感的人。但随着对这些事情的持续思考，我逐渐明白过来："天啊，我必须把它说出来!"这就促使我在 20 世纪 90 年代中期出版了自己的第一本书《看不见的墙：为什么我们忽视对地球和自身的伤害》[15]。

马蒂斯：这是一本难以置信的好书。我相信这是第一次有人如此清晰地论述我们在可持续转型中所面临的心理和文化障碍。这本书也正是我结识您的缘起，彼得。如今您已经 92 岁了，您的结论是什么？

彼得：我想说今生无悔。我所做的选择是要去干正确的事，对此我很清楚。你有一个目标，你将相应的事立起来，之后你就要提前策划，那么最后去做就好。这就是一项事业是如何徐徐展开的。

第十一章

中　国

一种新的发展模式

　　中国政府已经认识到一味追求经济增长并不能带来繁荣和稳定的未来。显而易见，中国曾经的快速经济增长模式给生态带来了破坏。中国当前的环境污染已经开始威胁经济和社会发展。相对于环境污染，中国面临的资源危机更加严重。中国的生态足迹巨大，其相对于生态承载力的倍数已经从 2000 年的 2.2 倍上升到如今的 3.8 倍。近年来，中国政府已经采取了一系列认真的举措来尝试解决所面临的资源环境挑战。例如，在中国的"十三五"（2016—2020）规划文本中，平均每页就有 5 处提到自然、生态、环境、能源、土地、水和资源等词汇[1]。

　　为应对资源环境挑战，中国政府提出了两个重要构想，它们都与联合国提出的可持续发展议程相关。第一个构想是"一带一路"倡议，旨在将中国和世界更加紧密地联系在一起。第二个构想是"生态文明"，旨在推进人类与自然的和谐共生。"一带一路"倡议可能更多地试图通过建设实际的通道和路径来增加资源安全性，而"生态文明"构想则将可持续发展视为经济成功的必备要素。然而，我们也不宜高估中国应对资源环境挑战所面临的困难。长期以来，中国的发展就一直在工业化、城市化、经济的市场化重建、向全球市场开放等过程中寻求平衡，中国的发展速度也令其他国家望尘莫及。

全球足迹网络和中国贵州省合作开展了一项具体的生态足迹研究,将生态统计方法应用到中国实际之中[2]。

在过去的 50 年间,中国经历了大规模的物质扩张。自 1961 年以来,中国的总人口翻了一番。然而,同期中国的人均生态足迹几乎翻了两番。换言之,中国的自然消耗总量是 50 多年前的 8 倍。在 20 世纪 60 年代早期,中国的人均生态足迹在全球排名第 114 位。如今,中国的人均生态足迹已经位列第 66 位。

相对于人均生态足迹,中国的生态足迹总量的变化更为醒目。中国的生态足迹总量在 2003 年就已经超过美国,如今的生态足迹总量更是美国的 2 倍和印度的 3 倍。同时中国的"生态赤字"总量(并非人均)也是全球最大,是排名第二位的美国的 2.5 倍,是排名第三位的印度的 7 倍,是分别排名第四、第五的日本和德国的 14 倍[3]。

按照目前的增长速度,中国的 GDP 总量每 7~10 年就翻一番。本书第五章的图 5.5 描绘了中国自 1961 年以来的生态足迹和生态承载力的变化趋势。

中国的现代化追赶进程是人类历史上前所未有的杰作。中国把工业化和城市化进程压缩至数十年间完成,而欧洲则用了 2 个世纪。与此同时,中国的市场经济转型正开足马力,大步向前。中国的发展速度(尤其是南方地区的发展速度)让很多西方观察家瞠目结舌。上海正在取代纽约成为全球最繁华的大都市。

但是,我们不能因为到处看到中国快速崛起的形象,就忘记仍有将近一半的中国人口生活在农村地区。中国政府采取了有效措施,阻止农村人口的大规模外迁以及与此相伴的诸多风险。

尽管中国已做出很大努力,环境污染带来的直接影响仍相当严重。许多城市正在承受严重的空气污染。这些城市的呼吸系统疾病(包括肺癌)在医学统计中都排位靠前。空气污染的主要原因是广泛使用的家用煤。中国有 1/3 的国土都受酸雨（二氧化硫和氮氧化物排放的后果）的困扰。另外，中国北方还面临水短缺的困扰[4]。未来，气候变化很有可能引起西藏冰川的彻底消融和更剧烈的台风。因此，中国既是气候变化的引发者，也是气候变化的受害者。

如果计算中国居民的平均消费水平，我们会发现人均生态足迹是之前提到的 3.60 全球公顷。这样看来，中国的人均自然消费水平远低于欧洲或者澳大利亚。但是，如果中国人或者亚太地区的人多吃一点肉，多喝一些啤酒，多开车而不是骑自行车，都会对全球的生态平衡造成影响。当然这也会影响中国自身的生态风险和安全。

不过与此同时，中国拥有巨额的自然财富。中国耕地的生态承载力在全球所有国家中高居第二，而中国牧场的生态承载力超过所有 OECD 国家的总和。所有这些信息都表明碳足迹对于中国是多么重要。中国的碳足迹占据自然消耗总量的 69%。和许多其他国家一样，中国凭借自身的生态能力并不能吸收这么多二氧化碳，必须借助全球生态系统来吸收二氧化碳。相对于全球趋势，中国的生态足迹和生态承载力都经历着极其迅速的变化。

生态足迹研究在中国已经有一段发展历史。最早的中国生态足迹研究于 1999 年完成。如今有几十项生态足迹研究项目正在开展，中国的大学也会发表很多相关的学术论文。这些研究的结论都会反映在政府决策中。实际上，由于气候变化、价格波动、新能源科技的出现以及最终的资源限制等因素，中国的资源安全正呈现越来越高的不确定性。中国巨大的资源依赖性是影响其资源安全的一项特别关键的考虑因素。

化石能源的未来并不明朗，而减少化石能源的使用将会极大增加对其他资源的需求，同时其他资源的使用也受到限制。考虑到关键产业的发展和城市发展的需要（交通燃油、发电燃煤、食物、水、纤维等），中国对化石能源和生物资源有很大的依赖，而这种依赖性本身是脆弱的。中国是否拥有足够的知识和经济实力来克服这种依赖，是充满挑战性的。问题的关键在于，中国是否会将强调人与自然和谐共生的"生态文明"战略放在首位。

需要特别指出的是，中国的基础设施建设正在快速发展，因此关注这些长期资产的生态影响非常重要。基础设施的使用寿命通常较长，因此对新的基础设施投资能够适应资源紧缺的未来做出保障，就变得十分必要。这也正是生态足迹评估的价值所在：它能够辨别和遴选出既能提升资源安全性，同时在经济和政治上属于可行的方案。

在某种程度上，中国已然意识到，全球人口数量的增长和生活水平的提升都将让人类对自然资源的需求越来越强烈，与自然和谐共生的经济模式是提升未来韧性的唯一路径。这样的经济模式将会在所有国家中都成为最重要的资产。

第十二章

非　洲

保护自己的资源

　　木材、牛肉、油和钻石……在一个资源限制日益严重的世界，很多工业化国家或者新兴工业化国家都正在转向非洲来满足它们的自然需求。注视着非洲大陆的生态足迹地图，我们意识到，非洲作为生态债权方的悠久历史最近结束了。很多非洲国家已经滑入了"生态赤字"状态。非洲的人均生态足迹相对平稳，但是人口总量仍然在快速增长，因此非洲的生态形势变得越来越关键和严峻。

　　从生态足迹的视角，非洲大陆的前景非常清楚：地区和国家必须严肃认真地保护和聪明地管理它们的生态系统，从而确保自身的存在 [1]。这是因为购买额外的生态承载力将会变得越来越困难，尤其对于低收入的人群来讲。

　　在 2016 年，全球人口中有 16% 生活在非洲。但是，非洲人口只贡献了 5% 的全球生态足迹。如果在 2016 年，世界上每一个人的自然消耗水平都和非洲人一样，那么人类就不会消耗 1.75 个地球，而是消耗 1.75 个地球的大约一半，即 0.85 个地球左右。那么为什么非洲人也不得不担心生态"过冲"？

　　从生态足迹的视角，非洲现在正处于一个特殊的处境（图 12.1）。非洲的人均生态足迹已经很多年保持相对不变，现在是 1.4 全球公顷，明显低于世界上其他地区的人均生态足迹。非洲的人均生态承载力大约是全球平均

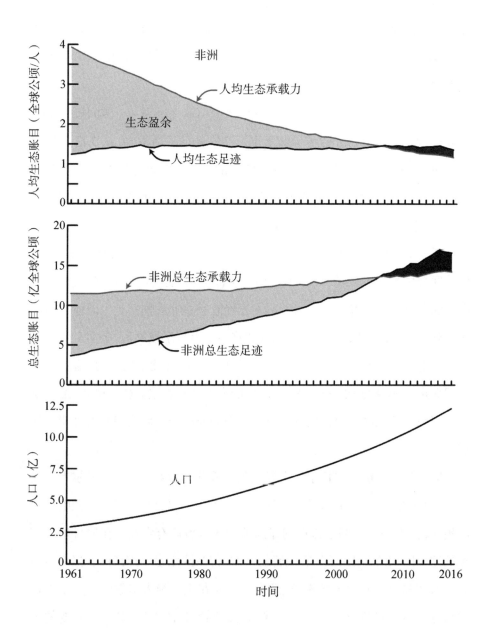

图 12.1　非洲的生态足迹与生态承载力，以人均和整片大陆总量形式显示。上方的第三图显示非洲人口的历史变化 *

---

* 数据来源：国家生态足迹与生态承载力账户——原书注。

水平的 3/4。但是,对于任何一个提到非洲的大自然就会同广阔的稀树草原和苍翠繁茂的雨林联系起来的人来讲,他都将如梦方醒般意识到,非洲大陆 2016 年的人均生态承载力只有 1.2 全球公顷,明显低于全球的人均生态承载力(1.63 全球公顷)。

非洲大陆人均生态承载力贫乏的重要原因就是过去几十年间极为迅猛的人口增长。1961—2019 年,非洲的人口数量翻了两番多,从 3 亿人口增长至超过 13 亿[2]。在同样的时间段,非洲的人均生态足迹从 1.35 全球公顷缩减至 1.14 全球公顷。全球足迹网络评估指出,非洲大陆正在接近"生态赤字"状态,这肯定是非洲历史上的第一次[3]。

联合国的保守预测认为,非洲的人口规模到 21 世纪中期也许将达到 25 亿。联合国最新预测的中位数则是到 21 世纪末,也许将有 44 亿人口生活在非洲[4]。根据自然法则,这可能吗?已经有很多非洲国家是生态债务国。考虑到全球资源的限制,我们预期资源将会变得越来越昂贵,事实上对于人均收入低的国家将会变得负担不起。为了确保可持续发展成功,这就需要强调聚焦于资源安全问题。毕竟,快速的人口增长首先会耗尽机会,最重要的是当地人的机会。忽视这些趋势将会削弱非洲子孙后代的发展可能性和尊严。

以尼日尔为例。尼日尔是世界上收入最低的国家之一。尼日尔天气炎热,并且干燥,事实上到目前为止尼日尔最大的一部分是沙漠。在撒哈拉沙漠地区,只有在人工灌溉创造的绿洲地区才有可能有农业。在尼日尔河流经的这个国家的西南地区,有短暂的雨季,但是降水是不连续的。尼日尔主要的农作物是不同类型的黍类,还有大豆和花生。绝大多数的尼日尔人在农村地区过着自给自足的生活。伴随着急剧增长的人口,甚至可获取的生态承载力最小的缓冲都很容易流失。在超过 25 年的时间里,尼日尔的生态足迹都被这个国家的生态承载力所限制。在 2004 年和 2005 年,干旱和蝗虫灾害导致了严重的农作物减产;另一次蝗虫入侵发生在 2012 年。另外,尼日尔的人口总量以每年大约 3% 的速度增长，这意味着尼日尔的人口总量不到 25 年就要翻一番。事实上，自从在 1960 年获得了独立，尼日尔的人口总量增长了 6 倍多。

由于供给（生态承载力）不能再满足需求（生态足迹），所以出现了经济上的约束，同时食物安全是一个永久性的危机，天气和害虫所导致的生态承载力的波动进一步加剧了食物安全危机。所有的这些趋势让尼日尔的发展路径处于极大的风险之中，尤其考虑到目前的趋势显示尼日尔的人口规模在本世纪末之前将要再次翻两番，从生态承载力的视角来看这是不可想象的。

鉴于非洲大陆上各个地区和国家的多样性和差异性，从整体上分析非洲大陆的生态足迹对于形势的解读不是很公平。在联合国数据集的帮助下，我们能够单独跟踪非洲 54 个国家中的绝大多数国家的资源形势，一直可以追溯到 1961 年。

从现在资源分析中获取的见解与主流的发展路径和政策存在极大的冲突。通过将国家的经济发展模式识别为它们的自然资本绩效的函数，生态足迹的视角填补了现在竞争力和可持续研究的盲区。生态足迹统计表明，资源安全，而不是经济扩张，是持续发展（包括消除贫困）的关键推动者。至少根据世界银行和国际货币基金组织（IMF）的数据，非洲国家的人均收入仍在增长（虽然增长比较慢）。鉴于此，生物物理学的视角也表明，传统的衡量方式，例如收入，已经不再能够识别出这个根本上的资源陷阱。

我们接下来将要描述生态足迹在几个非洲国家的发展状况，从而揭示那些在其他情况下被隐藏的关系。

埃及

埃及的人口规模正在接近 1 亿，这大约是 1960 年人口规模的 4 倍多。由于农业的强化，包括灌溉和化肥的使用，埃及表面上的人均生态承载力几乎保持不变，仍只有 0.45 全球公顷／人。埃及的灌溉严重地依赖于尼罗河，尼罗河为埃及提供了 97% 的淡水,还有 3% 的淡水来自国内的雨水。当然,所有的淡水都来自于雨水,只是 97% 的雨水没有降落在埃及的领土内,这再次强调了埃及的资源安全所面临的挑战。尽管如此,人均 0.45 全球公顷的生态承载力还在艰难地满足不断提升的生态足迹,埃及的人均生态足迹从 1961 年的 0.8 全球公顷增加到 2016 年的 1.8 全球公顷。埃及在 1961 年就处于严重的"生态赤字"状态。但是,自此之后,埃及的自然消耗已经从相当于 2 个埃及的生态承载力扩张到相当于 4 个埃及的生态承载力。如果我们考虑到满足埃及所需淡水的区域,埃及的自然消耗相当于生态承载力的倍数则会更多(图 12.2)。

阿尔及利亚

1961—2014 年,阿尔及利亚的人均生态足迹翻了不止一番,从 0.73 全球公顷增加至 2.4 全球公顷。阿尔及利亚的人口在此时间段翻了两番。在 2017 年,该国有 4100 万人口。然而,阿尔及利亚的人均生态承载力的演变趋势则相反,从 1961 年的 1.44 全球公顷减少至 2016 年的 0.5 全球公顷(图 12.3)。在这个过程中,阿尔及利亚变得越发依赖进口的生态承载力。最终,该国的生态承载力只相当于其生态足迹的 1/5。

肯尼亚

截止到 2018 年,肯尼亚的人口规模已经超过了 5000 万,是 1960 年人口规模的 6 倍多。肯尼亚的人均生态承载力从 1961 年的 1.8 全球公顷降低至 2016 年的 0.5 全球公顷。肯尼亚的人均生态足迹也出现了同样的减少,从 1961 年的 1.7 全球公顷减少至 2016 年的 1.0 全球公顷(图 12.4)。即使肯尼亚的人均生态足迹出现了缩减,其生态状况还是从稍微的"生态盈余"转变为现在消耗本国生态承载力的 2 倍(严重的"生态赤字")。肯尼亚的生态表现表明其已经陷入了全球足迹网络称之的"生态贫困陷阱"。有限的生态承载力和有限的购买力使得已经低的人均生态足迹水平变得更低。考虑现在的政策,几乎没有机会来逆转这个趋势。

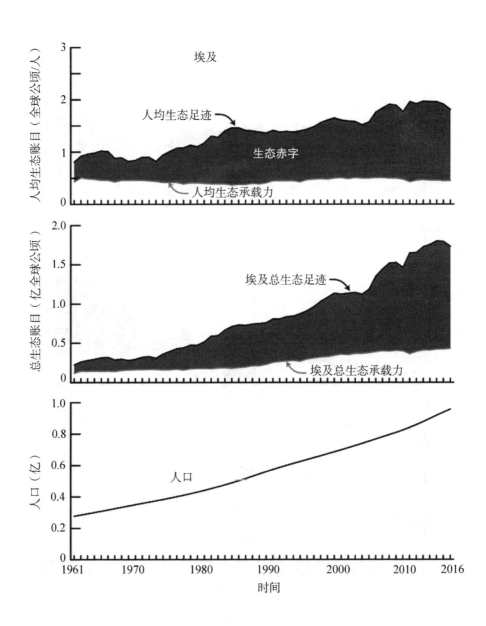

图 12.2　埃及的生态足迹与生态承载力，以人均和整个国家总量形式显示。上方的第三图显示埃及人口的历史变化 *

---

* 数据来源：国家生态足迹与生态承载力账户——原书注。

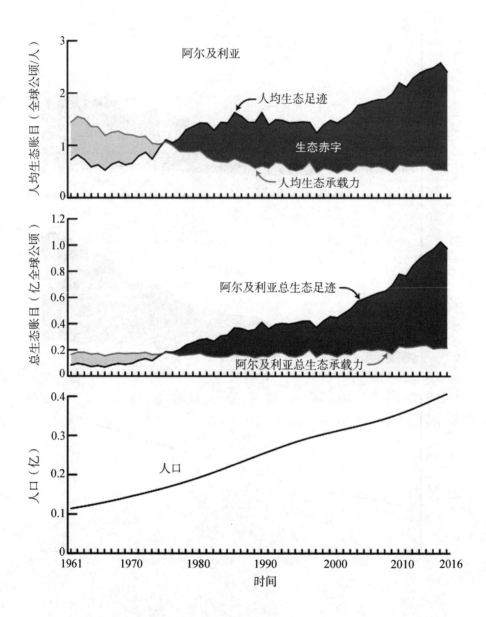

图 12.3　阿尔及利亚的生态足迹与生态承载力，以人均和整个国家总量形式显示。
上方的第三图显示阿尔及利亚人口的历史变化[*]

---

[*]　数据来源：国家生态足迹与生态承载力账户——原书注。

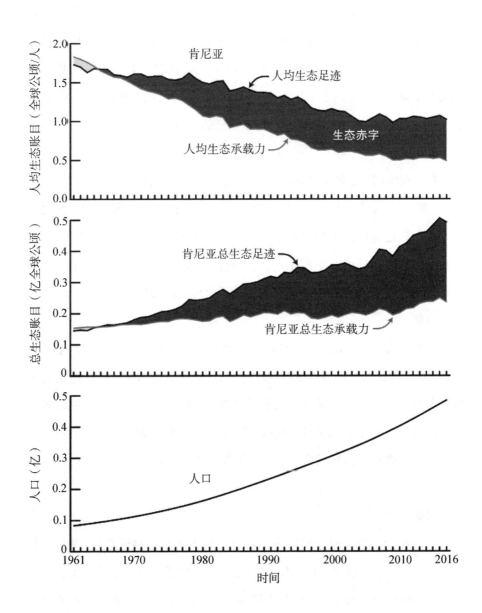

图 12.4 肯尼亚的生态足迹与生态承载力，以人均和整个国家总量形式显示。上方的第三图显示肯尼亚人口的历史变化 *

---

* 数据来源：国家生态足迹与生态承载力账户——原书注。

马里

就在写作本书的时候，马里即将进入"生态赤字"状态，人均生态足迹和生态承载力都是 1.5 全球公顷。1960—2018 年，马里的人口规模差不多翻了两番，增加到现在的 1900 万人。在同样的时间段内，马里的人均生态承载力下降了 55%，从 3.3 全球公顷降至 1.5 全球公顷（图 12.5）。在 1961 年，马里的生态承载力几乎是本国生态足迹的 3 倍。

莫桑比克

在一段时间内，莫桑比克的生态承载力差不多是其 1961 年时的 8 倍。如今，其生态承载力仍然是 1961 年时的 2 倍。1961—2016 年，莫桑比克的人均生态足迹保持了相对不变，维持在 0.8 全球公顷的低位。同时段内，莫桑比克的人口规模几乎翻了两番。因此，莫桑比克的人均生态承载力从 1961 年的超过 6.6 全球公顷减少至 2016 年的约 1.8 全球公顷（图 12.6）。

南非

南非的人均生态足迹在 1974 年和 2008 年达到峰值，分别是 4.0 全球公顷和 3.9 全球公顷。南非现在的人均生态足迹是 3.15 全球公顷，这样的人均生态足迹下降更多的是受经济挑战所驱动，而不是精明的可持续政策。南非的人均生态承载力从 3.0 全球公顷下降到 0.96 全球公顷，主要原因是南非的人口规模在此期间翻了一番多（图 12.7）。因此，南非现在的自然消耗相当于其生态承载力的 3 倍多。

坦桑尼亚

在 1961 年，坦桑尼亚的生态承载力是其生态足迹将近两倍。如今，坦桑尼亚已经处于轻微的"生态赤字"状态。最近的趋势让人非常吃惊：坦桑尼亚自 2008 年以来，在 10 年内使其耕地的生产力翻了一番。最近的上升逆转了坦桑尼亚在几年之内的人均生态足迹。但是，在 2016 年，坦桑尼亚的人均生态足迹再次下降到 1.2 全球公顷，人均生态承载力从 2.7 全球公顷下降到 1.0 全球公顷（图 12.8）。

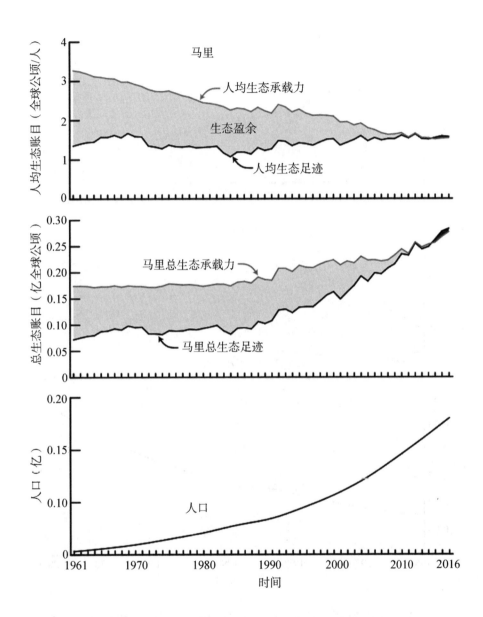

图 12.5 马里的生态足迹与生态承载力，以人均和整个国家总量形式显示。上方
的第三图显示马里人口的历史变化 *

---

* 数据来源：国家生态足迹与生态承载力账户——原书注。

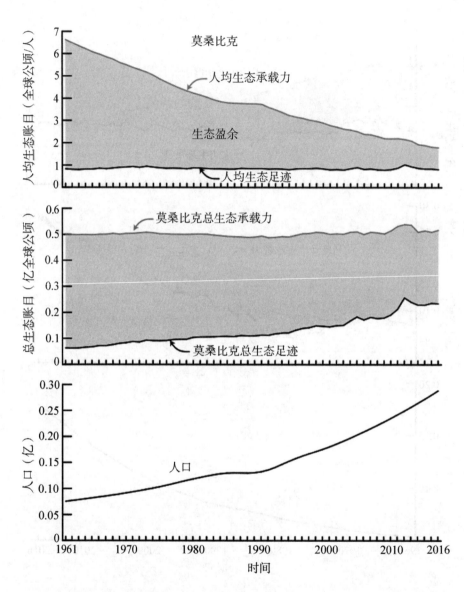

图 12.6 莫桑比克的生态足迹与生态承载力，以人均和整个国家总量形式显示。
上方的第三图显示莫桑比克人口的历史变化 *

---

* 数据来源：国家生态足迹与生态承载力账户——原书注。

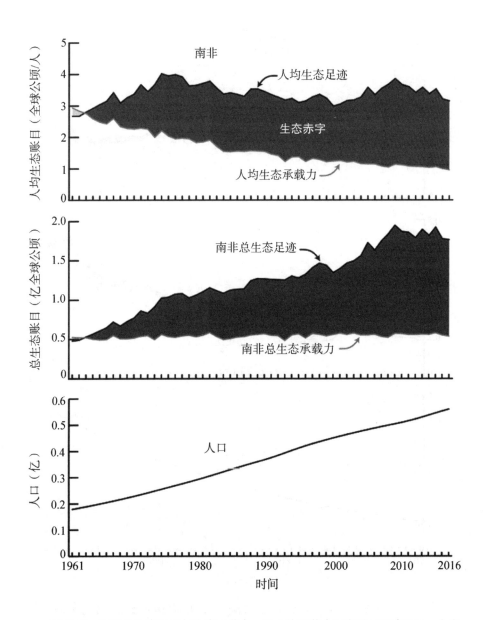

图 12.7 南非的生态足迹与生态承载力，以人均和整个国家总量形式显示。上方的第三图显示南非人口的历史变化 *

---

* 数据来源：国家生态足迹与生态承载力账户——原书注。

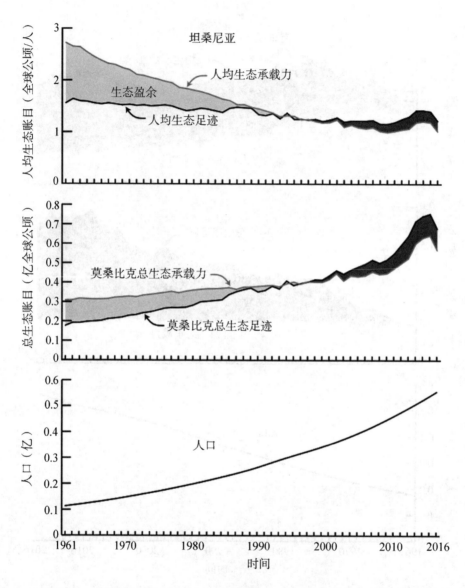

图 12.8 坦桑尼亚的生态足迹与生态承载力，以人均和整个国家总量形式显示。上方的第三图显示坦桑尼亚人口的历史变化 *

---

* 数据来源：国家生态足迹与生态承载力账户——原书注。

1961—2016 年，整个非洲的生态承载力提升了大约 34%。然而，在此期间，非洲的人口规模翻了两番还多。很多非洲国家没有足够的生态承载力来提供给其民众，也没有足够的经济资源从其他地方购买生态承载力。其他的国家，例如博茨瓦纳和加蓬，则处于有利的位置。但是，事实仍然是数百万的非洲人依赖他们本地的可再生资源（做饭的燃料或者鱼、块茎、谷物等食物）。在非洲大陆的很多国家，很大一部分劳动力在农业领域工作。另外，以农产品的形式出口生态承载力对很多非洲国家而言是重要的收入来源。因此，非洲的未来在很大程度上将取决于非洲大陆对其资源安全性的管理优劣如何。这又是一个生态足迹统计可以有所作为的地方：生态足迹让人类的需求和生态系统的更新能力之间的关系变得极为明显。

地区化的数据和这样的数据使监控成为可能，这两个因素对于非洲国家大有帮助。例如，上述两个因素能够帮助非洲大陆为不断增多的城市、大都市和非正式的定居点获取充足的资源供给。

人们离开农村社区迁移到大城市的广泛趋势在非洲方兴未艾。然而，城市居民同样也需要谷物、用作燃料的木材、鱼、水、能源，等等。如果这样的资源不可获取，那么人间悲剧就会迅速发酵。在没有其他选择的前提下，人们会想办法自己去获取本地的资源，在这个过程中，生态系统趋向于被过度开发。但是，事实是世界上的其他地方也没有"生态盈余"。按照现在的发展路径，过度开发利用已经不可避免。如果我们想要一个光明的未来，阻止过度开发利用和转变人类的发展路径正在成为根本性的必要任务。我们拥有多少生态承载力？我们的自然资源消耗是多少？在这里呢？在其他地方呢？作为人类整体呢？

非洲生态承载力的压力不仅仅来自于非洲本身。例如，高科技的国际捕鱼船队很多年来一直沿着西部和东部的非洲海岸线，从传统的渔场捕鱼，经常捕鱼直至鱼群崩溃。同时，国内的渔夫经常空船而回。非洲海岸线上很多曾经生气勃勃并且有充足鱼存量的渔场现在已经很荒凉[5]。

对于很多非洲国家来讲，另外一个真正的危险来自于非法砍伐。例如，至少在21世纪10年代早期，由于坦桑尼亚森林产业管理不善，导致该国收入的减少和森林压力的增加[6]。非法砍伐能够毁坏整个森林，继而引起土壤流失、洪水和本地气候的改变，这对于本地人口来讲都是不利的。

同时，来自高收入国家的私人和公共投资者也正在使用非洲的土地来生产食物[7]。例如，埃及在苏丹获取了几十万公顷的土地来种植小麦。利比亚在马里也进行了大规模的投资，也是种小麦。本地的农民往往从肥沃富饶的尼日尔三角洲被驱赶至缺水和土壤贫瘠的地方。考虑到利比亚和马里的政治动荡，这些行为所对应的合同也许并不能保证长期有效[8]。

所有这些大宗交易都有让很多人陷入贫困和饥饿的巨大风险。大投资者把收获都收入囊中，在当地留下很少，这样本地的压力就又增加了。投资者希望获得稳定的未来产出，但这一愿望不能得到满足，本地人对此的希望则更小。

非洲国家的未来在于他们自己生态系统的保护，例如森林的保护、土地的保护和渔场的保护，并不是非常依赖于他们的旅游产业（例如肯尼亚的旅游产业）。当航空旅行的成本上升，对五星宾馆的投资就消失了。在这一方面，像往常一样，生态足迹统计提供了双重的支持：生态足迹给我们提供现实的清单，并且通过展示前进道路的方式给我们怀有希望的理由。

蓝色风投（Blue Ventures）等组织支持的方法将海洋保护和社区发展结合起来[9]；对女性的赋权，或者说女性教育运动（Campaign for Female Education）[10]，使非洲南部的300多万女孩子进入学校，这就使得毕业生的家庭规模出现显著的减小。上述的例子都展示了我们需要做什么：将资源安全和"让所有人过上更好生活"这种机会的获取结合在一起。

第十三章

对　话

关于生态足迹

不可能的趋势

贝尔特：生态足迹是关于什么的？

马蒂斯：当我出生的时候 *，人类只消耗我们地球 3/4 的生态承载力。当我的儿子在 2001 年出生的时候，我们的自然消耗已经相当于地球自我更新量的 1.38 倍。如今我的儿子已经 18 岁了，我们的自然消耗已经是地球更新能力的 1.75 倍。一旦他到了我现在的年纪，如果联合国关于人口增长和能源消耗的保守预测成为现实的话，那么人类就要消耗地球自我更新量的 3 倍[1]。

贝尔特：这听起来很疯狂……

（插图作者：泰斯特马勒）

---

*　1962 年。

马蒂斯：按照自然法则，这基本上是不可能的。但是，这些只是趋势和希望。几乎没有聚焦经济的组织针对这些路径询问严肃的问题。更多的努力仍然用来设计扩张我们经济的路径。甚至绝大多数的气候方案都假设大规模的经济扩张，与此同时神奇地减少温室气体排放。国家、城市和公司很显然都不能想象任何经济增长的替代路径，它们开发的计划都正好使其处在更加大规模的生态过冲的方向上。也许解决这个难题的一个更加富有成效的道路是询问：在一个生态严重受限的世界，我们的投资还能保持它们的价值吗？

有一些能，但是还有一些不能。在这些趋势面前，无知将只会带来糟糕的经济意外。

但是，如果我们准备得好，事情并非必定如此。如果我们真的愿意勇敢面对物质性的客观事实，那么我们就能为自己创造一个非常美好的未来。

贝尔特：如今大约 77 亿的全球人口规模预期将在本世纪中期增长到 90 亿~100 亿[2]。新兴的工业化国家，例如中国、印度和巴西，在经济层面正在赶上来。但是，生态足迹的计算表明：在地球这个宇宙飞船上，如今全体船员的自然消耗量已经超过了地球的自我更新量。这听起来并不令人感到鼓舞。

在自然的预算之内繁荣发展

马蒂斯：我发现可持续的谈话夹杂着希望和绝望，而非毫无成效。如果我们乞求希望，那就暗示我们的境遇是没有希望的，因此就会将讨论引入宗教语境。作为一名工程师，我喜欢实际地看待事物。当工程师们计算一个大桥的强度的时候，不会有人询问工程师关于希望和绝望的问题。计算生态承载力的强度与之相近，这就是为什么全球足迹网络追求一种务实方法。我不相信人类会想自杀。人类想要活着，并且想好好地活着。人类也不想破产，无论是生态破产还是经济破产。我坚信，人类是有可能在自然的预算之内繁荣发展的。从技术层面讲，这完全是有可能的，有足够的解决方案。但是，我们还远远没有沿着一条真正可持续的道路前进。如果我们想要可持续地生活，我们就不得不从根本上改变我们的经济模式。例如，将权势从金融资本转向自然资本，增加对资源消耗和废弃物产生的征税，提倡能让我们和一个地球兼容的创新。底线是非常清晰的："一切照旧"正在演变成为一个不仅昂贵而且粗鲁的破坏性的提议。

贝尔特：但是，我们应该如何创造改变呢？

我们需要正确的信息

马蒂斯：否认问题和把我们的头埋在沙子里让所有的事情变得更加困难，也让我们更加接近深渊。正确的回应是用现实主义的眼光观察和用务实主义的态度行动。这正是为什么我把如此多的注意力放在对我们所处情境的认真观察和努力尽可能清晰地描述我们所处的情境。对于我来讲，这也正是生态统计重要的原因。生态统计是可靠的，让我们先知先觉。盲目等待，直到破产之后才改变航向，这些都没有任何意义。我们有预料和提前准备的能力。同时，我们也知道自身的物理系统转向是非常缓慢的，就像超大型油轮一样。我们需要尽可能早地获取实事求是的信息。为了避免生态破产，我们现在有能力应用生态账户的资产负债表来判定我们需要避免哪些生态支出，增加哪些生态收入。

贝尔特：从生态足迹的统计中我们可以得出结论：用纯粹的数学术语来说，地球上的每个人现在拥有 1.6 全球公顷的生态承载力。对于生活在高收入国家（例如加拿大、美国和瑞士）的居民来讲，这个数字听起来像一个不合理的要求。当前，他们所要求的生态足迹要多得多。

日常的疯狂

马蒂斯：我正在经历两种截然不同的对这个世界的体验。在富裕地区（例如旧金山、香港和汉堡）的人过着极其富足的物质生活：精美的食物、温水游泳池、世界各地的航空旅行等。我本人也是这样的群体的一员。可以说，我们之前的生活从来没有像今天一样美好。

　　与此同时，我们知道，如果世界上的每一个人都像我和这些富裕地区的人一样生活，那么我们就需要 3~6 个地球来满足我们的自然消耗需求。这个上限同样适用于我。因为我的工作旅行，我一直处于（如果没有超过的话）"6 个地球"区域，即使我骑自行车去上班。我也意识到，绝大多数人都想要拥有绝大多数旧金山和汉堡市民所拥有的生活。在中国、印度和巴西，数以亿计的人已经做好准备效仿这样的生活。这个趋势几乎不可逆转。伴随着不断增长的资源需求这股急流，我们正在不可避免地吞食我们的未来。从另一个视角说，我们命中注定，在劫难逃。

　　令人惊奇的是，这两种观点并不代表两种不同的阵营，就像共和党和民主党一样。反而，在世界上的工业化地区的很多有影响力的人都同时持有这两种观点，当然也包括我。我们生活在混乱之中，缺少完整性，没有一个我们真正相信的愿景，这些都最终导致否定。只有像通贝里（Greta Thunberg）那样的孤僻孩子能够看透一切，并且能清晰地表达出来[3]。

　　贝尔特：换句话说，我们的世界将要走向毁灭，但是我的家庭和我将莫名其妙地渡过难关。美国前副总统戈尔（Al Gore）* 曾经提到"不便直面的真相"**。但是，这个"不便直面的真相"不也是生态足迹的一部分吗？

　　在每一个地方，我们所有人正在一起让自己走向失败

　　马蒂斯：当然会有一些不方便的地方。但是，忽视这个问题将会使我们变得更加不方便。我担心如果把我们面临的挑战界定为碳排放问题，那么讨论就会过多地聚焦于这个"公地悲剧"。绝大多数人已经意识到，减少碳排放对人类大有裨益，但是他们自己的碳排放可以让他们很容易获取个人舒适和激动人心的生活所需的能源。这就使得对于那些减少碳排放的人

---

* Al 是 Albert 的昵称。

** 直译 inconvenient truth。戈尔曾出版发行题名"An inconvenient truth"的书籍与纪录片，其中译名有多种，最常见的是《难以忽视的真相》。该译名与本书语境不符，故采用直译。

来讲,碳排放减少给他们只能带来很少的直接受益。反之,当我们都意识到挑战根植于地球生态承载力的限制,人和自然互动的方式就会发生改变。已经变得很明显的是,解决这个生态"挤压"问题符合国家和城市的自我利益。任何没有做好准备的人都将面临资源不安全的问题。无所作为只会弄巧成拙,成为一种安全风险。

贝尔特: 所以说你正在"翻转"这个故事,从不方便 * 讲到自我利益?

马蒂斯: 是的,正是如此。我们的国家、城市和公司对自身利益的判断有误。是的,我们当前的气候争论并没有清晰地说明,为一个合理预测的未来做好准备符合我们最为直接的利益。如果你没做好准备,你就是真的没做好准备。对于即将到来的暴风雨,为什么你会对一艘没做好准备的船感到满意呢? 在我们的一生中,如果你我看不到这场暴风雨的一大部分,那我会感到非常吃惊。良好的生态统计有助于我们更加清晰地了解那些可能性。生态统计告诉我们,可持续性正在成为一种经济上的必要条件。

贝尔特: 自我利益和生态统计有什么样的关系呢?

马蒂斯: 在"钱"的语境中,我们可以更加容易地理解生态足迹统计的论点。如果我们没有实事求是地制定预算,那么运营一个企业或者我们的生活就会困难得多。如果账户没有让我们十分清晰明了,我们就会措手不及,我们的资金也会一团糟。同样的逻辑适用于我们的资源状况。国家的生态银行账单(即我们覆盖过去50多年的"国家生态足迹和生态承载力账户")显示我们对于资源的平均需求一直在增加,而世界的人均生态承载力一直在下降。这些趋势对于几乎每个国家来讲都是一样的。事实上,这种趋势是如此普遍,导致我们都假定该状况是正常的。然而,这一切其实并不正常。我们正在跑步撞向一面砖墙,而且是所有人一起撞。现在世界上与该趋势不同调的地方用不到一整只手就能数完。这实在太少了,根本不足

---

* 此处的"不方便"指与"inconvenient truth"相关的"inconvenience"。

以拯救我们。这与泰坦尼克号的故事出奇地相似：当我们开足马力进入前方的冰山区时，真实情况是能使我们保持自信的救生艇实在太少了。与此同时，我们也已将自己置于风险之中。这并不是因为一切皆已不可避免，而是因为我们拒绝共同意识到这一点——人类是生活于存在物理限制的地球上的物理性存在。

我现在已经 56 岁多了。我的整个优越人生一**直**伴随着、充满着一如既往的舒适：自从我出生以来，我居住的房子就有电、自来水、取暖设备和冰箱。然而，这里说的"一直"是一种错觉，因为 56 年在历史长河中只是一段很短的时间。因此，现在的状况绝非正常。这就是为什么我常说，时常看看自然的银行账单不是一件坏事。我们是有盈余还是有亏损呢？我们正在向哪个方向前进呢？

贝尔特：如果说生态足迹辨认出我们的生态限制，那么生态足迹是否开始看起来好似是正在告诉人们应该如何生活呢？例如，人们是不是不应该乘飞机旅行呢？或者说最起码不要太频繁地乘飞机旅行呢？

马蒂斯：生态足迹统计帮助人们更好地理解我们的生态状况和生态状况对于他们国家和城市的潜在影响。越过极限会带来后果，这一点我们在生活的其他部分已经很好地接受理解了。我们有多少钱？我们能够负担起一个多大的房子或者农场？我们在一天中有多少时间？在宾馆中我能待多长时间？我能吃多少食物？在水下我能待多长时间？也许我们能接受那些极限，因为我们在日常生活中能够更加直接地感受和体验它们。我们天天和这些极限为伴，从来不反对。一些极限甚至正在释放和表现出来。在一个没有栅栏的院落里，孩子们都更加害怕，都会在更接近房子的地方玩耍。但是，在一个栅栏围起来的院落里，孩子们在整个院子尽情玩耍。极限给了我们安全感、清晰度和层次性。生态极限只是现实世界的真实描述，并不是人们发明和强加于他人的事物。

描述，而不要道德说教

贝尔特： 生态足迹模型在什么时候沟通得很好，什么时候不能很好地沟通？

马蒂斯： 我认为最大的挑战是：如何就挑战人类自我形象的观察结果进行最好地沟通？环境运动的一大错误就是它的道德说教立场，或者说甚至是正在道德说教的立场。也许你是正确的，但是你会交不到朋友。

贝尔特： 那时你会摇起手指 *。

马蒂斯： 说出 "这个世界没有你的话会更好。因为你已经在这个世界存活，那么就将你的消费量减半" 这样的话，是很有 "吸引力" 的。这正是很多人所听到的话，但是很少有人会因为这样的话深受启发。很多人也许只会安静地想：如果是这样，我最好还是置之不理，确保我的优越生活就行……为了诚心邀请大家参与，我们需要提供一个不同的建议和立场，传达出我们想要每一个人都成为这个 "冒险活动" 的一部分的想法。我们需要诚实地承认，我们正在面临一个很大的问题。但是，与此同时，人们也需要听到他们在主观上和客观上都被需要的声音，他们需要知道他们的创造力和参与热情被真正地在意和珍视。

贝尔特： 你如何邀请大家参与？

马蒂斯： 这是一个很关键的问题，我对此仍然没有一个非常令人满意的答案。但是至少我知道，我必须跟邀请朋友参加生日派对一样热情而诚恳。我真的很想让人来，来这里尽情地欢乐。在全球足迹网络，我们试图通过 "建设可靠的查询网络"、一起做研究并合作寻找建设性机会这些方式发出邀请。在生态足迹发展的早期，我们犯过一些大错误。例如，我们在网站上有专门的按钮，规劝人们 "减少你的生态足迹"。当人们看到这些抗议性的按钮，我确定很多人会暗自思忖："你自己先走几步，做给我们看。" 我

---

* 摇手指（wag finger）指对某观点或事物表示不以为然的态度。

曾经在智利开过一场讲座，讲座后一个机敏的学生问道："我是不是应该减少我的生态足迹，这样你和你的同胞就能吃掉更多你们瑞士那儿著名的巧克力？"那一刻太精彩了，让我至今不能忘怀，它让我意识到我自己沟通内容和方式的严重局限性。这对于他人有什么好处呢？很显然，我们没有找到很好的理由。这名学生的诚实和深刻问题让我的智利之旅受益匪浅。

贝尔特：是的，她显然使你在心里对自己摇起了手指……

马蒂斯：确实。我们的另一个错误是将全球的**人均**生态承载力称为"我们公平的地球份额"（our fair earth share）。自以为是的道德说教者喜欢这个称呼。但是，我们试图说服的那些持怀疑态度者回应道："你是谁？凭什么来决定什么是公平的和什么是不公平的？"他们是完全正确的，"什么是公平的"必须由大家一起来决定，而不是由我强加于别人。简单地描述是什么则会好很多。例如，在 2019 年，世界人均拥有 1.6 全球公顷的有生物生产力的区域。这是一个可以观察到的统计平均值。这只是一项事实。我们必须要描述是什么，不掺杂任何价值判断。这也是为什么我们把"国家生态足迹和生态承载力账户"与全球足迹网络分离开来，前者是客观描述，后者是主张和提倡。"国家生态足迹和生态承载力账户"需要一个分布式的独立实体。

贝尔特：你是不是还在不断进行主观判断？

马蒂斯：是的，我是人，我有我自己的观点。但是，我正在努力不要将"描述"和"解读"混在一起。我是这样展现和表述的：这里是事实，然后这里是我就事实为什么相关发表的观点。提倡或者主张一个在地球的承载能力以内繁荣发展的世界是一个特定的选择，或者你甚至可以说是一个判断。这个潜在的愿景是全球足迹网络的 DNA，也是我所想要的。我的目标是找到更多同样认同这个愿景的人和也意识到我们的决策必须要与我们的愿景一致的人。为了实现这个目标，至关重要的是真正保持我们的沟通富有成效，且充满参与性。生态足迹的沟通应该让人都想要参与其中。只会评判他人或者整日让他们感到前景黯淡，而不是提供如何避免那些风险的一种可能性意识，是令人厌恶的行为。我也需要放下我的傲慢，需要心甘情愿地真诚地听取他人的观点和意见。这是我的志向之一，我仍然是一名学生。即使我们在官方层面禁止任何告诉人们应该做什么的语言，私底下却仍然在思考人们应该遵循什么样的规范，那样的话人们肯定会读懂我们字里行间的含义。如果我说"我们必须大幅度减少我们的能源消耗"，人们听到后会理解为"他说的真正意思是能源越多，我们的生活就会越容易、越舒适"。

贝尔特：所以说你还是没有解决正义和公平分配的问题？

马蒂斯：很自然，公平正义的问题会即刻突然出现。如果公平正义的问题由我们的读者提出来，那么就会有效得多。对于我来讲，正义和公平是巨大的动力，但是把动力和战略混淆起来也是一种常识性错误。问题的关键不是告诉他人如何减少他们的生态足迹，而是给予他们成功所需的工具，帮助他们意识到如果他们跟一个地球更加兼容，则会更加容易取得成功。

贝尔特：让我们谈论你工作中的一个重要概念，即生态"过冲"，或者说砍伐的树木比再生的量更多，捕捉的鱼比鱼群长期能够再生的量更多等情况。我们应该如何应对生态过冲呢？

生态过冲的感觉是什么样的？

马蒂斯：世界上有钱或者有影响力的人几乎没有直接地体验生态过冲。金钱掩盖了裂缝。人们可能不去海地度假的原因就是海地不再是一个令人愉悦的地方。直言不讳地说，有钱人体验国内生产总值（尽管很抽象）要比体验生态过冲直接得多。如果经济形势很好，高收入人群就会有更强的购买力以及与之相伴的更多机会。一切事情都会变得更加容易，从找到一份新工作，到满足一个人的贷款愿望。一个人住所的价值也会同步上升。这些是较高的国内生产总值给高收入人群带来的立竿见影的影响。只要生态过冲所带来的资源限制收紧的速度慢于城市精英人士购买力增强的速度，城市的精英阶层就不会注意资源限制。即使经济形势变得动荡不安和国内生产总值出现缩减,高收入人群将仍然几乎意识不到生态过冲的信号(也可能出现些小小的例外,比如最近发生在圣保罗和开普敦的水危机,有钱人也受到了影响)。当危机来临的时候,很多人会要求政府进一步提振消费,因为热闹的派对不能停下,必须接着奏乐接着舞。

贝尔特: 是的。但是,有些政府也会出台紧缩的措施和政策,这是解决方案吗?

马蒂斯: 很难说是。对我来讲,政府应对经济危机时只考虑两个选项(刺激和紧缩),这本身就是问题的表现。政府的应对强调了社会的聚焦点在收入上,而并未考虑社会财富。关于这里提到的"社会财富",我并不是指钱的总和,而是指生产长期收入的能力。这类能力包括技能、健康和信任,当然还有资源安全。因此,真正的问题应该是:我们花钱的方式是在积累社会财富而不是在侵蚀社会财富吗?对这个问题的回答应该决定我们如何支配共同的经济资源。但是,在危机期间,很少有人能鼓起勇气去亲自一探"野兽之腹"(the belly of the beast)*,同时询问是什么在真正地驱动这场危机,以及我们需要做哪些不同的有用之事。

贝尔特: 他们会在"野兽之腹"里看到什么呢?

马蒂斯: 唉,在一个有限的世界,我们不能通过持续增加消费的方式来长期地稳定经济,尤其是如果我们已经处于生态过冲状态的情况下。只要我们的生活还是建立在自然资本耗竭的基础上(就像我们现在的经济实践一样),我们就逐渐破坏了地球上的每一个人和每一个事物的长期安全性。我们通过透支未来的方式来支付现在,这就符合"庞氏骗局"(Ponzi scheme)真正的定义了。"庞氏骗局"的其他形式都已经被取缔,但是我们似乎忽略甚至鼓励生态形式的"庞氏骗局"。

贝尔特: 是不是我们对于金钱的聚焦蒙蔽了我们的双眼,让我们不能

---

* 相当于汉语中说"不入虎穴,焉得虎子"。

识别生态形式的"庞氏骗局"？

马蒂斯： 很可能正是如此。我们要记住，钱本身并没有真正的价值，它只是允许我们接近和使用真正财富的一个符号。让我们再稍微进一步分析一下社会财富，即允许我们生产真正可持续收入的资产。真正财富的核心是人力资本（技能、劳动、健康、知识等）、自然资本，尤其是生物资本（资源、废弃物吸收等）和实物资本（房子、工厂、铁路线等）。我们人力资本的数量在不断上升，而我们自然资本的数量却在不断下降。各种各样资本的作用发挥都取决于我们是否拥有足够的自然资本。因此，我们不能再耗竭自然资本，反而应该投资自然资本，因为自然资本将会变得越发稀缺，因此也将变得日益重要。这也同时意味着，投资那些价值不依赖于自然资本耗竭的实物资本是很好的选择，例如投资更多的零能耗建筑，少投资大型的喷气式飞机。在一个生态过冲的世界，我们应该更加明智地区分能够保持自身价值的投资和价值不断减少的投资。一个好的经济学家应该仔细地关注我们自然资本的状态。

贝尔特： 为此，我们有了生态足迹。生态足迹甚至给了我们可以打交道的数字，例如全球在 2019 年 * 的自然消耗占地球生态承载力的 75%。

马蒂斯： 是的，我们需要这样的数字来帮助决策者理解自然世界的状态和趋势。我非常确定宇航员很想对宇宙飞船内的生命支持系统进行监控。特别是如果全体船员让宇宙飞船的生命支持系统超载，同时如果眼前没有其他宇宙飞船可以进行救援，这个时候一旦生命支持系统耗尽就会非常危险，所以对生命支持系统的监控很有必要。顺便说一下，这也是我们当前在地球上的境况……

贝尔特： 你的数字是如何影响你刚才描述的方案的呢？

马蒂斯： 全球的数字给了个人重要的背景，但是对于行动却只有很少

---

* 作者写作此书时，2019 年还未结束，此数字是一个假设数字。

的指导价值。为了行动，人们也需要更加详细的细节。数字也必须与人们的担心所相关。这就是为什么我们也把生态足迹账户的结果拆分为国家、城市、个人和产品的生态足迹账户。例如，对于国家、城市和个人，我们能够把生态足迹总量按比例分摊到具体的活动领域，例如出行和食物。这些领域可以进一步细分，比如食物可以细分到数据允许的很多亚类。为了识别出自然消耗较大的消费活动和项目，这样详细的数字是必要的。同样，不同的活动领域需要不同类型的政策。更加具体的数字有助于设计战略和监控结果。

贝尔特： 为什么人们对此会有兴趣？

马蒂斯： 很大一部分人将第一时间直接体验到生态过冲带来的影响。因此，能够追踪这些动态对地球上绝大部分人来讲似乎尤其具有直接的相关性。人类中的绝大部分人生活在有较少生态承载力的低收入地区。例如，在肯尼亚和孟加拉国，生态过冲已经转化为干旱、食物短缺、失业和最终的社会冲突。印度的低收入农民不能够简单地扩张他们的农场来生产更多的食物。农业投入和科技都很昂贵，水也经常是稀缺的。因此，在很多低收入区域，农业生产力的增长速度并没有人口规模的增长速度快。如果这些趋势得不到逆转，形势和处境将会持续变得更加令人沮丧。

对于很多人来讲，只有当我们撞到"墙"的时候才会感受到极限是真实的。但是，事实上有很多早期的警示信号。当我们注意到这些信号，就能让我们避免火车失事。生态过冲，就像金融透支一样，就是这样的一个警示信号。然而，生态过冲还不是最后的"墙"。现在我们有机会来纠正自身的路径，不然就得面对令人不快的后果。例如，一片森林能够在长时间内被过度开采，但是不能超过某一个点。水位缓慢但又稳步地下降。相对于森林和水供应，渔场崩溃的速度更快，这种情况已经反复发生。高收入人群只有当他们生活在高度依赖渔业的沿海地区（例如纽芬兰岛）才会体验到这样的崩溃。从超市获取日常用品的城市居民将仍然在冰箱中能够找到足够的鱼。

甚至当他们吃到新品种的鱼时，也许会为感受到异国情调而高兴。对于他们来讲，一切都是丰富的，此乃天经地义。

贝尔特：相当有悖常理。

马蒂斯：最后的渔船将把他们满船的鱼交付给那些购买力最强的人。随着高收入和低收入人群的差距在进一步扩大，社会的反应能力进一步被弱化。原因是有影响力的决策者（通常位于高收入人群中）远离了生态过冲的现实。这意味着我们的系统缺少必要的反馈。如果那些掌控社会发展的人士变得更加远离物质性的客观现实，那么发展道路的修正就会更加不可能。从整体上讲，很多有影响力的城市居民的体验仍然是一种扩张。在出现经济危机的时候，他们只是抱怨没有足够的扩张，要求一揽子的刺激方案或者放宽管制来振兴经济。

贝尔特：这听起来很糟糕。如此说来，似乎只有当事情已经变得很严峻的时候，生态过冲才会变得容易被感知。例如，当一个存量崩溃的时候，或者当人们已经被推到墙角，也许已经没有经济手段来应对的时候。

病因和症状

马蒂斯：人们也许期待紧缩或者崩溃能够快一些，在几天或者几周之内发生并结束。金融系统能够产生这样快速的冲击甚至终止，无论是"庞氏骗局"式的崩溃、破产、证券市场的收缩还是货币贬值。起作用的资源因素也许对于绝大多数的人来讲都不明显，特别是当环境侵蚀是一个缓慢过程的时候。环境的瓶颈所带来的社会影响最终会变得更加明显：例如，就像突发事件引起金融震动一样，或者减少的机会扩大了社会冲突。如果你每天听新闻故事，你不会了解到曾有人死于生态过冲。他们反而被描述为死于生态过冲的症状：经济崩溃、贫穷、战争、流行病、自然灾害等等。问题是，在主流社会中，是否将有足够多的人意识到这一切背后的根本原因和动力？或者，我们还将继续为各种症状感到吃惊吗？

贝尔特：生态过冲是一个十分抽象的概念。

减少复杂性

马蒂斯： 在某种程度上是的。但是，生态足迹统计的强大力量在于其把所有事情都简化到一个公分母的能力。生态足迹正在将物质性现实带回社会科学领域。

贝尔特： 在过去，做出决策相对容易：我们修建一条道路，很快就直接修完了。如今我们必须要考虑生物多样性、水位、腐蚀、食物价格、二氧化碳等。所有因素相互连接会怎么样？

马蒂斯： 生态过冲描绘了一幅大图景，它提供了将所有这些方面交织在一起的内容。如果有的国家能够理解和管理在一个地球的情景下运转的现实，那么这些国家将处于一个很好的位置来应对 21 世纪的挑战。然而，那些更愿意生活在幻想泡沫中的人还将会在持续的战斗中持续被碾压。这应该也会引起经济学家的兴趣，因为不断增长的自然资本限制将会减少经济机会，很有可能还会引起滞涨，肯定会把我们推进恶性的经济下滑周期。从经济层面讲，生态过冲转化为日益昂贵的日常必需品，例如能源和食物，而很多传统的实物资本投资（例如房子和其他工业厂房、机场等消耗资源的对象）的价值则会大幅度下降。在生态过冲的前提下继续"增长"就像从两端燃烧一根蜡烛，这将会破坏很多市场的稳定。到那个时候，资源的成本固然会再次下降，但同样下降的还有人们的购买力。

目标来自于什么地方？

贝尔特： 应用生态足迹账户，我们就有了识别和追踪生态过冲的衡量工具。但这并没有告诉我们该如何应对。根据全球足迹网络的说法，需要做什么来结束生态过冲？

马蒂斯： 在全球足迹网络，我们有意识地让大家聚焦于一个关键性问题，即我们使用了多少生态承载力，然后我们拥有多少生态承载力。我们集中精力让答案尽可能地精确，让我们的调查尽可能地相关，在我们创造力允许的范围内让我们对于结果的解读尽可能地赋予他人力量。这都是旨在为帮助人类实现摆脱生态过冲或者有意地结束生态过冲的目标服务，而不是坐等不可避免的灾害发生。这是我们工作的基础。我们把生态过冲看作是人类在本世纪所面临的一切艰难困苦的"母亲"。我们的主流社会极大地低估了生态过冲的重要性。生态过冲所将影响的人数、生态过冲所发生的可能性和生态过冲影响的规模都使得其成为人类所面临的最大的风险。好消息是这个困境可以建设性地解决。生态过冲并不像一个不可避免的即将撞向地球的小行星。我们理解生态过冲这种现象，我们能够衡量生态过冲，我们可以为应对生态过冲做些有用的事情。

贝尔特：我们现在应该做些什么呢？

马蒂斯：因为在集体层面，我们还远远未曾想要应对生态过冲，所以全球足迹网络致力于在两个方向上努力，从而让决策能够反映生态过冲的内容。第一个努力方向是通过一个独立的组织迅速地提供中立的、可信的和稳健的账户。第二个努力方向是增强与生态过冲相关议题的有意义的互动。我们的贡献在于让结束生态过冲在公共政策议程中更加突出和显著。例如，就"地球过冲日"，我们现在每年在 100 多个国家能得到超过 30 多亿的媒体印象。这个数字是指在媒体平台上有途径接触生态过冲信息的人数[4]。他们也许不一定都看这些信息，但是他们有途径能看。媒体印象距离将洞察转变为行动还差得远。为了实现这个需要的转型，创造这个挑战的语言和清晰度仍然是一个必要的元素。

贝尔特：那么之后呢？

马蒂斯：当然，相对于我们作为一个组织所能提供的，这个世界需要更多来摆脱生态过冲。清楚地知晓一个被广泛接受和珍爱的与一个地球兼容的生活愿景是什么样子是走出生态过冲的必要条件。展现走出生态过冲方式的具体演示例子也是必要条件。我们发展理论的转变也是必要的，我们需要的发展理论要与一个地球的情境兼容。我们的贡献是通过"地球过冲日"，描绘"推迟地球过冲日"的路径。如果我们在未来每年推迟"地球过冲日"4~5 天,人类就会在 2050 年之前回到一个地球的承载能力以内。减少一半二氧化碳排放会让我们推迟"地球过冲日"89 天,这似乎可行性颇高[5]。

贝尔特:你建议我们如何达到目的?

马蒂斯:用意志力。我喜欢令人怀念的《小王子》作者圣 – 埃克苏佩里(Antoine de Saint-Exupéry)的名言:"如果你想要修建一条船,不要鼓动人一起来收集木头,也不要给他们分配任务和工作。相反,你要教给他们渴望和向往无边无际的大海。"我相信这能将我们送达目的地,也是需要做的事情。如果决策者来问我们如何减少他们的"生态赤字",我们能够给他们提供很多参考文献、报告和案例。但是前提是决策者必须想要它们。然而,我们相信,如果他们没有稳健和可靠的衡量工具,他们就不能取得很大的进步。因此,我们首要的工作是发展和推广一个良好运转的、科学的和简单明了的工具,来量化地描述生态过冲。在我们看来,拥有一个可靠的资源统计系统是实现我们首要目标(结束生态过冲)的一个必要条件。我们希望,生态足迹这个工具以及我们给出的减少"生态赤字"的理由,将帮助国家政府、城市政府和投资者意识到接受一个地球的情境符合他们自己的利益。我希望这将能够催化必要的改变。老实说,我们的目标暗含一个规范和做了一个价值判断,即全球没有生态"过冲"的话,我们的生活会更好。我们想要做更多的互动和参与,而不只是"地球过冲日"运动。"地球过冲日"运动只是我们"参与度漏斗"的入门级别。

尝试任何潜在的解决方案

贝尔特:你对"公平飞行"(fair fly)有什么看法?"公平飞行"是指人们支付一定的金额来补偿他们的航空旅行,这个金额可以用作再次培育森林等生态用途[6]。可以说,这是一种中和 * 某人航空里程的方式。然而,这是不是一种售卖"赦免"的形式呢?

---

* "中和"(neutralizing)指"碳中和"概念。

马蒂斯：人类处在一个非常紧要的关头，我们不得不尝试能够想出来的所有方案来减少我们的资源依赖。截止到目前，自然提供的从大气中移除二氧化碳的服务没有任何成本。"公平飞行"的建议至少是一个自愿市场的开端。但是，这些"赦免"的价格太低了，市场也太小了。一个运转良好的市场会生成更多的钱来使自然资本再生。另外，人们购买力中用来支付这些补偿的量就不能再消费在其他地方。同样，如果这个价格足够高，我就会少飞一些，其他很多人也将如此。因此我们应该尝试诸如"公平飞行"这样的新方案，从而发现什么可行，什么不可行。如果没有别的好处，补偿支付至少也能创造新的经济机会。如果我们严肃地对待现在的境况，就不得不在更大的范围内引进这样的新方案。仅仅靠自愿的节制消费是不够的，呼吁新的补偿支付是有成本的，例如"公平飞行"式的"赦免"或"赎罪"。在这个过程中，也许会首先引发犬儒主义态度。一旦这种态度成为少做或者不做的借口，情况就会变得危险。无所作为如今已经产生了严重的后果。将我们的集体性不作为称为针对人类的犯罪真的是一种夸张吗？

谁将会得到鱼？

贝尔特： 要注意了，现在你将要开始道德说教了……让我们从一个不同的视角再看一下生态过冲。地球需要多少未遭破坏的自然和生物多样性？

马蒂斯： 1987 年的布伦特兰报告（Brundtland Report），即《我们共同的未来》，曾建议预留出世界上 12% 的土地作为自然保护区，这个数字带有一定的政治动机[7]。如今，在全球层面，在自然维持和景观保护两方面我们确实位于这个范围。不幸的是，很多自然保护区是微不足道的，只代表了世界生态承载力的很小一部分。为了维持我们生态多样性的一定部分，生物学家已经评估了我们需要多少生态承载力。如果我们集中关注多样性最高的热点区域，我们就能在非常有限的区域内维持很多生物多样性。不幸的是，很多热点区域，或者最有价值的地区，已经被人类深度使用了。这就是为什么热点以外的区域也需要被用作有意义的生态系统和物种保护。威尔逊教授在 2003 年总结了他的梦想，宣称将地球的一半区域设为保护区，作为我们生物多样性的最重要的继承和投资区域。最开始，这个想法还只是他的著作《生命的未来》（*The Future of Life*）中的一个脚注。在 2016 年，威尔逊教授在以此观点为书名的专著《半个地球》中进一步强化了这个思想。威尔逊教授还创办了一个新的组织，即"半个地球工程"（Half-Earth Project）。另外还有一个保护组织的联盟，即"自然需要一半地球"（Nature Needs Half），也追求同样的目标[8]。令人难过的是，人类还没有听从这个建议。当解释生物多样性减少的时候，有人用铆钉脱落的飞机作为类比。在解体前，飞机还能飞多远？自然要比飞机顽强得多。因此，即使我们正在失去非常多的铆钉，我们也不会收到足够的反馈。

贝尔特：那么接下来会发生什么呢？

马蒂斯：在一个非常贫瘠的生态系统中，尽管地球的生物多样性将会很难得到维持，但是人类却很可能存活下来，这正是因为自然是如此的顽强。例如，只需要看看荷兰，这个国家拥有的完全是人造的景观。然而，荷兰依然在照常运转，这当然也要感谢大量的进口来满足他们自己和所饲养猪的食物需求。就像平克（Steven

（插图作者：泰斯特马勒）

Pinker)所指出的那样,这里的悖论在于很多可测结果显示人类体验确实看起来正在变得越来越好[9]。对此我只指出一点,我们同时也在大规模耗竭人类自身赖以生存的生命支持系统,这就是平克极大低估的一项基本威胁。等到我们体验到反馈,并且被生态承载力短缺所直接威胁的时候,我们的世界将会变得非常荒凉。如果真的到了那一刻,我们也将接受它,就像今天我们接受枯竭的流域、地中海盆地中被侵蚀的大面积区域和日益减少的珊瑚礁。在乡村地区,甲虫和漂亮的鸟正在不断减少,灵长类动物在不断减少,朝天犀牛也许也在不断减少,而人类还在持续全神贯注地扩张自己的事业。问题是:谁将得到最后那条鱼?是海狮,还是人类?海狮和人类不可能都得到最后一条鱼。人类是地球上适应性最强的物种之一,能够在所有的气候带生存。当然人类不会是最早走向灭绝,最起码作为一个物种不会。但是,这并不意味着我们能够保持现在的人口规模。

贝尔特: 从本质上讲,生态足迹是一个指标,有优点,也有缺点。另一个指标即国内生产总值也有缺点,例如国内生产总值将每一个汽车事故都视为将要有助于经济增长的事件。

马蒂斯: 清晰地了解一个指标所能回答的问题是至关重要的。当一个指标被视为回答一个不同的问题的时候,麻烦就来了。国内生产总值(GDP)回答了一年中一个国家的经济增加了多少货币价值,这是我们所能看到的。GDP 对这个问题回答得非常好。对于 GDP 来讲,一个更加合适的名字应该是国内市场交易总值。但是,不管它的名字是什么,应用 GDP 作为衡量进步指标的话就会产生误导。GDP 会产生误导是因为 GDP 不能够跟踪进步的很多方面,例如我们是否更加健康、更加快乐和更加安全。根据 GDP 的确切定义,这些问题都不是 GDP 所能解决的。然而通过将 GDP 作为首要的衡量标准,我们表现得好像它可以衡量所有事物一样。由车祸所引发的花费被解读为国内生产总值的增加,然而这样的花费是防御性的成本,从长期来看并没有生产性。它们都是破坏经济生产力的成本,例如森林火灾、桥梁倒塌和压坏的汽车。这样的成本和与之相关的短期花费侵蚀了经济在未来产生福利和收入的潜力。实际上，在一年中如果有太多的防御性成本，那么维持 GDP 将会变得更加困难。还有一点很明显，那些花费并没有让我们变得更加快乐和幸福。

贝尔特：所以说我们看待 GDP 还是要公平一些。

马蒂斯：是这样的。就其目的而言，GDP 设计得非常好。GDP 记录了最终的销售额度，就像生态足迹记录生态承载力的消耗一样。生态足迹仅限于回答它涉及范围内的问题，同样，GDP 也是如此。GDP 对于市场交易之外的价值创造都忽略不见，例如在儿童看护和志愿工作中的非货币化劳动。GDP 也没有衡量未受补偿的价值损耗和财富减少。对于消耗了价值 200 美元的自然资产，却只产生了 50 美元销售额的情况，GDP 仍然将之统计为 50 美元的利润，而非 150 美元的损失。例如，GDP 从不衡量地下水的使用，因为地下水是"免费获取"的。

如果我们想要为自身所处的社会作出好的决策，我们就需要知道比 GDP 多得多的信息。从本质上讲，一个指标在它所研究问题的领域内是强有力的。换言之，正是 GDP 或者生态足迹统计得分很高的领域。不幸的是，存在大量指标甚至都不具备一个清晰和量化的研究问题。它们都是些主观武断的指数，根据生编硬造的评分方法将所有事物加总到一起。这类指标应该被禁用。但是，在自身的研究问题的领域之外，任何指标都是完全无用的。我的观点是，相对于 GDP，生态足迹账户回答了一个与可持续性更为相关的问题。但是，把 GDP 作为一个指标仍然是有用的，只是不能作为最主要的指标。

生态足迹能做什么？不能做什么？

贝尔特：你解释了 GDP 的局限性。那么我们会在哪里过分运用生态足迹统计以致超过其限度呢？

马蒂斯：生态足迹账户只是回答了人类活动消耗了多少地球的再生能

力。生态足迹账户传达了人类对于生物圈的竞争性使用的信息,向我们表明人类现在已经处于全球过冲的状态,并且还告诉我们人类的每个活动对于整体的自然消耗的具体贡献。然而,如果我们完全根据生态足迹统计管理我们的经济和政策,那么我们就会偏离轨道。毕竟,我们的最终目标是保护每个人的生活质量。满足这个最终目标的一个必要前提是人类的自然消耗不能超过地球的再生能力。当然,还会有其他的要求。例如,我们需要确保能够控制住疾病。比如说 HIV/AIDS 或者疟疾没有生态足迹,但是这并不能说明它们不重要。太多的交通噪声也不会带给我们任何乐趣。丑陋的城市和景观都是我们不喜欢的。不公正是有破坏性的,也是不人道的。生态足迹可以衡量人类对于资源的不公平获取,但这只是不公正的其中一个方面,我们需要额外的指标。

贝尔特:全球足迹网络一直把自己看作生态足迹方法和标准的捍卫者。全球足迹网络由一个团队按照公开和透明的方式管理。你有没有发现有值得考虑的针对生态足迹的异议存在?

异议

马蒂斯:有这样的异议。其中一个异议是结构性的,即统计人员和提建议者之间的利益冲突。在金融世界中,这些功能是分开的。作为回应,我们正在通过将"国家生态足迹和生态承载力账户"独立运作的方式将这些功能区分开。还有一个长长的清单,上面列举着应该去研究的方法论提升栏目。这样的例子是数不胜数的:考虑到贸易数据中的一些干扰,应该如何更加精确地追踪贸易?如何区分硬木和软木?如何更加精确地追踪渔场的生产力以及与之对应的捕获率?或者如何将核能统计在内?最后一个问题更加复杂,因为核能需求对生态承载力的影响方式并不直接。关于核能源最为相关的忧虑也许是在其他维度上的,例如军事上的扩散(包括放射性炸弹的可能性)、成本、运作风险或者废弃物的长期储存。尽管如此,核事故和生态承载力之间还是有联系:计算表明福岛核泄漏事故占用了大量的生态承载力。环绕受损核反应堆的隔离区代表了日本大约1%的生态承载力,并且在未来的100年或更长的时间内也许将继续保持封锁状态。换句话说,一次核事故将至少占用日本整整一年的100%生态承载力。这可不是一个小数目[10]。

另一个公开的生态足迹问题是生态承载力和生物多样性的关系。或者说有机农业和工业化农业,哪一个的生态足迹更大?我不确定。从表面上看,人们也许会假设有机农业的生态足迹比传统的工业化农业大,因为有机农业的年产量有时候低于高度工业化的农场的产量。但是,有机农业的生态足迹也许会更低,因为有机农业投入的资源密集度低,并且由于土壤健康可以更好地维持长期的生产量。同时有机农业还有一些附加的收益(非生态足迹的收益),因为有机农业不使用合成杀虫剂,对于生物多样性更加友好,一般而言对于动物更加友善。较低的短期产量也是为了确保在长期可以不断获得产出的值得付出的代价。对于有机农业的投入和承诺并不意味着我们就将要挨饿:我们可以少吃肉,多吃蔬菜,这无疑是更加健康的。生态足迹并非包罗万象。正如我所相信的,生态足迹只是解决了一个至关重要的独特问题:如果基本的数量化目标不能得到满足,那么更不可能衡量质量。我们在一个角落里能够拥有一片照顾得非常好的森林,但是如果整体的木材需求超过了这片森林所能生产的量,那么保护这片森林的一部分就是把过多的木材需求转移到这片森林较少受到保护的部分。只有基本的量化条件得到满足,质量才能扩展到全部。

贝尔特: 谈到化石能源和气候变化,生态足迹目前只聚焦于二氧化碳。但还有其他温室气体,例如甲烷。生态足迹如何处理这些温室气体呢?

马蒂斯: 这是我们研究议程上的另一个事情。我们应该将其他的温室气体也整合进入我们的统计方法中。研究的挑战在于如何将这些温室气体带来的压力精准地分配到最终消费。将这些温室气体统计进入生态足迹账户将会增加生态过冲和"生态赤字"的评估。不包含这些温室气体则会使得生态足迹账户不够精确，但是至少没有使"生态赤字"的情况扩大化。

贝尔特：有一个异议是，碳足迹只是假设的，并不真实。你怎么看待这个问题？

马蒂斯：我们看不到，也闻不到二氧化碳排放物，但是二氧化碳排放物由物质构成，并且能够衡量。二氧化碳排放物形成了一个能被生态系统吸收的废弃物的物理流。人类能够分配更多的生态承载力来吸收当前由我们的化石能源燃烧所释放的二氧化碳，但是这意味着要减少生产马铃薯、牛奶或者木材所需的生态承载力。当然也有可能通过更好的农场管理减弱这个交换，但是这仍然是一个交换。因此我们对于生态承载力的使用存在着真正的竞争。碳足迹、森林产品足迹和食物足迹都存在着竞争，诸如此类还有很多竞争。这正是生态足迹统计所衡量的内容。同时，很多公司和组织通过重新造林的方式来封存碳的事实表明土地和大气之间确实存在着联系。就像《巴黎协定》所确认的，问题的关键不是排放，而是净排放。我们并不是仅仅只与大气打交道。

将碳足迹作为竞争性压力之一并不意味着我们会像一些批评家所主张的那样，宣称气候问题能够通过造林的方式解决。恰恰相反，我们的数字显示人类排放的温室气体总量惊人地巨大，因此如果我们还想要源于自然的所有其他服务（获取食物的土地、获取木材的林地和城市的建设用地），自然的生态服务就会不够用。造林和更好的土地管理能够做出重要的贡献，但它们本身并不是解决方案。

一如既往，"魔鬼"还是藏身在细节之中。例如，目前还没有可靠的数据记录世界上森林的再生能力是在增强还是在减弱。由于气候变化，森林变得更加容易受到森林火灾和新的害虫的侵害。在森林适应新的气候条件的过程中，森林火灾和新的虫灾都会引起森林生产力的极大下降。考虑到数据的有限性，真实的情况很可能比生态足迹账户揭示的情况要严峻得多。不过，就因为碳足迹要比所分配的吸收二氧化碳土地面积大得多，就将碳足迹认定为"假设的",那么这种想法是非常愚蠢的。同样,木材的生态足迹比森林大也不是"假设的"。在碳足迹和木材的生态足迹两个案例中,生态足迹大于生态承载力的超过的量就是生态过冲。这就是为什么我们回应批评者:你们所称之的"假设的",生态学家称之为生态过冲。不幸的是,这都是真实的,并非"假设的"。

生态足迹的数值有多精确呢?

贝尔特: 生态足迹的另外一个异议是生态足迹是一个高度综合的指标,因此在细节上就模糊不清。

马蒂斯: 就像 GDP 一样,生态足迹是一个综合性的指标。生态足迹和GDP 都是种统计系统,都回答了一个具体的、连续的且可以实证观察的问题。我们在它们各自的背景中解读它们的结果,并且把这些结果分解到具体部门。例如,GDP 让我们了解到哪一个经济部门产生了什么新增价值。按照同样的方式,生态足迹统计能够非常具体地描述国家层面的自然消耗状况。生态足迹的实践还没有发展到 GDP 实践的先进程度。GDP 已经发展了 100 多年,很多国家在 60 多年前就引进了 GDP,将之作为一个公共的衡量工具。但是,即使 GDP 也在不断地调整和提升,就像生态足迹一样。生态足迹账户同样也受数据的限制。描述一个国家的生态足迹和生态承载力要用多达 15 000 个数据点,这也许听起来有很多数据,但是这仍然给了"国家生态足迹和生态承载力账户"一个低的分辨率。

贝尔特: 当提到规划细节的时候,例如城市规划,生态足迹数字有多大的帮助呢?

马蒂斯: 当伦敦的 BedZED 项目在 20 世纪初建成的时候,它的目标是使居民的人均生态足迹不大于现在的 1.6 全球公顷。1.6 全球公顷是现在地球上的每一个人平均拥有的生态承载力。这个目标并没有得到良好的实现。如果当时的生态足迹方法能够按照如今的形式执行,那么我们也许能够对这个项目进行相对详尽的衡量。仍有一些研究评估了BedZED的生态表现，很明显它的生态表现要比周边好很多。周边居民的人均生态足迹大约是BedZED居民的2倍[11]。

生态足迹统计的好处在于它是连续的，不仅仅描述了我们的部分消费，而且描述了我们的整体消费。在生态足迹统计的帮助下，我们能够为社区甚至城市的部分地区准确地确定汽车、公共交通、建筑物取暖、肉类消费等需要消耗多少自然。我们需要像生态足迹账户一样的一致性框架来组织和比较数据，从国家层面一直到项目层面。生态足迹画了一条绝对的线，就像船身侧面所画的"普林索尔线"（Plimsoll Line）一样。这条载重线告诉我们，在保证不会沉没的前提下，我们可以在船上装载多少货物[12]。

生态足迹公平吗？

贝尔特：对于荷兰这样的国家，很不幸运的是其人口太密集了。相反，俄罗斯被赋予了巨大的自然财富，有足够的生态承载力来满足其生态足迹需求。除了巴西之外，俄罗斯是唯一这样的大国。这是不是历史的运气？这公平吗？

马蒂斯：公平还是不公平？当世界银行展现各国GDP数值的时候，在华盛顿的大街上并没有示威抗议。没有人因为GDP记录了不公平的现实（例如，埃塞俄比亚人的平均收入要比美国人低得多）而抗议GDP。数字只是描述了"事实是什么"。我并不是为这些差异辩护，只是说这些数字只是一种描述，就像照片是一种描述一样。当然，如果有人有一个很大的农场，有人只有一个很小的农场，而还有人根本没有农场，这自然是不公平的。不过，我们还是能够描述事实。

贝尔特：10年或者20年后，生态足迹的方法论将会变成怎样？

马蒂斯：如果我们想要成功地帮助我们的读者认识到理解生态承载力的价值，那么将需要大量极其枯燥的科学研究和标准，同时还将需要统计办公室召开会议,告诉我们生态足迹统计如何进一步精确地提升和发展。生态足迹的方法变得越标准,改变和适应新方法就会更加困难和昂贵。生态足迹数值也许能够被用作竞争力计划和基础设施决策的背景。生态足迹数值也有可能为国际谈判提供信息,或者甚至被视为补偿性支付的基础。在上述所有的应用中,重要的是生态足迹账户要可靠、可信和中立。

有替代性方法吗?

贝尔特:你有没有意识到可以跟生态足迹竞争的其他指标的存在呢?

马蒂斯:有的话我会很开心啊。其他优秀的衡量工具当然存在。例如,斯德哥尔摩韧性研究所(Stockholm Resilience Institute)领衔,现在有很多其他机构跟进推动的"行星边界"(planetary boundaries)研究。"行星边界"研究应用9类项目来比较人类的自然消耗和自然的新陈代谢。"行星边界"研究的目标是检查能够将我们的系统带到临界状态的环境影响[13]。这正是我们所没有衡量的,因为人类需求在达到临界点之前,能够越过再生的极限。不过,"行星边界"分析与生态足迹账户是高度互补的。这9个"行星边界"强调了能够保障或阻碍最终成果(即生态承载力)产生的方向或条件。"行星边界"分析也独立地确认了我们的结果:我们确实处于生态过冲的状态。因此,"行星边界"的研究是对我们工作的巨大支持。在其他方面,两者有很少的"竞争"。还有其他的消费指标,但是很少有可以将消费与自然的再生能力进行对比的指标。我们需要衡量两端:需求和供给。只记录收入或者支出的金融账户不是真的有用,真正有意义的是将收入和支出进行对比,对于生态足迹账户也是一样。

贝尔特:那么替代性指标是什么?

马蒂斯:有类似的方法,比如净初级生产力(Net Primary Productivity, NPP)和人类所占用的净初级生产力(Human Appropriation of Net Primary Productivity, HANPP)[14]。这种方法问的是:一个生态系统能够生产多少生物质能?有多少生物质能被人类使用了?该方法在一系列的应用中都是有效的。例如,该方法让我们检验消费的强度,或者我们生态足迹的"深度"。这个方法和生态足迹形成了较好的互补,它告诉我们关于使用强度的更多信息,而并非对生态足迹的特化扩展。但是,该方法不能敏锐地判断出有多少生物生产力可用来消费,以及可持续的确切极限在何处。因此,NPP 是一种互补性相关方法,但与生态足迹统计回答的并非同一个问题。我们还学习和利用其他重要指标,例如有关物理性物质流量的统计。如果我们只限于统计货币流量,那就是在自遮双眼。我们需要有关物质流的信息,既要关注生产也要关注贸易。然后,生态足迹账户将这些流量数据转化为需要多少自然资源来维持它们的答案。幸运的是,国际物质流的数据以及全寿命周期评估的发展使得与产品和过程相关的物质流衡量正在变得更加强大。我们自己的分析便取决于这些统计数据。

贝尔特: 让我们一起来看一下生态负债国和生态债权国的生态足迹地图。如果一个国家拥有很高的生态承载力,这并不意味着其自然财富必然会使其民众受益,反之亦然。非洲大陆上一些国家的自然财富非常丰富,然而它们的民众还在挨饿。类似这样的情况进入生态足迹的计算过程了吗?

马蒂斯: 生态足迹账户只展示了拥有多少生态承载力以及使用了多少生态承载力,但并未展示生态承载力是否得到了善用。拥有足够的生态承载力是经济活动运行的一项首要物理条件,不管是本地提供的还是通过个体购买力实现的。与生态承载力相同,社会的关键元素是信任。没有信任,合作、创新和市场交换都会变得异常困难。社会中的高水平信任往往体现在稳定的制度和法律规则中,后者能够促进令人惊奇的事情发生。刚果(金)*就是一个惊人的例子,它有着巨大的生态承载力和低水平的社会信

---

* 刚果民主共和国首都金沙萨,简称刚果(金),它与刚果共和国是相邻的两个国家,后者首都布拉柴维尔,简称刚果(布)。卢旺达与刚果(金)而非刚果(布)接壤。

任。在这个案例中,生态承载力并没有转化为人类福利。然而,刚果(金)的生态承载力也许被其他国家使用了,这个国家就是卢旺达;如果不是轻易获取了刚果(金)不设防的自然资源,卢旺达恐怕不会发展得像现在这么好[15]。

我必须要强调下,成为生态债权国并非成功的保障。部分极端案例比如阿富汗、乍得、索马里和苏丹。由于暴力或者内战,这些国家的部分地区难以到达。由于拥有的生态承载力比自然资源的消耗量多,这些国家名义上看起来是生态债权国。然而,将它们的生态足迹限制在最低水平上的,恰恰是暴力悲剧本身。

贝尔特: 政治家可以应用你的生态足迹数值做些什么呢?

马蒂斯: 我猜生态足迹只对那些视生态过冲为风险的政治家有作用。对于那些并不把生态过冲视为一种主要风险的政治家,我的角色就是挑战他们的认知。对于那些意识到生态过冲这个风险重要性的政治家,我会开始和他们一起探索生态足迹和生态承载力的趋势是如何影响国家或者城市的竞争力的。这将会引导他们确认国家、地区或者城市的生态足迹和生态承载力的目标。到何时为止他们想用多少生态承载力? 生态承载力使用过度是一种风险,使用太少又会造成不适。一旦目标已确定,且该目标真正反映了他们想要的,而非仅仅所谓看起来不错,那么接下来的任务就会变得直接而明确。设立绩效的基准,这样的基准是非常明确的:在确定的时间段内,将他们想要节省的总生态足迹数值直接除以他们拥有的全部经济预算。如果他们花费的每一美元所产生的总生态足迹节约量低于计算得到的基准值(一美元节省多少总生态足迹),那么这一美元就成为一种负债。如果一个项目没有达到增加所在选区的资源安全性的预期,那么如果还想继续在正轨上前进,他们就需要一个超出预期的项目进行补偿。这真的很简单。

21 世纪的游戏规则

贝尔特: 现在是不是已经有一些国家感受到了生态过冲的影响?

马蒂斯: 在海地等地区,资源形势已很严峻,经济实际上已经丧失了动力。自然所产生的物质已经不再足以保障生活在那里的人们吃饱，同时绝大部分人的收入较低，无法通过进口来获取所缺的必需品。当然，在那里你也会找到一些高收入者，他们能够得到所需，但平均而言那里的人是买不起的。尼日尔处于相近的境况。在社会层面，这些都将转化为人道主义灾难，伴随着难以形容的困难和有害的生活条件。然而，世界上的这些地区不会对华尔街产生什么重要的影响，也几乎不会对身处社会和经济泡沫者产生影响，就像对你我*一样。我们这些生活在全球收入金字塔上层的都市人很容易忽视这些底层国家。但事情总会改变，不断恶化的资源限制将影响到越来越多的人，政治不稳定也将演变为国际冲突的热点问题。

与此同时，高收入国家对于全球生态过冲的影响也不是完全"免疫"的。在旧有的游戏规则下，高收入国家可以无限获取便宜的资源，无论是通过殖民政策、不公平的交易还是系统的外部性。现在这样的陈规旧习已经开始瓦解，其结果是资源获取正在成为一项经济因素。例如，若城市和国家想要避免处于边缘地位，那就必须遏制并逆转它们过度的资源依赖性。如果每个决策，无论是修建道路、房子或者大坝，规划城市区域，设计能源供应，还是其他类型的投资，都能回应它是如何影响经济活动的资源安全性的（如何加强，或者坦言如何削弱，但给出补救方案），那么该决策将获得权力的支持，也会变得更为重要。

贝尔特：请举个例子？

马蒂斯：在加利福尼亚州的奥克兰市，当年的市长杰里·布朗（Jerry Brown，他后来成为了加利福尼亚州的州长）通过提倡"垂直郊区"（vertical suburbs）来挑战（水平）郊区化的城市发展趋势。他意识到，奥克兰的价值将会因为密度增加、综合分区和随之而来的活力而增加。当人们居住在他们工作的地方，当城市变得更为宜居且生机勃勃富于活力，人们的安全感也

---

* 指资本主义发达国家的居民。

会随之增强。这样的城市因为邻近效应（proximity）而繁荣兴旺，能够摆脱对汽车的依赖。这并不意味着城市密度应该走向极端：摩天大楼会过度吞噬能源。最优情况是周边有更多的 4～7 层高楼房。杰里·布朗的远见和很多进步（progressive）社区组织一起来倡导自行车交通、整合性的且社会公正的发展努力和奥克兰式创造精神，所有这些现在都被总结到该城的一条非正式标语之中，即"奥克兰特色"（Oaklandish）。

但我也必须坦诚相告：奥克兰的转型速度和规模仍然在极大程度上滞后于"一个地球"兼容性的真正要求。这座城市仍在批准一些与非化石能源式未来不兼容的发展规划。例如，现在的建设热潮正在催生新一批低能效、缺乏有效的太阳能利用途径且附设汽车设施过度的房屋。

奥克兰是全球足迹网络在美国的驻地，也是我生活的地方，我心中的最爱。但是，让我们想象一下如果这座神奇的城市能转型成巴黎那样，通过 4～7 层的建筑物实现较高的人口容纳密度，并通过扩展的市区和诸多充满生机活力的邻里节点来进一步提升生活品质。出行能在很大程度上靠两轮车（公共的和私人的自行车，速可达摩托，也包括电动车）和步行解决，公共交通发挥补充作用。另外，还有电动三轮车可用，也许再加上一些电动出租车。奥克兰的温和气候能够让这里拥有能量正回报型（energy positive）建筑物。由于我们可以利用此处最新且最有效的交通和住宅科技，奥克兰将会成为一座优于巴黎的城市。因为巴黎是在石油时代之前建成的，所以它仍是目前的一个合理榜样。必不可少的一点是：城市的能源使用必须保持高效。能源是昂贵的：为了获取一个单位的额外能源，必须付出很多劳动力和能源。

也许巴黎并不是最好的例子，因为我对人口规模超过 100 万的城市在未来能良好运转这点持怀疑态度。供给路径太长了，就像它们的生态足迹增幅过大一样。

效率不是普适的解决办法

贝尔特："效率"已经成为了某种"魔力词语"。但是,生态足迹的数值表明,即使效率在不断提升,资源的过量消费还是在增加。更高的效率可以让我们从既定量的那部分自然中获取更多的商品和服务,但无法增加自然整体上的最大供应量。

马蒂斯:效率本身几乎不能减少资源消耗,尤其是如果效率改进有利可图,就会鼓励人们做得更多,这通常会带来消费的增加,就像经济学家杰文斯在 150 多年前指出的那样[16]。更高效的远程喷气式飞机现在成本价格更低,于是飞行的路线更远了,也飞得更加频繁了。从效率改进中获取的收益很少被用于资源保护。然而,如果效率提升与生态税的转移相结合,那么资源就能得到保护。和我一起在 20 世纪 90 年代开发生态足迹的里斯老师,曾在一张纸上画了艘即将沉没的船。接着他在船上画了 5 台重型悍马。将要发生什么呢?然后他又画了艘同样的船,甲板上放着 5 台普锐斯*。现在又会发生什么呢?无论哪种方式,此船都将沉没,他边说边露出得意的笑。导致更多消费的效率提升无法拯救我们。但若能配合有意义的资源安全政策,这些科技机会就能创造奇迹。

现实核查

贝尔特:不管怎样,我们应该如何终结生态过冲呢?你开发了 3 种情景方案,每种方案都遵循着生态足迹的逻辑。但是,这个世界是纷繁复杂的。我们将能从这些方案中得到什么呢?

马蒂斯:意识到生态承载力的现实并跟踪生态足迹的历史趋势,这会增加传统的情景方法的价值。一般而言,情景分析都受"关键利益相关者想要什么"的探索所驱动。方案的提出者很少质疑满足这些愿望在生态上是否可行。生态足迹账户通过让不同方案必须计算出其真正需要多少生态承

---

* 丰田普锐斯是第一款大规模量产的混动车型,而悍马的油耗较高。

载力,让用户可以将真实的方案和物理现实进行对比。

贝尔特:根据生态足迹的逻辑,有 5 种方法来纠正生态承载力的供给和需求的失衡,例如缩小人口规模和提升效率。另外一个方法是提升生态承载力的供给。但是,增加生态承载力供给在我们的地球上还算一种合理选项吗?如果真算的话,生态承载力的增加能够达到产生真正影响的程度吗?

马蒂斯:我对于任何宣称生态承载力能比无限制的人类消费增长得更快之类说法都保持怀疑。这正是所谓"绿色革命"背后的思想,在一段时间内这种思想起到过作用。但在过去的几十年间,农业生产的增速已经放缓了。"绿色革命"频繁地出现负面影响,例如生物多样性减少、环境污染和杀虫剂中毒。没有"绿色革命",我们也许会陷入更大的混乱之中。但是,"绿色革命"理应和需求管理携手并进,而我们却错失了这次机会。总之,如今我们需要考虑所有的因素,必须尝试所有的方法,尤其是我们不仅需要扩大食物生产,还要逐步淘汰化石能源。生态足迹账户并不会提供一系列解决方案,它是衡量"是什么"以及比较不同方法能够实现什么的准绳。

崩溃

贝尔特:为什么你还没有为生态崩溃(collapse)设计一个方案?

马蒂斯:因为我们还不想预测生态崩溃。我们想要展现的是阻止生态崩溃的路径。同时我们也想要警告一些会将我们引向生态崩溃的方案,例如联合国的保守方案的组合。这类保守方案不现实,即使我们假设没有负面的"惊喜"也仍然不现实。如果我们达到生态系统的阈值(threshold),也就是临界点(tripping point)到了的时候,联合国的保守方案则更加不现实。如果亚马孙河大部分发生干涸,如果永冻土层解冻并且释放大量甲烷,如果极地冰盖消融,或者如果墨西哥湾流停止,这都表明生态系统的临界点已至。如果上述事件中的任何一件发生,都表明生态承载力和人类生态足迹之间的巨大鸿沟(gap)会进一步扩大。

贝尔特： 我有种印象，你一直在回避生态崩溃问题。为什么会这样？

马蒂斯： 我们所拥有的数据太少，以至于无法得出在某种生态临界点触发事件真的发生之前我们还能积累多少年的行星债务。也许快速生态崩溃永不会出现，而呈现为悄悄靠近我们的连续不断的生态耗损（depletion），这类耗损在全球呈现不均衡的分配。某个鱼群崩溃；某个地区长期干旱，经历严重的水短缺；森林消失，本地居民无法再获取木材作为燃料；土壤侵蚀或盐碱化。从经济层面分析，这些情况都将转化为机会的减少，并会通过不断增加的冲突和不满在社会中凸显出来。作为事后诸葛亮，我们现在能更好地理解在卢旺达等地区发生了什么，为何不用这种洞察力本身去做预测呢？

贝尔特： 你经常到处走动。国际上对生态足迹是如何回应的呢？

对于生态足迹的不同回应

马蒂斯： 国际上对于生态足迹的回应是多种多样的，有时候甚至是矛盾的。例如，在英国，英国人的道德主义通过政治话语慢慢渗透出来。这都可以从气候讨论和生态足迹思想在英国的快速应用中看出来。人们大声地进行道德说教，报纸也忙于各种新闻报道，但到了最后，却并没有多少事情实际发生。到处都是对于道德上"应该做什么"的指手画脚，但是却没有人将之与经济必要性联系起来。因为这样的道德主义和道德压力，绝大多数的政府管理都陷入误导的信念，即没有明显的经济利益和经济必要性来应对物理性的限制。政府部门努力地委托他人完成一些报告，来为自己的不作为寻找合法性和合理性。这使得它们以低成本的代价就"看起来很光鲜"。这就是英国政府如何应对生态足迹挑战的。我会说，这对他们是不利的。

相反，苏格兰政府展现出更大的积极能动性。它们的环境保护署受生态足迹统计的启发，甚至将"一个地球式繁荣"（one planet prosperity）设为它们的监管框架。相对于英国的整体情况，苏格兰政府对脱碳（decarbonization）

更有进取心。苏格兰政府现在的首席经济学家也意识到,资源安全挑战是保持长期经济韧性的一项关键驱动力。

贝尔特: 阿拉伯国家是如何回应的呢? 毕竟它们往往生态足迹较大。

马蒂斯: 全球足迹网络已经和阿联酋互动并合作了 10 多年。其中一项成果是,生态足迹已经成为阿联酋的关键绩效指标(KPI)之一,这已被总理的内阁会议所批准[17]。这个国家的兴趣甚至让我们感到吃惊。阿联酋政府意识到气候变化和资源限制是真实的,也知道这个国家最终必须要重新调整经济。阿联酋政府没有花掉所有石油收入,而是将其中一部分作为投资,用于维持石油收益的价值,因此这些投资最终能在后化石能源时代不断地产生收入。这些投资的一部分正在用于建设这个国家的基础设施。

然而,阿联酋政府已经开始意识到,一些新建设的基础设施极其依赖石油,因此它们在创造石油收入的替代方面效果有限。在一个非化石能源的未来,如果这些基础设施不能得到彻底改进,它们就会失去价值。矗立在沙漠中且没有阳光遮挡设施的玻璃幕墙高楼,实际上具有双重功能,即房屋和太阳能加热板。当然,这些玻璃高楼并不是有意设计成为太阳能板的,它们是建筑师试图在迪拜再造曼哈顿式摩天大厦时无心插柳而成。这些不合时宜的建筑物所带来的后果便是需要大量能源来对其进行冷却方可宜居。这是相当荒谬的,阿联酋政府也正在意识到这一点。阿联酋的城市能源消耗水平极高,以至于阿布扎比市的市政府现在已经选择筹建核电厂,并考虑实施较高的效率标准。与此同时,迪拜正在修建世界上最大的光伏电站,其拥有全世界最低的每千瓦时成本。在海湾国家中,阿联酋也是第一个为可再生能源设立大型投资基金的,那就是 2006 年设立的马斯达尔基金(也称"阿布扎比未来能源公司")[18]。该基金的项目之一就是马斯达尔城,后者正在尝试建设适应本地气候的超高效房屋基础设施[19]。在我看来,他们的进展最多可以说是"裹足不前",而且也未能成功说服当地居民:相对于分散的高能耗房屋,生活在马斯达尔式住宅里不仅能源利用更加高效,而且更加舒适愉快。

综上所述,阿联酋走上正确道路了吗?我还是要说:做得太少,也做得太慢。

马蒂斯的梦想

贝尔特: 你曾经说过,你和你同事的最大梦想是联合国能够接管生态足迹。如果你的梦想成真,那么 10 年之后将会发生什么呢?

马蒂斯: 这个方向上的重要一步就是将"国家生态足迹和生态承载力账户"发展成一个独立的组织。希望在将来的某一天,生态足迹能够成为联合国的经营项目……我们能够效仿 GDP 的成功。由于当年各国政府所处的挑战性环境,GDP 得以脱颖而出。在第二次世界大战期间,美国政府第一次以系统性方式应用 GDP。第二次世界大战结束后,金融资本异常紧张,人类也面临深重苦难。但是,美国想要了解哪一种才是最大风险所在:是在军事上输掉战争,还是在经济上输掉战争?战争过后,GDP 引领的思考方式帮助出台了著名的马歇尔计划(Marshall Plan)。为了负责任地管理马歇尔计划,GDP 被选用为一种衡量工具。GDP 的介入让马歇尔计划更加透明(为投资者所喜),同时税收也更加公平合理。随着 GDP 被很多国家引进,它越来越成功,最终联合国为其制定了统计标准。自此之后,在提升与标准化 GDP 统计并在全球推广应用 GDP 的道路上,联合国都扮演着主导者的角色。

现在我们已经意识到,我们的生态资本至少与金融资本一样紧张(如果不是更紧张的话)。这就是为什么我们需要一个类似 GDP 的工具来衡量我们的生态资本。因此,就像联合国在全球推广应用 GDP 一样,让联合国为生态足迹的发展发挥类似的作用,是我的一大梦想。如果每个国家只是互不通气地单独应用生态足迹统计,那么这样的统计结果将不具有可比性。最为重要的是,国家也需要理解其贸易伙伴的资源表现,因为所有经济体的物质资源是交织在一起的。从根本上讲,我们所有人都生活在同样的生物圈里面。另外，我也要坦率地承认：如果真的被联合国所接纳，那么"国家生态足迹和生态承载力账户"尚需大幅提升。为此，我们需要找到具有足够勇气的国家来成为先驱者，该国可以试用生态足迹的方法，继续推进生态足迹的改善，最后反过来让每个其他国家都可以拥有一个更好的生态统计系统。这正是全球足迹网络和约克大学所确定的新努力方向的一部分。我们有理由认为，有足够勇气的这类国家将拥有一种优势，因为它们将拥有更长的时间窗口来更好地准备自己，迎接21世纪的挑战。

贝尔特：假设生态足迹能够按照你希望的方式发展下去……那么10年或者20年后，生态足迹会发展到什么程度？

马蒂斯：我希望有一天我们将不再需要生态足迹统计。理想的世界不是一个必须时刻关注生态足迹的世界。如果我们从现在开始真心关注生态足迹的计算，并且根据生态足迹的结果采取行动，那么这个世界在未来将变得比现在好得多。生态足迹是种转型工具，它揭示了我们如今在多大程度上低估了自然的价值。生态足迹统计让我们能够衡量生物资本的物理价值。理解这个问题不仅仅对我们很重要，而且对与我们共享这个地球的其他动植物物种也同样重要（我希望我们能实现后一点）。也许有一天，我们能在地球生物能力的极限内好好生活。真的到了那一天，我们就会意识到生活不仅变得更加稳定和安全，同时也更加令人满意和激动。

注　释

作者序

1. 更详细的解释参见本书附录一"术语表"。

引　言

1. Peter A. Victor, *Managing Without Growth: Slower by Design, Not Disaster,*2nd ed. (Cheltenham and Camberley UK: Edward Elgar Publishing, 2019).

2. 前100名大城市合并计算,排放的二氧化碳达全球排放总量的18%。细节详见: Daniel Moran et al., "Carbon Footprints of 13 000 Cities," *Environmental Research Letters* 13, no. 6 (June 19, 2018), accessed February 27, 2019, iopscience.iop.org/article/ 10.1088/1748–9326/aac72a.

3. Pooran Desai and Paul King, *One Planet Living* (Bristol UK: Alastair Sawday Publishing, 2006).

4. Mitch Hescox with Paul Douglas, *Caring for Creation: The Evangelical's Guide to Climate Change and a Healthy Environment* (Ada MI: Bethany House, 2016).

5. 生态足迹的年度版本更新不仅仅是引入新数据(包含新的历史数据),还伴随着账目计算方法的一些改进。这就是为什么每次更新都要回溯至1961年,每一年都重新计算。关于账目计算的最新学术文献为: David Lin et al., "Ecological Footprint Accounting for Countries:Updates and Results of the National Footprint Accounts, 2012–2018," *Resources* 7 (2018): 58, mdpi.com/2079–9276/7/3/58.一般而言,最明显的变化来自质量优化后的数据,联合国同样修改其历史数据集。例如,以前的估算值被实测值替换。2016年引入了一项重要改进,即更精确地估算了全球森林对额外排放碳的固存能力。新的估算结果相较旧版本得出了更低的全球碳固存均值。这种变化来自质量优化后的全球森林生产力数据,在账目计算原理与方法上并未改变。全球生态足迹网络与锡耶纳大学的研究者们在2016年将该计算结果发表在以下学术论文中: Serena Mancini et al., "Ecological

Footprint: Refining the Carbon Footprint Calculation," *Ecol. Indic*. 61 (2016): 390–403. 作为重新计算的推论,碳足迹(单位为吨二氧化碳排放／年)较过往版本更高。"国家生态足迹与生态承载力账户"的最新数据可以在全球生态足迹网络官网(www.footprintnetwork.org)的数据与方法(Data and Methodology)开放平台上免费获取。本书中生态足迹与生态承载力的相关结果均基于"国家生态足迹与生态承载力账户"2019年版。

6. 全球足迹网络网页:Global Footprint Network, accessed February 27, 2019, www.footprintnetwork.org;生态足迹倡议(The Ecological Footprint Initiative)网页:"The Ecological Footprint Initiative," York University, accessed February27, 2019, footprint.info.yorku.ca;该倡议由"一个地球"联盟(the One-Planet Alliance, oneplanetalliance.org)负责推进。

7. 全球足迹网络称这项倡议为"十中十"(Ten-in-Ten):10 个国家在 10 年内完成。

8.国家计算结果网页:"Country Work," Global Footprint Network, accessed February 27, 2019, footprintnetwork.org/our-work/.

9. 瑞士案例研究网页:"Switzerland," Case Studies — Global Footprint Network, January 10, 2017,accessed February 27, 2019, footprintnetwork.org/2017/01/10/switzerland. 相关结果讨论:Dale Bechtel, "Green initiative will not leave footprint on economy," accessed February 27, 2019, swissinfo.ch/eng/september-25-vote_footprint-of-green-initiative-on-swiss-economy/42465734 or tiny.cc/swiss-green-vote.

第一章

1. 如"全球公顷"等术语将在第三章和书末的术语表中进行解释。

2. 更准确的表述:生态足迹也包括提取、纯化、分配化石燃料所需的全部生态承载力。

3. 此处所指的"生态足迹"也包括提取、纯化、分配化石燃料所需的全部生态承载力。但由海洋吸收的那部分二氧化碳不计入内,参见引言注释 5 中提到的文献:Mancini, "Ecological Footprint: Refining the Carbon Footprint Calculation."

4. 管理良好的农田或牧场中被带进土壤的碳多于排放出去的碳,因此也能成为碳源。要做到这一点需耐心细致地改变农业操作方式。

5.苏黎世联邦理工学院分离过程实验室积极参与了中试:"CO$_2$ capture and storage,"

Separation Proccesses Laboratory　— ETH Zurich, accessed March 13, 2019, spl.ethz.ch/ research/co2–capture–and–storage.html.

6. Gretchen Daily, ed., *Nature's Services: Societal Dependence on Natural Ecosystems* (Washington DC: Island Press, 1997).

7. "国家生态足迹与生态承载力账户" 2019 年版计算。

8. 加拿大约克大学的生态足迹倡议网页："The Ecological Footprint Intiative," York University, accessed March 2, 2019,footprint.info.yorku.ca/.

9. "你的生态足迹是多少"网页："What Is Your Ecological Footprint?" Global Footprint Network, accessed March 2, 2019, footprintcalculator.org/.

10. 该计算基于甲烷的高温室气体当量进行。

11. 该估算基于全球足迹网络的多地区输入 – 输出评估（the Multi–Regional Input– Output assessment）进行, 而后者又以 "国家生态足迹与生态承载力账户" 为基础。

第二章

1. 生物圈 2 号项目目前由美国亚利桑那大学接管。更多细节请访问：biosphere2. org/.

2. William Rees, "The Regional Capsule Concept: An Heuristic Model for Thinking about Regional Development and Environmental Policy," Concept Note,School of Community and Regional Planning, University of British Columbia,1986.

3. "City Limits", City of London, 2002, accessed January 29, 2019, citylimitslondon. com/.

4. 该结果来自一项 2003 年的研究。从那时起到现在, 伦敦的生态足迹肯定已经不同了。

5. William Stanley Jevons, *The Coal Question* (London and Cambridge: MacMillan, 1865), 306.

6. 关于生态足迹标准的网页："Footprint Standards", Global Footprint Network, accessed March 3, 2019, footprintnetwork.org/resources/data/footprint–standards/.

7. 这样一种 "放松冥想"（meditation）的概念来自：Richard Heinberg, *The Party's Over: Oil, War, and the Fate of Industrial Societies* (Gabriola Island BC: New Society,2005),

186.

8. Heinberg, *The Party's Over*, 195.

9. 以下段落基于此文献：Herbert Girardet, "Die Schaffung lebenswerter und nachhaltiger Städte" in Herbert Girardet, ed., *Zukunft ist möglich:Wege aus dem Klima-Chaos* (Hamburg: Europäische–Verlagsanstalt,2007), 182ff. 英文版为：Herbert Girardet, *Cities People Planet: Urban Development and Climate Change*, 2nd ed. (New Jersey: Wiley, 2008).

10. "1945 年以来的美国城市化"网页："Urbanization of the United States from 1945," Demographia, accessed January29, 2019, demographia.com/db–1945uza.htm.

11. "世界的主要集聚体"网页："Major Agglomerations of the World," City Population, accessed March 14,2019, citypopulation.de/world/Agglomerations.html.

12. 联 合 国 "世 界 城 市 化 展 望 2018 修 订 版"网页："2018 Revision of World Urbanization Prospects," UN Department of Economic and Social Affairs, accessed March 13, 2019, un.org/development/desa/publications/2018–revision–of–world–urbanization– prospects.html.

13. "Major Agglomerations of the World," City Population. 同本章注释 11。

14. "Demographics" population tables (based on the US Census) in Wikipedia entry *Manhattan*, accessed March 13, 2019, en.wikipedia.org/wiki/Manhattan #Demographics.

15. Ernst–Ulrich von Weizsäcker, Charlie Hargroves et al., *Factor Five: Transforming the Global Economy Through 80% Improvements in Resource Productivity* (London:Earthscan, 2011).

第三章

1. Vaclav Smil, *The Earth's Biosphere: Evolution, Dynamics, and Change* (Cambridge MA: MIT, 2003), 19.

2. "初级生产力"的定义请参见美国著名生态学家奥德姆（Eugene P. Odum）的经典著作《生态学基础》（*Fundamentals of Ecology*）。

3. 关于生态系统所生产的生物量中被人类利用部分所占的比重，目前有多种不同的估算体系。根据下面引用的 2007 年研究，人类为自身索取了全球陆地净初级生产力（net primary productivity, NPP）总量的 1/4。对于仅仅单一物种而言，这个量已经相当显著, 而且从趋势来看还在不断增长。我们还需考虑到生态灾难(ecological calamities)在生态承载力被 100% 占用前就可能发生。生态足迹概念有助于我们比较这两个量: 生态承载力的人类实际消费量, 以及在维持生态系统更新的基础上可获取用以满足人类消费的承载潜力。我们与威尔逊(E.O.Wilson)的观点一致, 主张不应以使用 100% 的全球生态承载力为目标, 因为野生物种同样需要空间。相关文献参见: Helmut K. Haberl, K. Heinz Erb, et al., "Quantifying and Mapping the Human Appropriation of Net Primary Production in Earth's Terrestrial Ecosystems," *Proceedings of the National Academy of Sciences* 104, no. 31 (July 2007): 12942–12947, doi:10.1073/pnas.0704243104.

净初级生产力(NPP)评估有助于估算生态系统被利用的程度。不过, 被用于比较生态学意义上的生产力与人类收获的产量时, NPP 相关方法得出的结果往往精度不高。

4. 纵观整个人类历史, 利用生态系统的产品与服务并从中获益的方式、方法一直在发生变化。正在进行中的生态足迹标准优化工作已将该事实纳入考虑之中。

5. 对于土地利用生产力以及其他关键数据点, 联合国粮食及农业组织提供了大规模数据集的核心存储库: "Land Use," UNFAO, cited March 16, 2019, fao.org/faostat/en/#data/RL/metadata.

6. 管理恰当的农田和牧场也可以成为碳汇, 当更多的碳被带入土壤, 这一过程还将加速。要做到这一点需耐心细致地改变农业操作方式, 详细讨论参见联合国粮农组织网页: "Challenges and opportunities for carbon sequestration in grassland systems," UN FAO, 2009,accessed March 13, 2019, fao.org/fileadmin/templates/agphome/documents/climate/AGPC_grassland_webversion_19.pdf. 草原生态系统的这种碳固存服务功能也可加入生态足迹的计算, 不过目前尚未实现。示例参见: Kat Kerlin, "Grasslands More Reliable Carbon Sink Than Trees," UC Davis, July 9, 2018,accessed March 13, 2019, ucdavis.edu/news/grasslands–more–reliable–carbon–sink–trees. 为了确保森林和草原能够维持在真实碳汇状态, 需要耐心细致的管理, 参见: M. B. Jones and A. Donnelly, "Carbon Sequestration in Temperate Grassland Ecosystems and the Influence of Management,Climate and Elevated CO_2," *New Phytologist*, 164: 423–439. doi:10.1111/j.1469–8137.2004.01201.x.

7. IPCC, *Special Report: Global Warming of 1.5℃ — Summary for Policymakers*, paragraph D.1.1, accessed March 15, 2019, ipcc.ch/sr15/.

8. 技术细节可在全球足迹网络官网的"数据与方法"(Data and Methodology)

网页上找到，其中包括一篇方法学论文的预印本 (Michael Borucke et al., "Accounting for Demand and Supply of the Biosphere's Regenerative Capacity: The National Footprint Accounts' Underlying Methodology and Framework," accessed March 3, 2019, footprintnetwork.org/content/images/NFA%20Method%20Paper%202011%20Submitted%20 for%20Publication.pdf)，还有一本技术手册，其中详细描述了支撑"国家生态足迹与生态承载力账户"的国家计算模板。

9. 存在若干例外情况。比如有些深海生态系统是由地热能维持的（指海底热液喷口）。

10. Robert E. Blankenship, "Future Perspectives in Plant Biology — Early Evolution of Photosynthesis," *Plant Physiology* 154 (October 2010): 434–438,plantphysiol.org/content/ plantphysiol/154/2/434.full.pdf, doi:https://doi.org/10.1104/pp.110.161687.

11. Yuval Noah Harari, *Sapiens: A Brief History of Humankind* (New York NY:Harper, 2015), 65.

12. Yinon M. Bar–On,Rob Phillips, and Ron Milo, "The Biomass Distribution on Earth," *Proceedings of the National Academy of Sciences* 115, no. 25 (June 19,2018): 6506−6511, doi.org/10.1073/pnas.1711842115.

13. UN Environment Program, World Conservation Monitoring Program, and International Union for Conservation of Nature, *Protected Planet Report 2016*, accessed January 31, 2019, wdpa.s3.amazonaws.com/Protected_Planet_Reports/2445%20Global%20 Protected%20Planet%202016_WEB.pdf.

管理良好的农田或牧场中被带进土壤的碳多于排放出去的碳，故而也能成为碳汇。要做到这一点需耐心细致地改变农业操作方式。

14. Fred Pearce, *When the Rivers Run Dry: What Happens When Our Water Runs Out?* (Boston MA: Beacon, 2007).

15. Peter Kareiva et al., "Domesticated Nature: Shaping Landscapes and Ecosystems for Human Welfare," *Science* 316, no. 5833 (June 29, 2007): 1866−1869,science.sciencemag.org/ content /316/5833/1866.full.

16. H. Schandl et al., *Global Material Flows and Resource Productivity: An Assessment Study of the UNEP International Resource Panel.* United Nations Environment Programme,

2016, accessed January 31, 2019, esourcepanel.org/reports/global–material–flows–and–resource–productivity–database–link.

另见：Stefan Bringezu and Raimund Bleischwitz, eds., *Sustainable Resource Management: Global Trends, Vision and Policies* (London: Routledge, 2009).

17. 历史概述部分主要来自此文献：Rolf Peter Sieferle et al., *Das Ende der Fläche: Zum gesellschaftlichen Stoffwechsel der Industrialisierung*(Vienna:Böhlau, 2006). 另见：Jill Jäger, *Our Planet: How Much More Can Earth Take?* (London: Haus, 2009).

18. M. Dittrich et al., 2012. "Green Economies Around the World?: Implications of Resource Use for Development and the Environment," SERI, Vienna, 2012,accessed March 13, 2022, https://www.boell.de/en/content/green–economies–around–world–implications–resource–use–development–and–environment.

19. Yinon M. Bar–On,Rob Phillips, and Ron Milo, "The Biomass Distribution on Earth," *PNAS* 115, no. 25 (June 19, 2018): 6506－6511, doi.org/10.1073/pnas.1711842115.

20. Schandl, *Global Material Flows and Resource Productivity*. 同本章注释 16。

21. Daniel Yergin, *The Prize: The Epic Quest for Oil, Money and Power* (New York: Simon & Schuster, 2003), 494 ff and 541 ff.

22. Eillie Anzilotti, "Food Waste Is Going to Take Over the Fashion Industry," Fast Company, June 15, 2018 accessed February 2, 2019, fastcompany.com/40584274/food–waste–is–going–to–take–over–the–fashion–industry.

23. 美国国家海洋与大气管理局（NOAA）的大气二氧化碳趋势网页（保持不断更新）：NOAA, the US National Oceanic & Atmospheric Administration, provides constant updates: "Trends in Atmospheric Carbon Dioxide," accessed March 13, 2019, esrl.noaa.gov/gmd/ccgg/trends/.

24. 该术语由 Friedrich Schmidt–Bleek 创造，他曾任德国伍珀塔尔研究所（the Wuppertal Institute）副所长，著有 *The Earth: Natural Resources and Human Intervention* (London: Haus, 2009).

25. 威尔逊（Edward Osborne Wilson），美国生物学家、昆虫学家。他是进化理论与社会生物学领域的专家，蚁类研究的权威，并被知识界公认为"生物多样性之父"，参见：E. O. Wilson,*The Diversity of Life* (Cambridge: Harvard, 1992). 2003 年，他撰写了 *The*

The Future of Life (New York: Knopf), 其中包含一条脚注, 阐述了留出地球的一半用于生物多样性保育的观念。随后, 他的新书 *Half-Earth:Our Planet's Fight for Life* (NewYork: Liveright, 2016) 转化为 "半个地球计划" 并建立了官网: www.half-earthproject.org.

第四章

1. Lester B. Brown, *Outgrowing the Earth: The Food Security Challenge in an Age of Falling Water Tables and Rising Temperatures* (New York: W.W. Norton, 2005).

2. Jil 是本书作者 Bert Beyers 的女儿, 生于 1997 年; André 则是另一位作者 Mathis Wackernagel 的儿子, 生于 2001 年。

3. Franz Josef Radermacher 利用他在数学及相关领域接受的学术训练, 研究作为超有机体的人类所实现的极其成功的发展, 以及这种发展是如何由交流、互动与技术创新来驱动的。从上述史观出发, 他同样分析了人类在 21 世纪将会面临的历史性转型。很明确的一点是: 在人类发展史上长存至今达数千年的增长模式将被打破, 并由另一种新模式取而代之。与此同时, 人类超有机体正在令自身的群落生境 (biotope), 亦即地球, 陷入过载的风险之中, 这里 "过载" 指的是超过自然生态系统的可持续性极限。参见: Franz Joseph Radermacher and Bert Beyers, *Welt mit Zukunft: überleben im 21. Jahrhundert* (Hamburg: Murmann, 2007). Radermacher 的英文版著作之一是: *Global Marshall Plan — A Planetary Contract: For a Worldwide Eco-Social Market Economy* (Hamburg: Global Marshall Plan Initiative, 2004).

4. Core Writing Team, R. K. Pachauri and L. A. Meyer, eds., *Climate Change 2014: Synthesis Report. Contribution of Working Groups I, II and III to the Fifth Assessment Report of the Intergovernmental Panel on Climate Change* (Geneva, Switzerland: IPCC 2014).

5. James H. Butler and Stephen A. Montzka, *The NOAA Annual Greenhouse Gas Index (AGGI)* (Boulder CO: NOAA Earth System Research Laboratory, Spring 2018), accessed January 2, 2019, esrl.noaa.gov/gmd/aggi/aggi.html.

6. Simon Upton, 和本书作者 Mathis 的个人交流.

7. J. Kitzes et al., "A Research Agenda for Improving National Ecological Footprint Accounts," *Ecological Economics* 68, no. 7 (2009): 1991-2007.

8. 技术细节参见全球足迹网络官网的 "数据与方法" (Data and Methodology) 网页。

9. Emily Matthews et al., *The Weight of Nations: Material Outflows from Industrial Economics* (Washington DC: World Resource Institute, 2000). 另见：www.wri.org.

10. 本书的第二编将谈到谁获取了什么资源，谁会成为赢家／输家，以及在未来地缘政治力量可能会如何变化等问题。

11. Mathis Wackernagel et al., "Defying the Footprint Oracle: Implications of Country Resource Trends," *MDPI-Sustainability* 2019, 11, 2164. (accessed April 22, 2019) mdpi.com/2071–1050/11/7/2164.

12. 数据从联合国粮农组织（FAO）的数据集中获取并运用到 2016 年。FAO 的土地利用统计数据可从以下网页获取：fao.org/faostat/en/#data/EL.

13. Clive Ponting, *A New Green History of the World: The Environment and the Collapse of Great Civilisations* (London: Penguin, 2007), 71ff.

14. Donella Meadows, Jorgen Randers, and Dennis Meadows, *Limits to Growth:The 30-Year Update* (White River Junction VT: Chelsea Green Publishing, 2004).

15. 注意有大量压力，诸如森林砍伐或水土流失，并未在"国家生态足迹与生态承载力账户"所使用的联合国数据集中得到充分描述，因而会导致低估。

16. 追随美国经济学家戴利（Herman Daly）的思路，我们可以把达到全球过冲之前的历史阶段称为"空世界"（empty world）。在这个时期中，空间与资源两者的供应显然都不是增长的限制因素。资源与能量的年通量对满足人类的需求而言都绰绰有余。从 1970 年代中期开始，我们已经进入了"满世界"（full world）阶段，空间与资源都开始受限。参见：Herman E. Daly, "Towards Some Operational Principles of Sustainable Development," *Ecological Economics* 2, no. 1: 1–6. 另见：Alessandro Galli, "Assessing the Role of the Ecological Footprint as Sustainability Indicator" (Dissertation, University of Siena, 2007).

17. Earth Overshoot Day. www.overshootday.org.

18. 一天在一年中所占比重还不到 1% 的 1/3。由于"国家生态足迹与生态承载力账户"的数据精度达不到这一水平，过冲日落在哪一天代表的是最佳估计值。这并不能反映账户的实际精度。真实的过冲日可能落在估计值的前后几周范围内。不过，年际比较要精确得多。

19. Josef H. Reichholf, *Ende der Artenvielfalt? Gefährdung und Vernichtung von*

Biodiversität (Frankfurt a. M.: Fischer–Taschenbuch–Verlag, 2008), 130.

20. 生态足迹与地球生命力指数之间的对接最早由世界自然基金会（WWF）的地球生命力报告（Living Planet Reports）推进，该系列报告从 2000 年开始发布。目前，地球生命力指数追踪的哺乳类、鸟类、爬行类、两栖类和鱼类共计 4270 个物种，21252 个种群；该指数最初也是由 WWF 创设的，目前由伦敦动物学学会负责，官网是：livingplanetindex.org. 定期更新的地球生命力报告可以在以下网址找到：footprintnetwork.org/living–planet–report.

21. 这个 10% 目标可以回溯至 1982 年在巴厘岛召开的第三届世界国家公园大会。另见："Strategic Plan for Biodiversity 2011–2020, including Aichi Biodiversity Targets," Convention on Biological Diversity, accessed February 5, 2019,cbd.int/sp/.

22. 同本章注释 19, Reichholf, *Ende der Artenvielfalt*, 142.

23. 同本章注释 19, Reichholf, *Ende der Artenvielfalt*, 163ff.

24. 在现实中，通过双边项目进行的针对计划生育的国际发展投资仍不到投资总预算的 1%,参见："Investing in Women and Girls," OECD Development Co–operation website, accessed March 12, 2019, oecd.org/dac/gender–development/investinginwomenandgirls.htm.

25. Jim Yong Kim, "To Build a Brighter Future, Invest in Women and Girls," *Voices: Perspectives on Development*, March 8, 2018, accessed March 12, 2019,blogs.worldbank.org/voices/build–brighter–future–invest–women–and–girls.

26. von Weizsäcker, *Factor Five*; Wuppertal Institut für Klima, Umwelt, Energie, *Zukunftsfähiges Deutschland in einer globalisierten Welt: Ein Ansto? zurgesellschaftlichen Debatte* (Frankfurt a. M.: Taschen, 2008); Wolfgang Sachs, *Nach uns die Zukunft: Der globale Konflikt um Gerechtigkeit und Ökologie* (Frankfurt a. M: Taschen, 2003).

第五章

1.1961 年时（"国家生态足迹与生态承载力账户"中最早的有数据年份），碳足迹占人类总生态足迹的 44%。到了 2016 年,该比例上升至 60%。具体到各个国家之间的差异，在索马里、尼日尔、老挝和缅甸，碳足迹分别只占总生态足迹的 3%、5%、9% 和 10%;而在日本、瑞士和美国，该数值则高达 75%、74% 和 70%。食物相关的生态足迹占总生态足迹的比例在美国为 23%，在瑞士为 29%，在德国为 35%；而在低收入国家中，该项所占比重要高得多，在摩洛哥为 74%，在玻利维亚为 80%。

2. World Commission on Environment and Development. *Our Common Future* (Oxford UK: Oxford, 1987). 该报告被提交给 1992 年在巴西里约热内卢举行的联合国环境与发展会议 (UNCED conference)，这次会议是迄今为止规模最大的国家元首级会议。会议主席加拿大人莫里斯·斯特朗 (Maurice Strong) 气势如虹，推动制定了关于从气候到生物多样性等多项环境议题的一揽子议程，并且以更大的力度将非政府组织 (NGO)、企业和本土社区纳入到全球对话之中。(译者注：莫里斯·斯特朗是世界环保先驱，"环境领域的诺贝尔奖"泰勒环境成就奖获得者，曾任联合国副秘书长兼联合国环境规划署首任署长，他是著名的美国进步作家安娜·路易斯·斯特朗的侄子。)

3. Kate Raworth, *Doughnut Economics: Seven Ways to Think Like a 21st-Century Economist* (London: Random House Business, 2017). 关于"甜甜圈"理论，你可以在以下网址找到更多信息：kateraworth.com/doughnut/.

4. "Human Development Reports," United Nations Development Programme,accessed February 11, 2019, hdr.undp.org.

5. 本书中的这张图 (图 5.4) 也发表在 2013 年版的联合国开发计划署 (UNDP) 人类发展报告中 (图 1.7)。

6. Table 2. Human Development Index Trends, 1990−2017. 后续年度更新参见以下网址：hdr.undp.org/en/composite/trends.

7. Mathis Wackernagel, Laurel Hanscom, and David Lin, "Making the Sustainable Development Goals Consistent with Sustainability," *Front. Energy Res.*(July 11, 2017),doi.org/10.3389/fenrg.2017.00018.

8. "How Much Nature Do We Have? How Much Do We Use?" Mathis Wackernagel, TedX San Francisco, December 22, 2015, accessed February 11, 2019.

9. 在欧洲，资源生产力大约以每年 2% 的速率增长。这一结果实现了部分脱钩 (每单位价值的提升耗用的原材料减少)，但并非彻底脱钩 (原材料耗用总量减少)。

10. WWF and Global Footprint Network, "EU Overshoot Day — Living Beyond Nature's Limits: 10 May 2019" WWF–EPO, Brussels, 2019.

11. Reichholf, *Ende der Artenvielfalt*, 132. 另见：Smil, *The Earth's Biosphere*.

12. 关于马尼拉"蝙蝠人"的段落基于 Wolfgang Uchatius 发表在德国《时代周报》(*Die Zeit*)的一篇报道（2004 年 12 月 16 日）。

13. 关于中国生态足迹的更深入讨论，参见第十一章。

14. Gerhard Lichtenthäler, "Water Conflict and Cooperation in Yemen," *Middle East Report* 254 (Spring 2010), accessed March 16, 2019, merip.org/2010/03/water-conflict-and-cooperation-in-yemen/.

15. "When the Last Tree Is Cut Down...," *Quote Investigator*, accessed February 12, 2019, quoteinvestigator.com/2011/10/20/last-tree-cut/.

第六章

1. Ponting, *A New Green History of the World*, 144ff.

2. Ponting, *A New Green History of the World*, 151ff.

3. Garret Hardin, "The Tragedy of the Commons," *Science* 162, issue 3859 (December13, 1968): 1243-1248.

4. 哈丁对其认定的悲剧所提供的解决方案，用他自己的原话来说，就是"相互同意下的相互强制"（mutual coercion, mutually agreed upon）。这 5 个单词也是对一种"公地"（a commons）而言最简洁而尖锐的定义。然而，在文献中并没有多少人意识到，哈丁是建议把公地化本身作为一种解决方案的（这很可能是因为哈丁想刺激读者引发关注，于是给文章选了一个并不准确的标题）。

5. 2009 年诺贝尔经济学奖被授予美国学者奥斯特罗姆（Elinor Ostrom），她的学术专长是公共池塘资源（common-pool resources）问题及其解决方案。她在研究工作中采访了许多国家的高山农民和渔民。不幸的是，奥斯特罗姆已于 2012 年逝世。

6. 这是根据"国家生态足迹与生态承载力账户"2019 年版算出的，就是从出现过冲状态的第一年开始简单地对所有年份的全球过冲比例进行加和。

7. Jared Diamond, *Collapse: How Societies Choose to Fail or Succeed*, rev. ed. (New York: Penguin, 2011), 79ff.

第七章

1. BakBasel Economics Institute and Global Footprint Network, *The Significance of*

Global Resource Availability to Swiss Competitiveness (Basel, Switzerland:BakBasel, 2014), accessed February 13, 2019. 另外可参考 2018 年世界经济论坛（WEF）报告，其中包含了生态足迹的讨论：tiny.cc/83p86y.

2. FOEN (Swiss Federal Office for the Environment), *Umwelt-Fussabdrücke der Schweiz (Environmental Footprints of Switzerland)* (Bern: Bundesamt für Umwelt BAFU, 2018), 87, accessed on May 24, 2019, on bafu.admin.ch.

3. 案例可在全球生态足迹网络官网的国家结果（Country Work）网页获取。

4. "Ecological Footprint Explorer," Global Footprint Network.

5. 与贵州省政府合作的报告及相应结果可在以下网址获取：www.zujiwangluo.org/guizhou-initiative/, accessed March 2, 2022.

6. 后续描述基于以下文献： Molly O'Meara Sheehan, ed., *State of the World 2007: Our Urban Future* (New York: W.W. Norton, 2007), 64 ff.

7. Richard Heinberg, *Peak Everything: Waking up to the Century of Declines* (Gabriola Island: New Society, 2007).

8. Michael Jacobs, *The Green Economy: Environment, Sustainable Development and the Politics of the Future* (Concord MA: Pluto Press, 1991), viii.

9. 我们的报告可在此网址获取： Finance for Change, accessed March 2, 2022,www.footprintfinance.org/portfolio-items/carbon-disclosure-climate-risk-sovereign-bonds/.

10. Our World in Data, accessed February 22, 2019, ourworldindata.org/grapher/world-gdp-over-the-last-two-millennia?time=1..2015.

11. Esteban Ortiz-Ospina,Diana Beltekian, and Max Roser, "Trade and Globalization," Our World in Data, accessed February 22, 2019, ourworldindata.org/trade-and-globalization.

第八章

1. 根据全球碳计划（the Global Carbon Project）发布的《2018 年碳收支报告》（the *Carbon Budget 2018* report）要点所示，"2017 年的排放量为 $9.9 \pm 0.5 GtC$（36.2 Gt CO_2），其中各类比例为煤炭（40%）、石油（35%）、天然气（20%）、水泥（4%）和爆燃（1%）。在经历了几乎没有增长的 3 年后，2018 年的全球排放量预计将增加 2% 以上（+1.8% 至

+3.7%），达到 10.1 ± 0.5 Gt C（37.1 Gt CO_2），创下历史新高。"另可参见以下综述：C. Figueres et al., "Emissions Are Still Rising: Ramp up the Cuts," *Nature* (December 5, 2018), doi.org/10.1038/d41586–018–07585–6.

2. "CO_2 Emissions 2017," Global Carbon Atlas, accessed February 14, 2019, globalcarbonatlas.org/.

3. 缩略词 "ppm" 代表百万分之一（parts per million）。气体浓度为 1 ppm 意味着大气中每 100 万个气体分子里面有一个该气体分子。

4. Butler and Montzka, *The NOAA Annual Greenhouse Gas Index*.

5. 数据基于 2010 年关于全球疾病负担的研究："Global Burden of Disease," The Lancet, accessed February 13, 2019, thelancet.com/gbd. 以 及 另 一 篇 文 献：Jing Huang, Xiaochuan Pan, Xinbiao Guo, Guoxing Li, 2018, Health Impact of China's Air Pollution Prevention and Control Action Plan: An Analysis of National Air Quality Monitoring and Mortality Data, The Lancet Planetary Health, Elsevier, thelancet.com/journals/lanplh/article/PIIS2542–5196(18)30141–4/fulltext.

6. James Hansen et al., "Target Atmospheric CO_2: Where Should Humanity Aim?" accessed February 15, 2019, arxiv.org/ftp/arxiv/papers/0804/0804.1126.pdf.

7. John Marty Anderies et al., "The Topology of Non–Linear Global Carbon Dynamics: From Tipping Points to Planetary Boundaries," *Environ. Res. Lett.* 8,no. 4 (2013) 044048 (13pp), doi:10.1088/1748–9326/8/4/044048.

8. Andrew C. Baker, Peter W. Glynn, Bernhard Riegl, "Climate Change and Coral Reef Bleaching: An Ecological Assessment of Long–Term Impacts, Recovery Trends and Future Outlook," *Estuarine, Coastal and Shelf Science* 80, no. 4(December 10, 2008), 435−471, or Terry P. Hughes et al., "Spatial and Temporal Patterns of Mass Bleaching of Corals in the Anthropocene," *Science* 359,no. 6371 (January 5, 2018), 80−83, doi: 10.1126/science.aan8048.

9. "Eliminating our carbon Footprint is possible, and filled with opportunities, if we follow the right strategy," Earth Overshoot Day, accessed February 15, 2019,overshootday. org/energy–retrofit.

10. Jevons, *The Coal Question*, 123−124："假设更经济地使用燃料就等同于减少了燃料的消耗，这完全是一种概念上的混淆。事实恰恰相反……正是因为使用上的经济高效导致了该种燃料被大量消耗。"

第九章

1. 关于生态足迹原理与应用更全面的介绍参见以下两处文献章节：M. Wackernagel et al., "Chapter16: Ecological Footprint Accounts: Principles," and "Chapter 33: Ecological Footprint Accounts: Criticisms and Applications," both in *Routledge Handbook of Sustainability Indictors*, ed. Simon Bell and Stephen Morse (London: Routledge,2018), 244–264 and 521–539.

2. 这些评估的基础在全球足迹网络的"生态足迹标准"（Footprint Standards）部分得到解释。

3. 参见：ICLEI — Local Government for Sustainability, iclei.org; C40 Cities,c40.org, both accessed February 18, 2019.

4. 这种暂停可能只会持续一年。但有趣的是，这项政策是由财政规划而非环境部门提出的，前者开始认识到增建更多低密度住房在经济上是不利的。考虑到基建成本，不如在现有基础设施的空间内部进行新房填充，从而实现更有效的利用。参见："Calgary," Global Footprint Network, accessed February 18, 2019,footprintnetwork.org/2015/04/10/calgary/.

5. "C40 Cities",c40.org. "C40 城市"由纽约前市长布隆伯格（Michael Bloomberg）发起。"生态城市建设者"为建造可持续城市的草根运动赋能，其网站资源丰富："Ecocity Builders," accessed February 18, 2019, ecocitybuilders.org.

6. David Thorpe, '*One Planet*' *Cities: Sustaining Humanity within Planetary Limits* (London: Taylor & Francis, 2019).

7. 关于"国家生态足迹与生态承载力账户"，参见第三章。更多的生态足迹方法论内容可以在以下网站找到：footprintstandards.org.

8. 在约克大学提出的新倡议"一个星球联盟"（One-Planet Alliance）和"生态足迹倡议"（The Ecological Footprint Initiative）的框架下，可以找到这项工作的最新进展。

9. 全球贸易分析计划（The Global Trade Analysis Project, GTAP）由全球的研究人员和决策者网络进行维护，旨在完成国际政策议题的定量分析。GTAP 由美国普渡大学农业经济系的全球贸易分析中心主持："Global Trade Analysis Project," accessed February

19, 2019, www.gtap.agecon.purdue.edu/.

10. 参见术语表。

11. 这些数值在全球足迹网络的网站上有详细解释。

12. 更多细节请访问：footprintstandards.org.

13. 参见本书第一编："生态足迹——工具"。

14. 参见："Country Work," Global Footprint Network.

15. 全生命周期评估（Life-Cycle Assessments, LCA）根据 ISO14040 标准管理："ISO14040:2006 — Environmental management — Life cycle assessment — Principles and framework," International Organization for Standardization,accessed February 19, 2019, iso.org/standard/37456.html.

16. 你可以从以下网址下载该工具：www.mobitool.ch/de/tools/mobitool-faktoren-v2-1-25.html. 它是德文版的，但使用在线翻译很容易理解。该电子表格允许您使用各类选项并评估各种交通工具的资源需求。Mobitool 最初是为瑞士铁路制作的。

17. 这些数字是由 Jorgen Vos 为全球生态足迹网络估算的, 估算的车型是大众捷达（Volkswagen Jetta）和丰田普锐斯（Toyota Prius），基于美国国家环境保护局（EPA）的 2006 年燃油里程评级系统。

18. 参见："The GPT Group," accessed February 19, 2019, gpt.com.au. 计算器入口："Plan8iQ Software," accessed February 19, 2019, gpttreadslightly.com.au/.

19. "GPT," The Footprint Company, accessed February 19, 2019, footprintcompany.com/casestudy/gpt/.

20. 关于推迟过冲日期（#MoveTheDate）相关计算的讨论可以在地球过冲日网站上看到：overshootday.org/energy-retrofit/. 更多细节参见：schneider-electric.app.box.com/s/1pjh4gdlabgo7m8bfjfhx5jmvsegykxm(all were accessed on February 26, 2019).

21. "Eliminating Our Carbon Footprint Is Possible, and Filled with Opportunities,If We Follow the Right Strategy," Global Footprint Network, accessed February 28, 2019, overshootday.org/energy-retrofit. 这篇文章基于施耐德电气公司（Schneider Electric）的一项案例研究数据。

22. Marcus Craig, "To Compete Globally, Dallas County Looks to Efficiency to Fund Long-Term Infrastructure Plans," Schneider Electric Blog, accessed February 28, 2019,

blog.schneider–electric.com/sustainability/2018/05/15/to–compete–globally–dallas–county–looks–to–efficiency–to–fund–long–term–infrastructure–plans. 更完整的电子书版本, 参考部分包含美国的两个郡级项目（达拉斯郡和埃尔莫尔郡, Dallas and Elmore）, 可以在以下网址获取: *A Tale of Two Communities*, accessed February 28, 2019, hub.resourceadvisor.com/performance–contracting/a–tale–of–two–communities–ebook.

23. International Development Enterprises — India, accessed February 20, 2019,ide–india.org.

24. GramVikas, accessed February 20, 2019, gramvikas.org.

第十章

1. Zero (fossil) Energy Development (ZED), accessed February 20, 2019, www.zedfactory.com.

2. 和 Bert Beyers 的个人交流 , 2011。

3. Nicky Chambers 和 Craig Simmons 于 1997 年成立了 Best Foot Forward, 这是欧洲第一家专注于生态足迹核算的咨询机构。该机构目前是全球可持续发展咨询集团 Anthesis Group 的一部分: anthesisgroup.com.

4. 皮博迪（Peabody）协会是伦敦的一个大型住房协会, 长期倡导社会住房（social housing）: Peabody housing association London, accessed February 20, 2019, peabody.org.uk/home.

5. 百瑞诺（Bioregional）是一个致力于推进可持续性的现实解决方案的组织 : "Bioregional — Championing a Better Way to Live," accessed February 20, 2019, bioregional.com/.

6. 以下是 ZEDliving 的四项基本原则: 让碳成为历史（Make carbon history）; 用设计排除化石燃料（Design out fossil fuels）; 降低需求——在使用本地可再生能源的基础上运行（Reduce demand — run on native renewables）; 实现低生态足迹下的生活高质量（Enable a high quality of life on a LOW Footprint）。Bill Dunster, Craig Simmons, and Bobby Gilbert, *The ZEDbook: Solutions for a Shrinking World* (Surrey: Taylor and Francis, 2008), 61.

7. "One Planet Living," Bioregional, accessed February 20, 2019, bioregional.com/

one-planet-living.

8. "Masdar City," Masdar, accessed February 20, 2019, masdar.ae/en/masdar-city.

9. 可以在网址 masdar.ae/en/masdar-city 了解这些建筑。

10. 关于 Peter Seidel 更多贡献的信息，请查看以下网址："Peter Seidel — Environmentalist," accessed February 22, 2019, peterseidelbooks.com.

11. 包豪斯（Bauhaus）学校成立于 1919 年，汇集了德国及其他国家最具进步性和影响力的艺术家。作为从业者和教师，他们彻底改变了从建筑到排版设计等各领域的艺术与工艺。他们的左派国际主义立场与纳粹党发生了冲突。随着后者的上台掌权，运营包豪斯变得难以为继。1933 年，最后一任校长凡·德·罗（Mies van der Rohe）决定关闭该校，并移民去了美国。他在芝加哥成为一名顶尖学者和建筑师。他与阿尔托（Alvar Aalto）、勒·柯布西耶（Le Corbusier）、格罗皮乌斯（Walter Gropius）和赖特（Frank Lloyd Wright）一同被誉为现代主义建筑的创始人。

12. Harrison Brown, James Bonner, and John Weir, *The Next Hundred Years: Man's Natural and Technological Resources; A Discussion Prepared for Leaders of American Industry* (New York, Viking, 1957).

13. Harrison Brown, *The Challenge of Man's Future: An Inquiry Concerning the Condition of Man during the Years that Lie Ahead* (New York: Viking, 1954).

14. Peter Seidel 在他的网站上就新型社区（New Communities）的城市设计进行了描述：peterseidelbooks.com/?page_id=8. 他在 1998 年的文章 "The Cost of Wealthy Modern Cities" 中详细讲述了他对城市设计的专业洞见：peterseidelbooks.com/?page_id=168.

15. Peter Seidel, *Invisible Walls: Why We Ignore the Damage We Inflict on thePlanet — And Ourselves* (Amherst NY: Prometheus Books, 1998).

第十一章

1. The 13th Five-Year Plan on National Economic and Social Development of the People's Republic of China, March 17, 2016, accessed February 23, 2019, www.gov.cn/xinwen/2016-03/17/content_5054992.htm. 英文版网址 :en.ndrc.gov.cn/policies/202105/P020210527785800103339.pdf. 在大力关注经济发展的同时，该规划纲要中大量参考了生态和资源相关的概念。在长达 219 页的英译文本中，以下单词都出现了多次：nature 7

次；environment 238 次、resource 217 次、ecolog- 128 次、energy 150 次、food 26 次、water 185 次、carbon 12 次、land 215 次、climate change 15 次。

2. "The Guizhou Footprint Report: Metrics for an Ecological Civilization," Global Footprint Network, accessed February 23, 2019, footprintnetwork.org/content/documents/2016_Guizhou_Report_English.pdf.

3. 比较各国表现的一个简单办法是申请全球生态网络的免费获取数据包："Free Public Data Set," Global Footprint Network, accessed March 2, 2022, www.footprintnetwork.org/licenses/public-data-package-free/.

4. Charlie Parton, "China's Looming Water Crisis," Chinadialogue, London (May 9, 2018), accessed February 23, 2019, chinadialogue.net/en/reports.

第十二章

1. Wackernagel, "Defying the Footprint Oracle."

2. Stephen Smith, *La ruée vers l'europe: la jeune Afrique en route pour le Vieux Continent* (Paris: Ëditions Grasset, 2018).

3. "Africa Ecological Footprint Report 2012," World Wildlife Fund, May 31, 2012,accessed February 23, 2019, wwf.org.za/?6242/aefreportdoc.

4. UN Department of Economic and Social Affairs—Population Division, "World Population Prospects: The 2017 Revision, Key Findings and Advance Tables," Working Paper No. ESA/P/WP/248, accessed February 23, 2019, population.un.org/wpp/Publications/Files/WPP2017_KeyFindings.pdf.

5. Beth Polidoro et al., "Red List of Marine Bony Fishes of the Eastern Central Atlantic." Gland, Switzerland: IUCN, accessed March 10, 2019, portals.iucn.org/library/node/46290 or http://dx.doi.org/10.2305/IUCN.CH.2016.04.en. 该报告称："这项研究强调该地区渔业监督和执法的能力严重受限, 这导致了危及国家和地区管理工作的非法捕捞和过度捕捞。在该地区的许多国家, 非法捕捞占账面报告为合法捕捞量的比例达 40% 以上。"

6. 例如可参见网址：illegal-logging.info/regions/tanzania. 英国《卫报》2015 年 1 月在文章 "Tanzania: Illegal Logging Threatens Tree Species with Extinction" 中报道 "森林中被

砍伐的木材有 70% 下落不明"。*The Guardian*, January 14, 2015, accessed March 10, 2019, theguardian.com/global–development/2015/jan/14/tanzania–illegal–logging–tree–species–extinction.

7. "Buying Farmland Abroad: Outsourcing's Third Wave," *The Economist*, May 21, 2009, accessed February 23, 2019, economist.com/node/13692889. 另见综述："Neokolonialismus in Afrika: Großinvestoren verdrängen locale Bauern," *Spiegel* online, July 29, 2009, accessed February 23, 2019, spiegel.de/wirtschaft/neokolonialismus–in–afrika–grossinvestoren–verdraengen–lokale–bauern–a–638435.html.

8. 感谢普利策中心（the Pulitzer Center）提供的学术资助，Chris Arsenault 正在调查这一问题：pulitzercenter.org/education/meet–journalist–chris–arsenault,accessed March 10, 2019.

9. Blue Ventures, accessed February 23, 2019, blueventures.org/.

10. Campaign for Female Education or CAMFED, accessed February 23, 2019,camfed.org/.

第十三章

1. 本章（以及全书）所有的生态足迹结果都基于"国家生态足迹与生态承载力账户"2019 年版。这些结果可以在全球足迹网络官网（www.footprintnetwork.org）的"open data platform"网页免费获取。

2. "World Population Prospects: The 2015 Revision," UN DESA, accessed February 28, 2019, un.org/en/development/desa/news/population/2015–report.html.

3. 通贝里的原版 TedX 演讲令人印象深刻：ted.com/speakers/greta_thunberg.

4. 通过 Meltwater 公司的媒体工具搜索可以辨识出包含"全球足迹网络"的故事以及各信息渠道的受众规模。这使得本网络能够判定"媒体印象"（the media impressions）的大小——后者指可以在其媒体平台上看到该故事的人数。

5. 通过参考 2017 年和 2018 年版本的"国家生态足迹和生态承载力账户"，全球足迹网络评估了减少生态足迹对延后 2017 年和 2018 年地球过冲日的潜力。这些结果展示在地球过冲日网站上：overshootday.org.

6. 碳补偿提供者的例子包括：myclimate.org, atmosfair.de, climatecare.org 以及

greenseat.nl. 世界自然基金会委托进行了一项相关研究：Anja Kollmuss, Helge Zink, and Clifford Polycarp, "Making Sense of the Voluntary Carbon Market:A Comparison of Carbon Offset Standards," accessed March 11, 2019, www.globalcarbonproject.org/global/pdf/WWF_2008_A%20comparison%20of%20C%20offset%20Standards.pdf. 他们主张遵循"金标准"：goldstandard.org/.

7. World Commission on Environment and Development, *Our Common Future*.(因为当时世界环境与发展委员会主席的名字叫 Gro Harlem Brundtland, 所以经常被另称为"布伦特兰报告"。)

8. Wilson, *Half-Earth* and natureneedshalf.org/.

9. Steven Pinker, *Enlightenment Now: The Case for Reason, Science, Humanism, and Progress* (New York: Viking, 2018).

10. "Japan Ecological Footprint Report 2012," WWF Japan: Tokyo, accessed on February 28, 2018, footprintnetwork.org/content/images/article_uploads/Japan_Ecological_Footprint_2012_Eng.pdf.

11. 参见第十章。

12. 参见戴利在其"空世界 - 满世界"理论的背景下对普林索尔线所作的启发性评述：Herman E. Daly, *Wirtschaft jenseits von Wachstum: Die Volkswirtschaftslehre nachhaltiger Entwicklung* (Salzburg:Verlag Anton Puste, 1999), 74 ff.

13. J. Rockström et al., "A Safe Operating Space for Humanity," *Nature* 461(September 24, 2009): 472–475, and W. Steffen et al., "Planetary Boundaries:Guiding Human Development on a Changing Planet," *Science* 347, no. 6223(February 13, 2015), doi: 10.1126/science.1259855.

14. Helmut Haberl, Karl–Heinz Erb, Fridolin Krausmann,"Global Human Appropriation of Net Primary Production (HANPP)" in *Encyclopedia of Earth*, ed. Cutler J. Cleveland (Washington, DC: Environmental Information Coalition,National Council for Science and the Environment), [first published in the *Encyclopedia of Earth* April 29, 2010] accessed February 28, 2019, editors.eol.org/eoearth/wiki/Global_human_appropriation_of_net_primary_production_(HANPP).

15. 例如, 可参见：William Macpherson, "Rwanda in Congo: Sixteen Years of Inter–

vention," African Arguments, July 9, 2012, accessed February 24,2019, africanarguments. org/2012/07/09/rwanda–in–congo–sixteen–years–of–intervention–by–william–macpherson, and Baobab, "Congo and Rwanda: Stop Messing Each Other Up," *The Economist*, July 3, 2012, accessed February 24,2019, economist.com/baobab/2012/07/03/stop–messing–each– other–up.

16. Jevons, *The Coal Question*, 123–124.

17. "UAE Green Key Performance Indicators," UAE Ministry of Climate Change and Environment, no date, page 3, accessed February 25, 2019, moccae.gov.ae/assets/download/ 9c7ea0fa/uae–green–key–performance–indicators–pdf.aspx.

18. 细节请访问：masdar.ae, accessed February 28, 2019.

19. 参见第十章。

附　　录

附 录 一

术 语 表

生态承载力：生态系统再生植物物质的能力。植物物质对于生命来讲是必要的：例如，植物位于每一种动物和人类的每一条食物链的最低端。动物和人类对于地球上有生物生产力的区域产生竞争。人类应用生态系统来提供食物、木材和纤维，来为道路和房屋提供空间，来吸收人类产生的废弃物。生态承载力通常用全球公顷来表示。在"国家生态足迹和生态承载力账户"中，一个地区的生态承载力是真实的物理区域面积乘上适当的产量因子和等价因子。

生态赤字或者生态盈余：一个国家或者地区的生态承载力和生态足迹的差异。当一个人群的生态足迹超过他们所在地区的生态承载力，就会出现"生态赤字"。相反，当一个地区的生态承载力超过了其居民的生态足迹，就会出现"生态盈余"。如果一个国家或者地区处于"生态赤字"状态，这意味着该国家或者地区正在通过贸易进口生态承载力、通过"清算"本地的生态资产或者通过使用全球"公地"（例如向全球大气排放废弃物或者在国际水域捕鱼）的方式来满足它们的自然消耗需求。与国家层面的分析比较起来，全球的"生态赤字"不能通过贸易的形式得到补偿，因此在定义上与生态过冲是一样的。

消费-土地-使用矩阵：以"国家生态足迹和生态承载力账户"的数据为基础，一个"消费-土地-使用矩阵"将6个主要的生态足迹区域类型分配给5个基本的消费组成部分。就像文中图表每列的标题所展示的那样（表

9.1 和 9.2），生态足迹区域类型可以分为建设用地、碳足迹、耕地、牧地、生产木材的森林和渔场。就像文中图表每行的标题所展示的那样（表 9.1 和 9.2），消费类型可以分为食物、住房、出行、商品和服务。为了了解更多细节，每个消费组成部分能够进一步地细分。这些矩阵通常被用作次国家（例如州、县和城市）层面生态足迹评估的起点。在这种情况下，基于次国家人口相对于全国平均的独特消费模式，每一个单元格中的国家数据被按比例地增加或者缩减。

地球过冲日：截止到一年的这一天，人类对于地球的自然消耗量相当于地球上的生态系统一整年的自我更新量。在 2019 年，这一天是 7 月 29 日。更多信息可访问 overshootday.org。

生态足迹：应用普遍的科学技术和资源管理实践，生态足迹衡量了一名个体、一个群体或者一项活动需要多少有生物生产力的土地或者水域来生产所消费的资源，来为所有的基础设施提供空间和来吸收所产生的废弃物。生态足迹通常用全球公顷来衡量。由于贸易是全球的，所以个体或国家的生态足迹包含了来自全世界各地的土地或者水域。在没有进一步说明的情况下，生态足迹通常指消费的生态足迹。生态足迹的简写形式通常是"足迹"。

生态贫困陷阱：只要生态过冲一直持续，处于"生态赤字"状态和收入低于世界平均收入的国家、地区或者人群尤为容易陷入贫困。原因是他们没有足够的资源来满足经济需求，也没有足够的购买能力从世界上的其他地方进口，来补充他们的资源需求。

等价因子：一个基于生产率的换算因子。等价因子将一个具体的土地类型（例如耕地和森林）和具有全球平均生物生产力的区域（用全球公顷表示）进行比较。对于生产率大于地球上所有具备生物生产力的土地和水域的平均生产率的土地类型（例如耕地），其等价因子大于 1.0。因此，为了将耕地的平均每公顷转化为全球公顷，必须乘上耕地的等价因子，当前评估的值为 2.5。根据最新的"国家生态足迹和生态承载力账户"（还可以了解产量因子），牧地的生物生产力低于耕地，其等价因子的评估值为 0.46。在一个既定的年份，等价因子对于所有国家都是相等的。

全球公顷： 生态足迹和生态承载力统计的衡量单位，它代表了具有全球平均生物生产力的一公顷的区域。地球上大约有 122 亿公顷的有生物生产力的区域。这意味着，每全球公顷的区域有大约地球上 122 亿分之一的生态承载力总量。

全生命周期评估： 一个评估产品在整个寿命内的物质投入和废弃物流的量化方法。全生命周期评估试图对一个产品从"摇篮"到"坟墓"整个过程的输入和输出进行量化，包括物质提取、产品制造和组装、分销、使用和丢弃过程中所涉及的能源、物质和排入环境的废弃物。应用全生命周期评估受 ISO 14040 系列标准（iso.org）的约束和管理。当评估一个产品的生态足迹的时候，全生命周期评估的数据被要求作为输入。这些数量之后被转化为全球公顷数，从而为与该产品相关的物质流提供一个生态承载力的解释。

国家生态足迹和生态承载力账户： 计算世界整体和超过 200 个国家从 1961 年到现在的生态足迹和生态承载力的主要数据集。该账户所用的都是联合国的统计数据。由于获取原始统计数据的延期，该账户的结果通常有 3 年的滞后期。但是，应用部分可以获取的数据和恰当的评估方法，账户的结果能够进行即时预报。

即时预报： 外推缺失的数据，从而可以评估今天的结果（而不是让结果停留在几年之前）。在"生态足迹探索者（Ecological Footprint Explorer）"公开数据平台上可以看到最新的生态足迹数据（data.footprintnetwork.org）。

过冲： 当人类对自然的需求超过了生物圈的再生能力或者供给能力，全球就会出现生态过冲。这样的生态过冲会导致地球上发挥生命支持作用的自然资本不断出现损耗，包括废弃物的积累（例如过量二氧化碳排放导致的海洋酸化和大气中的温室气体积累导致的气候变化）。在全球层面，"生态赤字"和"过冲"是一样的，因为地球并没有物质资源的净进口。在地方层面，当本地生态系统的开采利用速度超过了其自我更新的能力，本地的生态过冲就出现了。

可持续发展：通过布伦特兰委员会（即世界环境与发展委员会）递交给联合国的报告，可持续发展成为一个更加常用的政策词汇[1]。这两个单词（"可持续"和"发展"）传递了克服一个根本冲突的需要，即社会愿望和生态可能性的冲突。"发展"代表了人们对充实和安全生活的向往；"可持续"代表了对"人类共享一个地球"的认可。因此，这两个单词的组合直截了当地指出了我们的目标，即"在一个地球的承载能力以内让所有人繁荣发展"。

公共资源获取的悲剧：在一定的条件下有可能让某些个体集中获取收益，而由全社会来承担成本。经济学家有时称这种现象为"外部性"。这效应经常与这篇命名不准确的论文《公地悲剧》联系在一起。就像这篇论文的原作者后来所承认的那样，"公地"化是该悲剧的可能解决方案之一。

产量因子：对于一个既定的土地类型来讲，该因子解释了不同土地生产率的差异。在"国家生态足迹和生态承载力账户"中，每个国家每年的耕地、牧地、森林和渔场都有产量因子。例如，在2016年，德国耕地的生产力是世界耕地平均水平的1.44倍，因此德国耕地的产量因子就是1.44。产量因子1.44乘上耕地的等价因子2.5就可以将德国耕地的公顷数转化为全球公顷数，即1公顷的德国耕地相当于3.6全球公顷。

---

1. 在著名的报告《我们共同的未来》中（原书第27页），世界环境与发展委员会将可持续发展定义为"满足当代人需求，但同时不减弱后代人满足其需求的能力的一种发展模式"。该定义较为复杂，稍微掩盖了"人类的福利改善"和"在地球的再生能力之内生活"的潜在冲突。

附 录 二

汉英人名对照表

卡迪·B	Cardi B
拜尔斯	Bert Beyers
邦纳	James Bonner
彼特汉斯	Walter Peterhans
伯恩斯	Susan Burns
哈里森·布朗	Harrison Brown
杰里·布朗	Jerry Brown
戴蒙德	Jared Diamond
德赛	Pooran Desai
邓斯特	Bill Dunster
厄普顿	Simon Upton
凡·德·罗	Mies van der Rohe
福斯特	Norman Foster
甘地	Mahatma Gandi
戈尔	Albert（Al）Gore
哈丁	Garrett Hardin
杰文斯	Stanley Jevons
拉沃斯	Kate Raworth
里斯	William（Bill）E. Rees

罗赫芬	Jacob Roggeveen
梅迪亚斯	Joe Madiath
诺勒	Caroline Noller
欧泊萨文	Alanis Obomsawin
平克	Steven Pinker
萨丹吉	Amitabha Sadangi
赛德尔	Peter Seidel
圣－埃克苏佩里	Antoine de Saint–Exupéry
斯比丽	Johanna Spyri
斯坦贝克	John Steinbeck
索普	David Thorpe
泰斯特马勒	Phil Testemale
通贝里	Greta Thunberg
瓦克纳格尔	Mathis Wackernagel
韦尔	John Weir
维克托	Peter Victor
希尔伯斯海默	Ludwig Hilbersheimer
西蒙斯	Craig Simmons
詹尼	Fritz Jenni

附 录 三

作者与译者简介

作者简介

马蒂斯·瓦克纳格尔（Mathis Wackernagel），1962 年出生在瑞士的巴塞尔，生态足迹的共同发明者和全球足迹网络的主席。全球足迹网络被《全球杂志》（*The Global Journal*）评为全球最好的 100 个非政府组织之一。瓦克纳格尔已经在六大洲就可持续议题和政府、企业和国际非政府组织展开合作，并且在 100 多个大学进行讲演。他之前是加利福尼亚的"重新定义进步"（Redefining Progress）可持续项目的负责人，并且负责运营墨西哥的阿纳瓦克大学的可持续发展研究中心。就"可持续性"这个研究主题，瓦克纳格尔已经作为署名作者或者有参与贡献地发表 100 多篇同行评议论文、大量的文章、报告和各方面的书籍。因为其开创性的工作，瓦克纳格尔获得了几十个国际性的奖项和赞扬，他也被公认为是正在解决世界上最重要问题的领导者之一。他生活在加利福尼亚的奥克兰。

贝尔特·拜尔斯（Bert Beyers），1956 年出生在德国的门兴格拉德巴赫，是位于汉堡的北德广播电台的一名资深编辑。几十年来，他的专业热情一直集中在生态和未来问题。他广泛发表专著和文章，包括和弗朗茨·约瑟夫·拉德马赫尔（Franz Josef Radermacher）合著的有关人类在 21 世纪生存的书，即《未来的世界：生态社会透视》（*Welt mit Zukunft:Die Ökozoziale Perspektive*）。他生活在德国的汉堡。

译者简介

张帅，1989 年出生于河北省邢台市；经济学博士和博士后；同济大学设计创意学院副教授、博士生导师；同济大学可持续发展与新型城镇化智库研究员和同济大学创新设计竞争力研究中心副主任；先后入选上海市"晨光计划""扬帆计划"等人才计划。张帅博士长期从事可持续发展的基础理论、可持续发展的指标构建、可持续设计等领域的研究，综合运用经济、管理、设计等多学科知识和方法深入研究可持续发展领域的科学问题。近几年来，围绕生态福利绩效、生态足迹和生态承载力、可持续设计评估等可持续发展领域的前沿问题，张帅博士在 *Journal of Cleaner Production*、*Resources, Conservation, and Recycling*、*Ecological Indicators*、《中国人口．资源与环境》等高水平中英文期刊上发表 SSCI/SCI/CSSCI 论文若干篇，出版学术专著和译著若干部。张帅博士目前在同济大学面向研究生和本科生开设"可持续思维""可持续发展理论和研究方法""设计研究专题 1（设计历史与理论）"等课程。张帅博士的邮箱为 zhangshuaiboshi@tongji.edu.cn。

致　谢

谁在为这一切赋能

如果仅仅是一个村庄要来发展一个类似生态足迹的指标,那会很容易做到。我(Mathis)很兴奋地意识到我们有很多合作者,也为遗漏如此多的合作者而感到惶恐不安。对于后者我们要致以深深的歉意,对于所有人我们要表达诚挚的感谢。

早年在不列颠哥伦比亚大学(University of British Columbia)的时候,我的博士生导师和我现在珍视的朋友 William (Bill) E. Rees 教授和"健康和可持续社区"特别小组的优秀同事都给了我极大的帮助。在他们的庇护下,我有幸在1991—1994年期间在不列颠哥伦比亚大学进行学习和研究。在他们之后,又有很多人开始帮助我的冒险事业。帮助我的人太多了,以至于我无法一一列举他们的名字。但是,在位于墨西哥哈拉帕的阿纳瓦克大学(Universidad Anáhuac)开展本书第二阶段工作的时候,有3个人的贡献格外突出,他们分别是哈拉帕的 Anabel Suárez Guerrero、Alejandro Callejas 和多伦多的 Larry Onisto。

在2003年,当 Susan Burns、我和被怂恿的 Eric Frothingham 与 Steve Goldfinger 开始深入思考全球足迹网络最终将成为什么样子的时候,一个新篇章便开启了。我们一开始就邀请心目中的英雄把他们的名字和智慧"借"给我们的新组织。最早接受邀请的人之一就是已故的 Wangari Maathai (1940—2011),直到今天他仍然激励着我一路前行。

很多了不起的人都曾指导和帮助我们,或在全球足迹网络的政策咨询委员会担任委员。他们是 Alex Hinds、Andrew Simms、Atif Kubursi、Bruno Oberle、Charles McNeill、Chris Hails、Claude Martin、Catherine Parrish、Craig Simmons、Daniel Pauly、David Batker、David Suzuki、Dominique Voynet、Doug Kelbaugh、Edward O. Wilson、Emil Salim、Eric Garcetti、Ernst Ulrich von Weizsäcker、Fabio Feldmann、François Droz、Gianfranco Bologna、Herman Daly、Henry Frechette、Howard Fair-bank、James Gustave Speth、Jim Merkel、Jonathan Loh、Jørgen Randers、Juan Alfonso Peña、Julia Marton-Lefèvre、Karen Kraft Sloan、Karl-Henrik Robèrt、Lester Brown、Luc Bas、M.S. Swaminathan、Manfred Max-Neef、Mark Halle、Melita Elmore、Nicky Chambers、Norman Myers、Oscar Arias、Partha Dasgupta、Paul Messerli、Peter Boothroyd、Peter Raven、Peter Wilderer、Pooran Desai、Rashid Bin Fahad、Rhodri Morgan、Robert Klijn、Roberto Brambilla、Rosalía Arteaga、Sebastian Navarro、Simon Pearson Simon Upton、Simone Bastianoni、Stephen Groff、Terry A'Hearn、Thomas Lovejoy、Uwe Schneidewind、Vicki Robin、Will Steffen、William (Bill) Rees、Wolfgang Sachs、Xavier Houot 和 Yoshihiko Wada。

很多充满勇气的人曾经或正在全球足迹网络的理事会担任理事。他们全身心地投入理事会的工作，不仅贡献了汗水、血和眼泪，还贡献了很多笑声和慷慨的捐赠。这些非常优秀的伙伴是 Alexa Firmenich、André Hoffmann、Ann Hancock、Bob Doppelt、Cara Pike、Daniel Goldscheider、Elizabeth McNamee、Eric Froth-ingham、Haroldo Mattos de Lemos、Jamshyd Godrej、John Balbach、Julia Marton-Lefèvre、Keith Tuffley、Kristin Cobble、Louis de Montpellier、Lynda Mansson、Michael Saalfeld、Razan Khalifa Al Mubarak、Rob Lilley、Sandra Browne、Sarosh Kumana、Susan Burns、Terry Vogt 和 Tony Long。

所谓执行的奇迹其实就来自神奇双手的辛苦劳作。作为我们了不起的职员，曾经或正在全球足迹网络工作的人包括 Adeline Murthy、Alessandro Galli、Amanda Diep、Armando Alves、Anna Oursler、Annabel Hertz、Audrey Kitzes (née Peller)、Benjamin Bell–man、Bessma Mourad、Birgit Maddox、Bonnie McBain、Brad Ewing、Bree Barbeau、Brooking Gatewood、Carol DiBenedetto、Cylcia Bolibaugh、Chad Monfredo、Chiron Mukherjee、Chris Martiniak、Christopher Nelder、Dana Smirin、Daniel Moran、David Lin、David Moore、David Zimmerman、Debbie Cheng、Denine Giles、Derek Eaton、Dharashree Panda、Diana Deumling、Diane Stark、Drew Lisac、Eli Lazarus、Emily Daniel、Evan Neill、Faith Flani–gan、Fatime– Zahra Medouar、Firesenai Sereke、Fouad Hamdan、Francesca Silvestri、Frank Thompson、Gemma Cranston、Geoff Trotter、Giacomo Pascolini、Gina Kiani、Gina DiTommaso、Golnar Zokai、Haley Kingsland、Helena Brykarz、Ian Wymore、Ingrid Heinrich、Jag Alexeyev、James Espinas、Jaime Speed、Jan Schwarz、Jason Ortego、Jennifer Mitchell、Jill Connaway、Jon Martindill、Joy Whalen、Joy Larson、Juan Carlos Morales、Judith Silverstein、Judith Sissener、Juliana Linder、Julie Curry、Justin Kitzes、Kamila Kennedy、Karin Hess、Kath Delaney、KatsunoriIha、Kevin Clark、Krina Huang、Kristin Kane、Kyle Gracey、Kyle Lemle、Kylie Carera、Laetitia Mailhes、Laura Yuenger、Laura Loescher、Laurel Hanscom、Loic Lombard、Loredana Serban、Mahsa Fatemi、Maria Leticia Figueroa、Mark Lancaster、Martin Kärcher、Mariko Meyer、Martin Halle、Mary Thomas、Maxine McMinn、Melanie Hogan、Melissa Fondakowski、Melissa Mazzarella、Meredith Delich (née Stechbart)、Michael Borucke、Michael Wang、Michael Murray、Michel Gressot、Michelle Shaffer、Mike Wallace、Mikel Evans、Mimi Torres、Nicole Grunewald、Nicole Freeling、Nina Hausman、Nina Bohlen、Nina Brooks、Olaf Erber、Pablo Muñoz、Pati Poblete、Paul Wermer、Pragyan Bharati、Priyangi Jayasinghe、Rachel Roberts、

Rachel Hodara Nelson、Ramesh Narasimhan、Robert Williams、Ronna Kelly、Ryan Van Lenning、Sandra Browne、Samir Gupta、Sara Friedman、Sarah Rizk、Sarah Drexler、Scott Mattoon、Sebastian Winkler、Selen Altiok、Serena Mancini、Shiva Niazi、Sophia Perez、Steven Goldfinger、Susan Burns、Tarek Saleh、Tatjana Puschkarsky、Tina Batt、Tony Drummond、William (Bill) Coleman、Willy De Backer 和 Yves De Soye。除了上述全职员工，还有数百名非凡的实习生和志愿者，他们为我们的冒险事业注入了新鲜的思想和激情。

　　无数慷慨的个人捐赠让我们的所有工作都成为可能，这些捐赠人包括 Caroline Wackernagel、Daniela Schlettwein、Frank Balmer、Margrit Balmer、Isabelle Wackernagel、已故的远见卓识环保先锋 Luc Hoffmann、Marie-Christine Wackernagel、Peter Seidel、Roland Matter、Ruth Moppert、Hans-Edi Moppert、Stephan Schmidheiny、Urs Burckhardt、Barbara Burckhardt 和 Urs-Peter Geiger。还有一些极为友好的基金会陪伴我们前行，这些基金会包括 Asahi Glass Foundation、Atkinson Charitable Foundation、Avina Stiftung、Barr Foundation、Binding-Stiftung、Dr. med Arthur und Estella Hirzel-Callegari Stiftung、Erlenmeyer Stiftung、Flora Family Foundation、Foundation for Global Community、Foundation Harafi、Fundação Calouste Gulbenkian、Furnessville Foundation、Hull Family Foundation、Iverson Family Fund、James Gustave Speth Fund for the Environment、MAVA Foundation、Mental Insight Foundation、Oak Foundation、Richard and Rhoda Goldman Fund、Rockefeller Foundation、Roy A. Hunt Foundation、Skoll Foundation、Stiftung Drittes Millennium、Stiftung Mercator Schweiz、TAUPO Fund、Tellus Mater Foundation、The Dudley Foundation、The Kendeda Fund、The Lawrence Foundation、The Pollux/ProCare Foundation、The Santa Barbara Family Foundation、Town Creek Foundation、Trio Foundation、V. Kann Rasmussen

Foundation、Weeden Foundation、和 Winslow Foundation。我们和世界自然基金会(WWF)的合作开始于他们在 1996 年开展的"活力星球运动"(Living Planet Campaign),这么多年的持续合作中也一直充满革新。Cooley 法律事务所一路上非常慷慨地就诸多棘手而激动人心的方案为我们提供法律咨询服务。新的合作机构还包括施耐德电气,这家公司一直跟踪记录它在为人类摆脱生态过冲方面所提供帮助的见效程度。对施耐德电气而言,这项聚焦符合基本的商业意识,因为彻底的脱碳服务将会迎来越来越大的需求。

很多人帮助我们以思考来跨越下一处拐角,其中包括我们在约克大学的亲密同事。我们正在和约克大学的同事准备一项新冒险。感谢 Peter Victor、Ravi de Costa、Eric Miller、Martin Bunch 和 Alice Hovorka。我也被我那些能够扭转思潮方向的朋友所启发,这样的朋友包括 Lynne Twist、Bill Twist、Ocean Robbins、John Robbins、Vicki Robin、Laura Loescher、Neal Rogin、Tracy Apple、Richard Rathbun、Van Jones、Joe Kresse 和 Tom Burt。我也要对巴拉顿湖小组(Balaton Group)中的很多朋友以及罗马俱乐部(the Club of Rome)中的"会士 99"成员(fellow 99 members)与很多其他朋友表示感谢。

感谢新社会出版社(New Society Publishers)热情且出色的团队。从 Rob West、Sue Custance、Sara Reeves、Greg Green、友善贴心的编辑 Betsy Nuse 一直到提供初始翻译服务的 Katharina Rout,都值得我真心感激。能够和 Phil Testemale 再次合作让我尤为激动。Phil Testemale 是我非常珍惜的朋友,也是位很出色的同事。尽管工作缠身,他还是同意抽空绘制几幅插画为本书增色。Phil 和我从 1992 年就开始探索用视觉化形式的力量来解释我们的思想。他送给本书的礼物是无与伦比的。

当然,如果没有 Mathis 愉快的家庭生活,一切都会变得没有灵魂。他的家人包括 Susan、André、Julia、Alex 和 Chester。对于 Bert 来讲也是一样,他的生活由于 Judy 和 Jil 得到大大的丰富和支持。

　　这个似乎很长的名单只是世上为本书做贡献者中的一小部分，其中当然也包括你，我亲爱的读者。我也要感谢仅去年一年就多达约 300 万的 footprintcalculator.org 访客以及 2018 年"地球过冲日"在 100 多个国家中基于 2000 多个我们所能追踪的新闻故事所产生的大约 30 亿个媒体印象（media impression）。一切才刚开始呢。

　　为了解更多关于全球足迹网络的信息，请访问我们的以下网址：

　　footprintnetwork.org——作为全球足迹网络的主站点，该网站提供了生态足迹的所有背景和你所希望看到的应用场景。

　　data.footprintnetwork.org——该网页提供了公开的数据平台上的国家生态足迹账户的所有关键结果。

　　footprintcalculator.org——该网站允许个人评估他们的个体生态足迹和"过冲日"。该网站也是"推迟地球过冲日"（# Move The Date）地图的切入点。

　　overshootday.org——该网站负责发布"地球过冲日"以及"推迟地球过冲日"解决方案的专题。

　　financefootprint.org——该网站强调生态足迹中那些与金融产业相关的结果。

　　achtung-schweiz.org/en——该网站将生态足迹的逻辑用于提升瑞士的竞争力。

　　chinafootprint.org **和** zujiwangluo.org——这两个网站以中英双语提供生态足迹的相关信息。

　　OnePlanetAlliance.org——该网站概述了独立的"国家生态足迹和生态承载力账户"的前进发展路径。

Ecological Footprint: Managing Our Biocapacity Budget

First published New Society Publishers Ltd., Gabriola Island, British Columbia, Canada

Copyright © 2019 by Mathis Wackernagel and Bert Beyers

Chinese（Simplified Characters）Edition Copyright © 2022

by Shanghai Scientific & Technological Education Publishing House Co., Ltd.

ALL RIGHTS RESERVED

责任编辑 彭容豪

封面设计 李梦雪

生态足迹——管理我们的生态预算

［瑞士］马蒂斯·瓦克纳格尔　　［德］贝尔特·拜尔斯　著

张　帅　译

出版发行 上海科技教育出版社有限公司

　　　　　（上海市闵行区号景路 159 弄 A 座 8 楼　邮政编码 201101）

网　址	www.sste.com　　www.ewen.co	
经　销	各地新华书店	
印　刷	上海新华印刷有限公司	
开　本	720×1000　1/16	
印　张	18	
版　次	2022 年 11 月第 1 版	
印　次	2022 年 11 月第 1 次印刷	
书　号	ISBN 978-7-5428-7836-6/G·4644	
图　字	09-2020-658 号	
定　价	70.00 元	